W0255153

In die „Sammlung von Monographien aus dem Gesamtgebiete der Neurologie und Psychiatrie“ sollen Arbeiten aufgenommen werden, die Einzelgegenstände aus dem Gesamtgebiete der Neurologie und Psychiatrie in monographischer Weise behandeln. Jede Arbeit bildet ein in sich abgeschlossenes Ganzes.

Das Bedürfnis ergab sich einerseits aus der Tatsache, daß die Redaktion der „Zeitschrift für die gesamte Neurologie und Psychiatrie“ wiederholt genötigt war, Arbeiten zurückzuweisen nur aus dem Grunde, weil sie nach Umfang oder Art der Darstellung nicht mehr in den Rahmen einer Zeitschrift paßten. Wenn diese Arbeiten der Zeitschrift überhaupt angeboten wurden, so beweist der Umstand andererseits, daß für viele Autoren ein Bedürfnis vorliegt, solche Monographien nicht ganz isoliert erscheinen zu lassen. Es stimmt das mit der buchhändlerischen Erfahrung, daß die Verbreitung von Monographien durch die Aufnahme in eine Sammlung eine größere wird.

Die Sammlung wird den Abonnenten der „Zeitschrift für die gesamte Neurologie und Psychiatrie“ und des „Zentralblatt für die gesamte Neurologie und Psychiatrie“ zu einem um ca. 20% ermäßigten Vorzugspreise geliefert.

Angebote und Manuskriptsendungen sind an einen der Herausgeber, Prof. Dr. O. Foerster, Breslau, und Prof. Dr. K. Wilmanns, Heidelberg, erbeten.

Die Honorierung der Monographien erfolgt nach bestimmten, zwischen Herausgebern und Verlag genau festgelegten Grundsätzen und variiert nur nach Höhe der Auflage.

Abbildungen und Tafeln werden in entgegenkommender Weise ohne irgendwelche Unkosten für die Herren Autoren wiedergegeben.

MONOGRAPHIEN AUS DEM GESAMTGEBIETE DER NEUROLOGIE UND PSYCHIATRIE

HERAUSGEGEBEN VON

O. FOERSTER-BRESLAU UND K. WILMANNS-HEIDELBERG

HEFT 27

STUDIEN ÜBER VERERBUNG UND ENTSTEHUNG GEISTIGER STÖRUNGEN

HERAUSGEGEBEN VON **ERNST RÜDIN**-MÜNCHEN

III. ZUR KLINIK UND VERERBUNG DER HUNTINGTONSCHEN CHOREA

VON

DR. JOSEF LOTHAR ENTRES

OBERARZT AN DER HEIL- UND PFLEGEANSTALT EGLFING

MIT 2 TAFELN, 1 TEXTABBILDUNG UND 18 STAMMBÄUMEN

Springer-Verlag Berlin Heidelberg GmbH

1921

Ursprünglich erschienen bei Julius Springer, Berlin 1921

ISBN 978-3-662-34207-7 ISBN 978-3-662-34478-1 (eBook)
DOI 10.1007/978-3-662-34478-1

Vorwort.

Nachstehende Arbeit bietet den heutigen Besitzstand an gesichertem Wissen über die Huntingtonsche Chorea in neuer Fassung dar. Sie versucht außerdem, die Halbheiten und Unklarheiten, welche hinsichtlich der Bedeutung der Vererbung für die Entstehung der Huntingtonschen Chorea jahrzehntelang mitgeschleppt wurden, endgültig zu beseitigen.

Daß es mir möglich war, mich mit Muße der gestellten Aufgabe zu widmen, danke ich unter anderem dem Entgegenkommen des Kreisrates und der Kreisregierung von Oberbayern, die bereitwillig Mittel und Urlaub zur Belegung eines Arbeitsplatzes an der genealogischen Abteilung der deutschen Forschungsanstalt für Psychiatrie gewährten. Aber die tatkräftigste Förderung wurde mir von seiten des Herrn Professor Dr. Rüdin zuteil, für dessen jederzeit gerne gewährte Unterstützung mit Rat und Tat ich auch an dieser Stelle herzlichen Dank sage.

München, den 15. April 1921.

Dr. **Entres.**

Inhaltsverzeichnis.

Einleitung.

Die chronische progressive Chorea erfreute sich — wenigstens insofern sie gehäuft in ein und derselben Familie auftrat — von jeher besonderer Aufmerksamkeit ihrer Beobachter. Unsere Erkenntnis vom Wesen dieser Krankheit ist trotzdem nicht weit gereift. Bezüglich der letzten Ursache der chronischen progressiven Chorea liegt noch alles im Dunkeln. Selbst darüber, ob man von einer chronischen, progressiven, hereditären Chorea sprechen darf, gehen die Meinungen heute mehr denn je auseinander. Nachstehende Arbeit wird die Frage nach der Ätiologie der chronischen progressiven Chorea nicht erschöpfend beantworten. Sie soll auch nur einen etwas weiter ausholenden kasuistischen Beitrag zur Lehre von der Huntingtonschen Chorea darstellen. Wenn es gelingen sollte, im Nachstehenden den erblichen Charakter der Huntingtonschen Chorea zu erweisen und die Huntingtonsche Chorea als eine Mendelschen Vererbungsregeln streng folgende Erkrankung von anderweitigen chronischen Choreaformen scharf zu unterscheiden, könnte Verfasser die Aufgabe, die er sich stellte, als gelöst betrachten.

Angeregt wurde diese Arbeit durch die Klärung eines in der Heil- und Pflegeanstalt Werneck beobachteten Falles (I), der längere Zeit unter falscher Flagge als progressive Paralyse gesegelt hatte. Da sich naturgemäß aus einem Falle eine wesentliche Förderung unserer Erkenntnis vom Wesen des zugrunde liegenden Krankheitsprozesses nicht erwarten ließ, wurde versucht, aus dem umfangreichen Bestand der Wernecker Krankengeschichten neues Material beizubringen. Die Liebenswürdigkeit des Herrn Geh.-R. Prof. Dr. Kraepelin, sowie der Herren Anstaltsdirektoren und Obermedizinalräte Dr. Blachian, Dr. Dees und Dr. Vocke machte Verfasser das Material der Münchener psychiatrischen Klinik, sowie der Heil- und Pflegeanstalten Haar, Gabersee und Eglfing zugänglich. Nur so fand sich Verfasser in den Stand gesetzt, seinen Untersuchungen die wünschenswert breite Grundlage zu geben. Er betrachtet es daher als seine vornehmste Pflicht, auch an dieser Stelle den genannten Herren für die bereitwillige Förderung seines Unternehmens geziemend zu danken.

Zur Wahrung des ärztlichen Berufsgeheimnisses und der Interessen der in Frage kommenden Familien wurden Decknamen verwendet. Das bringt gewisse Nachteile mit sich. Verfasser verfolgt die Absicht, durch diese Veröffentlichung weitere Nachforschungen anzuregen, damit es dereinst gelingt, die hier aufgeworfenen Probleme zu lösen. Dazu wäre es bequemer, wenn künftige Bearbeiter der Huntingtonschen Chorea aus den einzelnen Veröffentlichungen zugleich Namen und Ortsangaben über die abgehandelten Familien entnehmen könnten. Wir dürften dann hoffen, sehr wahrscheinlich bestehende Zusammenhänge zwischen einzelnen Huntington - Chorea - Familien aufzudecken. Beim Studium der bisherigen Veröffentlichungen über Huntingtonsche Chorea ward das Fehlen vollständiger Personalienangaben recht schmerzlich empfunden. Nur mit unverhältnismäßigem Aufwand an Zeit und Mühe hätte man den da und dort veröffentlichten Fällen heute noch nachgehen können. Um künftigen Forschungen freiere Bahn zu schaffen, wurde der Schlüssel für die in dieser Arbeit gebrauchten Decknamen bei der genealogischen Abteilung der Deutschen Forschungsanstalt für Psychiatrie hinterlegt. Er wird hier jedem wissenschaftlichen Interessenten bereitwilligst zugänglich gemacht werden.

A. Neue Beobachtungen.

Fall I.

Petronius, Anna Maria, geb. am 19. Okt. 1878 zu E., ledige Fabrikarbeiterin, katholisch. Die Aufnahme in die Heil- und Pflegeanstalt Werneck erfolgte am 1. Okt. 1906. Patientin wird durch Bezirksamtsbeschluß als gemeingefährliche Geisteskranke eingewiesen. Aus den Gründen dieses Beschlusses ist folgender Passus wichtig: „Am 23. Aug. 1906 erschien die Schwester der im Betreffe Genannten, die Fabrikarbeiterin B. P., beim Kgl. Bezirksamt und erklärte, daß der Zustand der A. M. P., welche bereits seit Mai l. Jahres geistesgestört sei, sich nunmehr erheblich verschlimmert habe. Dieselbe habe bereits sowohl sie als ihre Mutter mit dem Beile bedroht, ihre Mutter mit heißem Wasser gebrüht, die Betten zerrissen und zum Fenster hinausgeworfen u. dgl. m. . . .“

Anamnese, erhoben vom Schwager der Patientin: Pat. war als Kind stets gesund, besuchte die Volksschule in E., arbeitete seit ihrem 15. Lebensjahre in einer Würzburger Fabrik. Sie soll immer ordentlich und sparsam gewesen sein (?). Voriges Jahr gebar sie einen Knaben, der, von Geburt an schwächlich, nach einem halben Jahr anscheinend an Inanition zugrunde ging. Seit etwa 4 Jahren hat sich eine auffallende Gehstörung entwickelt, die bei oberflächlicher Betrachtung im Aufnahmezimmer als Ataxie und Innervationsschwäche imponiert. Nach Angabe des Begleiters soll übrigens diese Unsicherheit der Muskelbewegungen auch an den oberen Extremitäten deutlich wahrzunehmen sein. Bemerkenswert erscheint die Aussage des Schwagers, daß der Vater der Kranken an der gleichen Erkrankung 12 Jahre — bis zu seinem Tode — gelitten hat, ohne aber geisteskrank, im Sprachgebrauche der Laien, gewesen zu sein. Seit $1^1/_2$ Jahren ist Pat. infolge ihrer Nervenerkrankung vollständig erwerbsunfähig und lebte seither bei ihrer Mutter in E., die die Kosten des Unterhaltes ihrer kranken Tochter zur Zeit aus der der Pat. zugebilligten Invalidenrente deckt.

Die geistige Störung setzte im Monat April dieses Jahres allmählich ein. Anfangs äußerte Pat. Beeinträchtigungsideen, bald folgten expansive Vorstellungen; zunächst trug sich Pat. mit Heiratsgedanken; wenige Wochen später wurden schon absurde Größenideen geäußert; sie war Königin, Kaiserin, hatte Verwandte in den fürstlichen Familien der Welt, besaß Hunderte von Millionen. Zeitweilig traten heftige Erregungszustände auf, wo sie alles demolierte, das Essen von sich warf, sich ganz entkleidete und so herumlief. Die Menses sollen regelmäßig sein. Selbstmordgedanken hat sie nie geäußert. Die Reinlichkeit wurde immer beobachtet. Auf Befragen gibt Begleiter noch an, daß die Sprache in den letzten Monaten deutlich schlechter, unverständlicher wurde.

Während der Wagenfahrt hierher war sie ziemlich ruhig, schwätzte halblaut vor sich hin. Im Aufnahmezimmer verhält sie sich ebenfalls ruhig; gibt auf Befragen sinnlose Antworten, verkennt Personen, ist „bayerische Kaiserin“, zeigt starke Unsicherheit beim Gehen und schmierende Sprache. Folgt ohne Widerstreben nach Abteilung D 6.

5. Okt. 1906. Status praesens: Kleine schlanke, grazil gebaute, weibliche Kranke; Aussehen blaß, Schleimhäute anämisch; Zunge wird breit und rasch hervorgestreckt, ohne Deviation, jedoch scheint die linke Hälfte etwas zurückzubleiben. Pupillen bds. sehr weit, linke größer als rechte, auf Lichteinfall und Akkommodation gut reagierend. Patellarreflexe

bds. sehr gesteigert, Plantarreflexe etwas verlangsamt. Sprache leise, flüsternd, anscheinend etwas schwerfällig, schmierend. Romberg positiv. Körpergewicht: 41 kg.

12. Okt. 1906, Hält sich bis jetzt reinlich; liegt im Bett; schwätzt beständig vor sich hin, gestikuliert viel, nickt mit dem Kopfe, gibt über Befragen unsinnige, ausweichende Antworten.

20. Okt. 1906. Ständig in leichter Erregung; schwätzt andauernd, läßt sich durch Zwischenfragen wenig beeinflussen, verkennt die Personen ihrer Umgebung, ist sehr freigebig mit Verleihung von Adelstiteln. Sich selbst bezeichnet sie als „rußländische Kaiserin", der Arzt ist der „Großherzog von Toskana". Zeitlich und örtlich desorientiert.

15. Nov. 1906. Pat. bietet nichts wesentlich Neues; sie befindet sich in wechselnder, motorischer Unruhe, wirft ihre Bettstücke umher, schwätzt beständig unsinniges, zusammenhangloses Zeug, läßt sich kaum fixieren. Sie nennt sich heute „Königin von Rußland", befindet sich ihrer Meinung nach in E. In letzter Zeit kam es wiederholt vor, daß sie unrein war. Pat. steht zweifellos im Banne von Halluzinationen, wenn sie plötzlich aus ihrem Bette herausspringt und auf die Pflegerin mit einem Stuhle loszieht. Einmal lief sie auch zu der an ihrer Kommode beschäftigten und der Kranken gerade den Rücken zukehrenden Pflegerin hin und wollte eben zum Schlage (mit einem Bettbrette) auf die knieende Pflegerin ausholen, als letztere durch das Zurufen einer anderen Kranken noch rechtzeitig auf die ihr drohende Gefahr aufmerksam gemacht wurde. Etwas Näheres über den Charakter etwaiger Sinnestäuschungen zu erfahren, scheitert an der bereits weit fortgeschrittenen Demenz der Kranken.

14. Dez. 1906. In letzter Zeit wurde ein gewalttätiges Verhalten der Pat. nicht mehr beobachtet. Die Kranke liegt meist ruhig zu Bett und führt andauernd Selbstgespräche, in denen sie sich durch Zwischenfragen nicht leicht stören läßt. Pat. macht den Eindruck, als ob sie durch irgendwelche andere Einflüsse abgelenkt würde. Die Pupillen sind deutlich different, die rechte Pupille ist größer als die linke, auf Lichteinfall reagieren die Pupillen etwas träge und nicht in ausreichendem Maße. Die akkommodative Reaktion erfolgt dagegen prompt. Die Patellarreflexe sind erheblich gesteigert, fast schleudernd. Fußsohlenreflexe lebhaft auslösbar. Kein Babinski. Eine Herabsetzung der Hautempfindlichkeit besteht im Gesicht und an den oberen Extremitäten nicht, ebensowenig an den unteren Extremitäten. Die Zunge zeigt beim Vorstrecken (nur am Anfang) ganz leichte fibrilläre Zuckungen. Die Sprache ist häsitierend. Da Pat. bis jetzt noch nicht zu bewegen war, Wortparadigmen nachzusprechen, so konnte nicht festgestellt werden, ob Silbenstolpern besteht. Der Gang der Pat. ist schwerfällig, taumelnd; sie klebt am Boden. Heißt man sie beim Gehen rasch anhalten, so taumelt sie noch einige Schritte vorwärts. Die Haltung beim Gehen ist derart, daß Pat. den Leib stark vorstreckt und mit nach hinten gebeugtem Oberkörper geht. Romberg sehr ausgesprochen. Fibrilläre Zuckungen am Körper nicht zu beobachten. Auf die Frage, wer sie sei, antwortet sie mit leiser, affektloser Stimme: „Ich bin die A. Sch. von E." Wann sind Sie geboren? „Ich bin am 19. Okt. 1878 geboren." Wie alt sind Sie dann? „Ich bin 24 Jahre alt." Auf die Frage, ob sie denn die Königin von Rußland sei, antwortet sie in dementer Weise: „Ja, ich bin Rußlands Königin", ohne auch nur den geringsten Nachdruck ihren Worten zu verleihen. Zwischendurch schwätzt sie mit leiser Stimme allerlei unverständliches, konfuses Zeug. Dabei hält sie die Hände keinen Augenblick ruhig. Zeitlich ist sie nur grob orientiert. Sie gibt als heutiges Datum November 1906 an. Sie meint, in E. zu sein. Nachts war sie bisher stets ruhig. Auch die Reinlichkeit wurde in der letzten Zeit stets beobachtet.

20. Dez. 1906, In der letzten Zeit zeigt Pat. bei der Morgenvisite dem Referenten ständig ihren Leib, indem sie das Hemd in die Höhe hebt. Ihre anderen Bewegungen mit Körper und Mund lassen auf ausgesprochene erotische Zustände schließen. Als die Pflegerin heute um 10 Uhr Brot austeilte, fing Pat. laut zu schimpfen an: „Ihr Sedanshunde, ihr Hurenmenscher" usw. usw. Während des Tages singt sie oft längere Zeit. Was sie singt, ist schwer verständlich, da sie zumeist sehr stark näselnd singt. Im übrigen zeigt sie das gleiche Bild wie bisher. Tagsüber ist sie recht unruhig, schwätzt viel für sich, was infolge der erschwerten Sprache nicht gut verständlich ist. Bisher wurde das unter 15. Nov. 1906 geschilderte gefährliche Verhalten der Pat. nicht mehr beobachtet.

Jan. 1907. Sehr einförmiges, unproduktives Verhalten. Die an sie gerichteten Fragen beachtet die Pat. kaum. Sie liegt stets zu Bett und führt lebhafte Selbstgespräche, jedoch leise, kaum vernehmbar, gestikuliert mit den Händen in der Luft herum, wühlt in ihren Haaren, wirft sich ruhelos in ihrem Bett herum, dasselbe hie und da auch verlassend. Ein merkliches Weiterschreiten der paralytischen Erscheinungen ist nicht zu konstatieren.

März 1907. Recht blöde Kranke, geistig absolut unproduktiv, unterhält sich stets mit sich selbst, wirft sich unruhig im Bett umher, deutet mit den Fingern in die Luft, spricht dabei flüsternd, unverständlich, hält sich in der Regel rein.

Nahrungsaufnahme und Verdauung in Ordnung.

April 1907. Bietet in ihrem psychischen Verhalten nichts Neues. Sie ist recht blöde, faßt schlecht auf, geht fast nie auf eine Unterhaltung ein, spricht stets für sich, leise, mit der Hand in der Luft herumfahrend. Gleichmäßig-selbstzufriedene Stimmung.

Juli 1907. Ohne wesentliche Änderung ihres psychischen Verhaltens, verworren, produziert, ohne System und Nachhaltigkeit, unsinnige Größenideen, leicht suggestibel, im übrigen psychisch recht dement.

17. Sept. 1907. Körpergewicht 39 kg.

22. Sept. 1907. Hat die neben ihr liegende Patientin G. im Gesicht stark verkratzt. Pupillenreaktion auf Lichteinfall noch vorhanden, sie ist aber träge, wenig ausgiebig.

Okt. 1907. Liegt stets zu Bett für sich plaudernd und gestikulierend, nicht zu fixieren und zu keiner besonnenen, korrekten Unterhaltung fähig, hält sich reinlich, nur äußerst selten wird sie mit Urin unrein. Körperliches Allgemeinbefinden zufriedenstellend.

Jan. 1908. Das Zustandsbild der sehr dementen Kranken hat auch im verflossenen Quartal keine wesentliche Änderung, zum mindesten keine auffallende Verschlimmerung resp. Zunahme der paralytischen Erscheinungen erfahren. Pat. liegt stets zu Bett, lebhaft, aber ohne Lärm für sich, mit den Armen ausfahrend, gestikulierend und verworren daherschwätzend.

April 1908. Gleiches Verhalten wie bisher, sitzt vielfach im Bett auf, gestikuliert mit den Händen in der Luft herum, spricht beständig leise und unvernehmbar für sich; läßt Zwischenfragen völlig außer acht. Ab und zu akut erregt und zum Zuschlagen bereit. Körperliches Allgemeinbefinden gut.

Aug. 1908. Nichts wesentlich Neues zu berichten. Liegt stets zu Bett, spricht fast nie etwas, gestikuliert aber mit den Händen den ganzen Tag; in ständiger, allerdings nicht hochgradiger motorischer Unruhe.

Okt. 1908. Unverändertes Zustandsbild. Demenz mit stetiger, mehr weniger starker, motorischer Unruhe.

Jan. 1909. Recht demente, unproduktive Kranke; gibt keine sachliche, sinngemäße Antwort, resp. antwortet überhaupt gar nichts; wirft sich unruhig im Bett hin und her; ab und zu heftige Zornesausbrüche, in denen Pat. blindlings zuschlägt.

Mai 1909. Die Kranke führt beständig mit den Fingern, Armen und Beinen unkoordinierte, ausfahrende, blitzartige Bewegungen aus. Dieselben choreatischen Zuckungen zeigen sich auch in der Gesichtsmuskulatur. Im Schlafe hören diese Zuckungen nicht auf (Huntingtonsche Chorea).

Juni 1909. Pupillen gleichweit, reagieren prompt auf Lichteinfall. Patellarreflexe lebhaft, kein Dorsalklonus. Sensibilität ungestört.

Aug. 1909. Unverändert.

Jan. 1910. Die Chorea der Pat. hat seit dem Jan. 1909 zweifellos einen progressiven Verlauf genommen. Reflexstörungen sind weiterhin nicht aufgetreten. Trotz der sehr starken choreatischen Bewegungen gelingt es der Kranken, ohne fremde Hilfe sich zum Nachtstuhl zu begeben. Die gesamte Körpermuskulatur erscheint atrophisch, überhaupt ist der Ernährungszustand äußerst reduziert, da diese unkoordinierten Muskelaktionen auch im Bereiche der Schlund- und Rachenmuskulatur stattfinden und so die Nahrungsaufnahme sehr erschweren. Auch wenn Pat. nicht ißt, gibt sie beständig glucksende und schmatzende Laute von sich. Das Sprechen ist auch in Flüsterstimme nicht mehr möglich. Blasen- und Mastdarmfunktion ungestört. Menses regelmäßig. Psychisch unverändertes Bild. Pat. kümmert sich nicht um ihre Umgebung; manchmal macht sie Versuche, Lieder vor sich hinzusummen. Stimmung meist leere Euphorie.

27. März 1910. Heute etwa $^1/_2$ Stunde lang starker Bewegungsdrang. Pat. bleibt nicht im Bett, sie wandert rastlos in den Wachesälen hin und her, stürzt sich plötzlich auf eine regungslos im Bett liegende Kranke und drosselt sie.

11. April 1910. Eine Prüfung des psychischen Zustandes der Pat. ist sehr erschwert dadurch, daß die Kranke wegen der beständigen Muskelunruhe weder lesen noch schreiben kann. Die Auffassung ist noch gut. Pat. steigt auf Aufforderung hin aus dem Bett, gibt die Hand, versucht, die Augen zu schließen, geht im Zimmer auf und ab, wird aber an der Ausführung aller dieser Bewegungen durch nie ruhende choreatische Zuckungen bald in diesem, bald in jenem Muskel enorm gehindert. Beim Stehen schwankt Pat. mächtig hin und her. Sie steht breitbeinig, kann aber ohne Unterstützung sich nicht lange stehend halten, da die Zuckungen ihre Füße nach allen Richtungen verrenken und hin und her reißen. Beim Stehen wird der Leib vorgestreckt, die Brust und Lendenwirbelsäule lordotisch ausgebogen. Trotzdem pendelt der Oberkörper nach allen Seiten, teils infolge von Zuckungen in den Rumpfmuskeln, zum Teil offenbar auch infolge von Unfähigkeit, das statische Gleichgewicht zu erhalten. Letzteres darf man vielleicht als Ataxie bezeichnen.

Juli 1910. Häufig in ganz bedrohlicher Weise aggresiv; springt den Leuten an den Hals und drosselt sie rücksichtslos. Somatisch unverändert.

9. Nov. 1910. In der letzten Zeit häufig tagelang erregt und laut, kreischt, brummt, brüllt, schreit, schlägt ataktisch mit den Armen um sich. Sie verläßt ihr Bett, kriecht unter die Bettstatt und bleibt lange Zeit, mit Armen und Beinen stoßend und schlagend, dort liegen. Die choreatischen Zuckungen haben kaum an Stärke zugenommen.

Jan. 1911. Ist wieder ruhig, magert rapid ab, neigt zu multiplen Furunkeln und zu Dekubitus, der aber bis jetzt verhütet werden konnte. Die choreatischen Zuckungen bestehen in unverminderter Heftigkeit fort, im Schlafe sistieren sie. Pat. verschluckt sich in der letzten Zeit häufiger. Obwohl sie gar nicht mehr sprechen kann, versteht sie noch ganz gut, wenn man sie anredet, gibt auf Aufforderung hin die Hand, allerdings unter stark ausfahrenden und stoßenden Bewegungen, dreht den Kopf zum Arzt, blickt einen verständnisvoll an, versucht, ein freundliches Gesicht zu machen, was bei den massenhaften Zuckungen in der Gesichtsmuskulatur nur notdürftig gelingt. Die Gesichtsmuskulatur zeigt alle möglichen Innervationsarten, die ständig wechseln. Die Augen werden rasch weit geöffnet, im nächsten Augenblick fest geschlossen, dann öffnet sich wieder nur ein Auge, die Stirne wird bald in tiefe Querfalten, bald in Längsfalten gelegt, die Nasenflügel öffnen sich weit, der eine Mundwinkel oder auch beide werden nach auf- oder abwärts verzogen, die Lippen spitzen sich zum Pfeifen, Pat. gibt schnalzende Laute von sich, öffnet dann wieder den Mund weit usw. Pupillen gleichweit, rund, reagieren auf Lichteinfall.

25. Jan. 1911. Urin: spez. Gewicht 1,023, sauer, kein Eiweiß, kein Zucker.

April 1911. Mitte März leicht erregt. Schlug wiederholt mit ihrem Kopfkissen gegen das Fenster und brüllte in schrecklichen Tönen.

Mai 1911. Geht körperlich sehr zurück. Am Kreuzbein und an der linken Darmbeinschaufel sezerniert viel Eiter. Die motorische Unruhe der Pat. ist trotz der enormen körperlichen Schwäche noch hochgradig. Nahrungsaufnahme infolge der Schluckstörung sehr erschwert.

10. Juni 1911. Leicht erhöhte Temperatur, die durch die zahlreichen Eiterungsprozesse erklärlich ist. Im übrigen ist die Gefahr einer Schluckpneumonie sehr drohend. Pat. ist zum Skelett abgemagert.

13. Juni 1911. $^3/_4$1 Uhr mittags Exitus.

Sektionsprotokoll.

Körpergröße 150 cm, Körpergewicht 23 kg, Hirngewicht 1057 g. Enorm abgemagerte weibliche Leiche; nicht das geringste Fettpolster vorhanden. Die Beckenknochen stehen scharf vor, desgleichen sind sämtliche Rippen und die Extremitätenknochen nur von einer ganz dünnen Hautdecke und einer stark atrophischen Muskulatur bedeckt. Am Kreuzbein ausgedehnter Dekubitus. An der linken Darmbeinschaufel eiternde Hautstellen, desgleichen an den seitlichen Fußpartien. Leichenstarre und Totenflecke stark ausgeprägt.

Schädel: Die Schädelknochen sind mitteldick, Diploe spärlich vorhanden. Die Dura ist nirgends mit den Knochen verwachsen, die Pia stellenweise milchig getrübt, wasserreich. Hirn makroskopisch ohne Besonderheiten, keine Atrophie. (Differenz zwischen Schädelinhalt und Hirngewicht 12%.) Die weichen Häute des Rückenmarkes sind sehr blutreich.

Brusthöhle: Lungen zurückgesunken. Einzelne alte, pleuritische Adhäsionen. Herz klein, Muskulatur hellgelbbraun, blutarm, nicht brüchig. Klappen intakt. Speziell ist von einer Endocarditis od. dgl. nichts zu bemerken. Im Herzbeutel wenig seröse Flüssigkeit. Die Konsistenz der rechten Lunge ist vermehrt. Beim Durchschneiden entleert sich aus dem Mittellappen dunkelbraunes, übelriechendes Sekret. Das Lungengewebe ist hier z. T. eingeschmolzen, aus den Bronchien quillt reichlich schaumige, stinkende Flüssigkeit. Der Unterlappen ist pneumonisch infiltriert, ausgeschnittene Stückchen auf Wasser gegeben sinken sofort unter. Die linke Lunge zeigt, abgesehen von einer beginnenden hypostatischen Pneumonie im Unterlappen, keine gröberen Veränderungen.

Bauchhöhle: Leber sehr blutreich, Zeichnung deutlich. Gallenblase frei von Steinen.

Milz: Nicht vergrößert, Rand gelappt. Pulpa ziemlich derb, Zeichnung erhalten.

Nieren: Kapsel gut abziehbar, Rinden und Marksubstanz braunrot. Darm und Geschlechtsorgane ohne Besonderheiten.

Fall II.

Severus, Anna Franziska, von B., geb. am 6. Febr. 1838 zu M., gest. am 1. Dez. 1891 in der Heil- und Pflegeanstalt Werneck. Sie wird am 28. Jan. 1889 in die Anstalt aufgenommen. Das für die Aufnahme maßgebende ärztliche Zeugnis lautet folgendermaßen: „A. F. S., 51 Jahre alt, von B., leidet infolge zerebraler Erkrankung schon seit längeren Jahren an allgemeiner Chorea. Seit 3—4 Jahren haben auch die psychischen Funktionen eine Veränderung erlitten. Die Kranke wurde eigensinnig, sehr jähzornig, häufig aggressiv. Sie wurde verschwenderisch, kaufte nutzlose, unnötige Dinge ein, dann wurde sie vielgefräßig und schreckte auch vor unverdaulichen und ekelhaften Dingen nicht zurück. Wegen Dementia unter Kuratel gestellt, empfiehlt sich jetzt, wo sie infolge der intensiven Chorea sehr unbehilflich ist und sich meist unrein hält, ihr Unterbringen in der Kgl. Kreisirrenanstalt Werneck."

Der Kurator der Kranken gibt noch an: Die Eltern der Pat. sind tot. Der Vater litt an Chorea. 7 Geschwister der Pat. leben noch, davon haben 3 Chorea. 2 Kinder der Pat. leben, sind gesund. Pat. hat mit 30 Jahren geheiratet, hat zweimal geboren, lebte mit ihrem Manne nicht gut, war sehr streitsüchtig und boshaft, ärgerte und mißhandelte ihren Mann bei jeder Gelegenheit, war auch gegen ihre Kinder sehr heftig. Der Mann starb vor 2 Jahren. Seit einem Jahre wohnt Pat. bei ihrer Schwester (B. K., Schmiedsfrau in P.), mit der sie auch beständig in Zank und Streit lebte.

Die Chorea besteht seit 12 Jahren, geistesgestört ist Pat. seit 2 Jahren.

Die Verwandten behielten Pat. nicht länger und beantragten die Verbringung nach Werneck. Bei der Aufnahme ist Pat. besonnen, kommt getäuscht in die Anstalt, glaubt, nach Würzburg ins Spital gebracht zu werden, gibt über ihre Familienverhältnisse ziemlich genaue Auskunft, macht beständig zwecklose Bewegungen, kommt in größere Unruhe, wenn sie etwas sagen will, schnellt vom Stuhle in die Höhe. Wird zunächst ins Wachzimmer verlegt.

29. Jan. 1889. Hochgradige, choreaartige Bewegungen, nachts ist die Kranke unruhig, an sie gerichtete Fragen werden korrekt beantwortet. Das Essen geschieht hastig, aber doch ziemlich sicher, wie man es bei der Intensität der choreatischen Bewegungen nicht erwarten dürfte. Reinlichkeit wird beobachtet. Der Gang ist sehr unsicher, und fällt die Kranke öfters, weil sie sich nicht führen lassen will.

1. Febr. 1889. Nach dem Krankenzimmer D 7 verlegt, ist nachts jetzt ruhig, bei der Visite freundlich und heiter, liest in ihrem Gebetbuch.

2. März 1889. Keinerlei wesentliche Veränderung im seitherigen Verhalten. Lacht, ist heiter gestimmt, harmlos.

April 1889. Stets heitere, freundliche Stimmung, körperlich wohl.

Juli 1889. Meist heiter, wird leicht hitzig, wenn man ihr den Willen nicht tut, hat gleich Händel mit anderen Kranken, schlägt zu.

Sept. 1889. Neigung zu Diarrhöen, sieht schlecht aus. Geistig ohne bemerkenswerte Änderung.

Okt. 1889. Die Choreabewegungen werden täglich stärker, am Metatarsophalangealgelenk der rechten großen Zehe ein markstückgroßes Geschwür (traumatisch ?). Antiseptischer Verband, Bettruhe.

Nov. 1889. Das Geschwür im Abheilen begriffen, gegen die Chorea täglich 2 Antipyrinpulver 0,75. Die Zuckungen nehmen etwas ab, auch das Allgemeinbefinden bessert sich etwas. Noch zu Bett.

Dez. 1889. Wunde am Fuße geheilt.

Jan. 1890. Die Zuckungen sind auf Antipyrin weniger intensiv geworden, das Aussehen hat sich gleichfalls gebessert. Pat. ist mit ihrem Zustand zufrieden, bewohnt das Krankenzimmer der Abteilung D 7, ist freundlich, leicht reizbar.

März 1890. Hat erfrorene Hände, die teilweise aufgebrochen sind, gab in letzter Zeit mitunter zu Klagen Anlaß, indem sie hilflosen Kranken Eßwaren wegnahm.

April 1890. Leidlich zu haben.

Juli 1890. Wegen Unverträglichkeit nach dem Wachzimmer D 7 verlegt.

Sept. 1890. Sieht recht schlecht aus, einigemal nachts unrein mit Urin.

Okt. 1890. Sieht wieder besser aus, sonst unverändert.

Jan. 1891. Verhalten wie bisher, bewohnt das Wachzimmer, sieht wieder besser aus.

April 1891. Fällt in letzter Zeit häufiger, hat am Kopfe mehrfache Quetschwunden. Am Ballen der linken kleinen Zehe eine Vereiterung, muß zu Bett bleiben, ist recht elend, sieht zyanotisch aus.

Mai 1891. Fuß geheilt, Pat. liegt noch zu Bett.

Juni—Juli 1891. Sehr unrein, vielfach wegen motorischer Unruhe. Pat. hat das Bestreben, den Nachtstuhl zu benutzen, sie kann aber auf demselben nicht ruhig sitzen bleiben. Neigt zu Diarrhöen, sieht sehr schlecht aus, liegt beständig zu Bett.

Okt. 1891. Hat das Bestreben, sich rein zu halten, doch gelingt es der Kranken in den seltensten Fällen wegen der heftigen Jaktationen. Bis zum Skelett abgemagert.

10. Nov. 1891. Ist recht elend, hochgradig abgemagert, Ödem der Augenlider. Puls klein und matt, Extremitäten kühl.

1. Dez. 1891. Ist recht schwach geworden, sehr blaß und abgemagert, genießt wenig. Zuckungen etwas schwächer. Sieht abends bei der Visite blaß und verfallen aus, pulslos. Abends $7^1/_2$ Uhr leichter Tod.

Sektionsprotokoll.

Mittelgroße, abgemagerte, weibliche Leiche, keine Totenstarre, Totenflecken auf der Rückseite.

L. Lunge an der Spitze und unten verwachsen. O. L. lufthaltig, U. L. blutreich, Fibrinauflagerungen auf der Außenseite. R. L. im M. L. verwachsen, O. L. lufthaltig, U. L. hypostatisch. Geringe Fibrinauflagerung. $^1/_4$ l Exsudat schmutzig-grünlich. Herz normal groß, Muskulatur welk. Muskel r. verdickt, l. dünn, Klappen intakt. An den Klappen der Aorta leichte kalkige Auflagerungen. Leber von normaler Größe, l. Lappen schmal ausgezogen, Parenchym tief schwarzrot, Acini stellenweise gelblich. Gallenblase gefüllt mit dünnflüssiger Galle.

Milz normal groß, Kapsel gerunzelt, Pulpa hellrot, brüchig. Nieren klein, Marksubstanz geschrumpft, hellrot, Kapsel trennt sich leicht, r. Niere zeigt denselben Befund, in der Rinde gelbrote Streifung. Magen und Darm ohne Veränderung, Blase gefüllt. Uterus mäßig vergrößert, Ovarien atrophisch.

Schädeldach nicht mit der Dura verwachsen, schwer, blutreich, verdickt, Stirnnaht erhalten. Dura glänzend, blutreich, Pia getrübt, Wasseransammlung unter der Arachnoidea. Hirnwindungen zahlreich, klein. Ventrikel erweitert, Flüssigkeit in denselben vermehrt. Ependym glänzend, glatt. Gehirnsubstanz brüchig, Rinde leicht rosa gefärbt, etwas verschmälert, starke Erweiterung der Gefäße unter der grauen Substanz des Streifenhügels. Kleinhirn etwas weicher als normal.

Körperlänge 155 cm, Körpergewicht 30 kg, Hirngewicht 1025 g.

Fall III.

Maxentius, Mathias, verheirateter Bankmetzgermeister von München, geb. am 15. April 1863 zu B., B.-A. Schrobenhausen.

Der Vater hat viel getrunken. Nerven- und Geisteskrankheiten sollen in der Familie nicht vorgekommen sein. Beide Eltern sind gestorben. 2 Geschwister leben, sind gesund. Pat. hat in der Schule gut gelernt. Er wurde Metzger, brachte es zu Wohlstand. 1887 hat er sich verheiratet; 2 gesunde Kinder; 2 Kinder gestorben, davon eines Frühgeburt, eines an Wasserkopf. Pat. war, nach Angabe seiner Frau, von jeher etwas aufgeregt, aber zuerst ordentlich und fleißig. Allmählich kam er ins Trinken. Er wurde sehr reizbar; wenn er vom Wirtshaus heimkam, gab es jedesmal Spektakel. Die Frau bedrohte er oft mit Niederschlagen, beschimpfte sie gröblichst. Öfters hat er sie tätlich mißhandelt. Auch gegen die Kundschaft wurde er grob. Zusehends verrohte er. An die Frau stellte er unsittliche Ansinnen, einmal warf er sie auch aus dem Bett. Nach dem Polizeiakt wurde er im Jahre 1895 wegen Körperverletzung bestraft. Noch um's Jahr 1904 trank er täglich bis zu 30 Halbe Bier. Dann konnte er nicht mehr so viel vertragen, nahm aber immerhin täglich noch etwa 8 l Bier und auch Wein zu sich. Geschlechtliche Infektion negiert.

Seit dem Jahre 1903 ist er verändert. Er hatte sich am Fuß weh getan, war seitdem krank, wurde immer erregbarer, konnte nicht mehr wägen und zerteilen. Nachts schlief er sehr unruhig. Das Gedächtnis hat stark nachgelassen. Pat. kann kaum mehr rechnen, Sprache wie im Rausch. Nichts Anfallartiges. Auf der Straße schimpfte Pat., daß der Gehsteig zu weit sei. Beim schönsten Wetter behauptete er, es regne. An seinem Hause wollte er unsinnige Reparaturen vornehmen lassen.

25. Okt. bis 2. Nov. 1907 in der psychiatrischen Klinik München. War orientiert, zeigte aber keine Krankheitseinsicht. Die Sprache war leicht gestört. Patellarreflexe leicht gesteigert, sonst alle Reflexe in Ordnung. Keine Sensibilitätsstörung. Pupillen o. B. Kein Handzittern. Leichter Tremor linguae. Starke choreatische Unruhe in Händen und Füßen, Hin- und Herwerfen des Oberkörpers, Grimassieren. Lumbalpunktion negativ. Pat. gibt an, mit 18 Jahren ein Geschwür am Glied gehabt zu haben. Stimmung euphorisch.

Von der psychiatrischen Klinik kam Pat. auf 4 Wochen in die Kuranstalt Neufriedenheim, dann wurde er nach Hause entlassen. Zu Hause begann er gleich wieder zu trinken. Gegen seine Umgebung benahm er sich immer gewalttätiger. Frau, Dienstboten und Kunden mißhandelte er aufs roheste. Wiederholt mußte seine Frau vor ihm fliehen. Die Polizei hatte mehrmals Anlaß, gegen ihn einzuschreiten. Nach einem Attentate auf einen Unbekannten sah sich die Polizeibehörde veranlaßt, ihn am 15. Juli 1911 in die Heil- und Pflegeanstalt Eglfing einzuweisen.

Aufenthalt in der Heil- und Pflegeanstalt Eglfing vom 15. Juli 1911 bis 12. Jan. 1912.

15. Juli 1911. Zugang in Haus 3.

22. Juli 1911. Wird nach Haus 25 versetzt. Pat. zeigt ausgesprochene Chorea, verzieht das Gesicht in einer eigentümlichen Weise, kann nicht ruhig stehen, führt mit Armen und Beinen fahrende Bewegungen aus. Es gelingt Pat. bei Willensanspannung die unwillkürlichen Bewegungen für eine lange Zeit zu unterdrücken. Nach dem Grund des eigentümlichen Verhaltens gefragt, gibt er verlegene und ausweichende Antworten. „Er mache das ja nicht, es sei nur, daß man sich ordentlich hinstelle, wenn man einen Verstand habe; er habe das schon immer, es komme von der schweren Arbeit."

30. Aug. 1911. Pat. ist zeitlich und örtlich orientiert, sei seit 15. Juli hier; warum er hierher gekommen sei, wisse er nicht. Da sei er überzeugt, krank sei er nicht, er bleibe gerne da, bis er hinauskomme, natürlich möchte er zu seinem Geschäft hinaus. Er sei zum kgl. Bezirksarzt, dann in die psychiatrische Klinik, dann hier herausgekommen. Warum er zum Bezirksarzt gekommen sei, wisse er nicht, da sei er überfragt. Angestellt habe er ja nichts gehabt, nichts, gar nichts überhaupt.

3. Nov. 1911. Anamnese der Frau: Er sei schon seit rund 10 Jahren verändert, zuckend, furchtbar faul; aufgeregt sei er immer gewesen. Er habe alles zusammengeschlagen, die Frau bedroht, an den Geldschrank geworfen, daß sie 8 Tage liegen mußte, Hausmeister die Stiege heruntergeworfen, mit dem Schuh geschlagen, einen Bäckergehilfen vom Rad geschlagen. Die Frau habe immer bezahlt, so daß nichts angezeigt worden sei. Einmal habe er einen Fischer mit dem Schirm geschlagen, wollte dem Schuster das Messer hineinrennen, wurde von anderen Leuten gehalten; einmal wollte er den Sohn packen, erwischte ihn nicht, aber dessen Hut, den er zerriß. Der Sohn sei in den Keller hinuntergelaufen, er habe zugeschlossen und sich nicht weiter um den Sohn gekümmert. Im Schlachthaus habe er immer fehlgeschlagen, wie die Gehilfen sagten. Die Frau habe er mit Erstechen bedroht. 1907 sei er in die psychiatrische Klinik verbracht worden, die Frau habe es nicht mehr mit ihm aushalten können. Er sei immer mit einem Rausch heimgekommen, sie habe nicht mehr bei ihm geschlafen. Wenn sie wieder zu ihm gekommen sei, habe er nie etwas erwähnt. Aus der psychiatrischen Klinik sei er nach Neufriedenheim gekommen, dort 6 Wochen geblieben, dann wieder besser, habe versprochen, wieder gut zu sein. Schon nach 4 Wochen alter Zustand, trank wieder, aber nicht mehr so viel, hat auch Frau nicht mehr bedroht. War aber

wieder grob, warf Schuhe herum, schimpfte: sie und die Kinder hätten ihn zeitweise überhaupt nicht mehr ansprechen dürfen, es sei gerade, als wenn er „Anfälle hätte!" In letzter Zeit sei er immer mehr unwirsch und läppisch geworden, sei nicht zu Hause geblieben, sei andauernd in der Wohnung auf und ab gegangen. Das Bücherl sei ihm hinunter gefallen, er habe kein Wort mehr schreiben können, sagt, er haue dem Sohne, der zu Hause sei, den Kopf herunter. Stößt auf der Straße Passanten auf die Seite, wurde mit den Kundschaften sehr grob, schimpfte die Kunden, gab einmal einer Kundin eine Ohrfeige, weil sie ein anderes Stück Fleisch wollte, als er ihr gab. Das Geschäft sei stark zurückgegangen, früher 16, jetzt 8 Ochsen. Hat öfter die Kunden nicht mehr erkannt. Zuweilen schlief er schlecht, zuweilen wieder sehr viel, oft, wenn er sich aufgeregt hatte, sei er nicht ins Geschäft. Schimpfte auf der Straße, daß das Trottoir zu weit sei, behauptet, es regnet, obwohl das schönste Wetter sei. Ließ am Hause einige Reparaturen machen (Kamine abnehmen, wollte im Hofe das Pflaster wegreißen lassen, obwohl noch gut gewesen). Verlangte von der Frau öfters, sie solle ihm das Messer hineinrennen, damit er verrecken könne. Trank früher vormittags 5—6 Schurle, nachmittags 5—6 Halbe Bier, manchmal, nach Angabe der Bekannten, bis 13 Halbe. Abends sei er regelmäßig ausgegangen. Wenn er zu Hause geblieben sei, habe er eine Maß getrunken. Zuletzt habe er vormittags einen Schoppen Wein, manchmal noch eine Halbe „Helles" getrunken, nachmittags 1 Maß Bier, abends 1 Maß Bier zu Hause, davon habe die Frau und Tochter mitgetrunken.

18. Dez. 1911. Harmlos, gutmütig, kindlich, läppisch. Wurde wegen Geistesschwäche entmündigt, nahm den Beschluß ruhig hin. Keinerlei Krankheitseinsicht.

1. Jan. 1912. Unverändert, choreatische Erscheinungen nach wie vor deutlich. Munter, heiter, vergnügt, kindlich, uneinsichtig, aber harmlos, gutmütig.

12. Jan. 1912. Heute, unter Aufrechterhaltung des Verwahrungsbeschlusses, entlassen.

Nach der Entlassung aus der Anstalt Eglfing tat es mit ihm zu Hause einigermaßen gut. Um Ostern 1913 wurde er neuerdings sehr unverträglich. Seine Frau ließ ihn am 23. April 1913 zum zweitenmal in die psychiatrische Klinik München verbringen. Hier wurden starke choreatische Zuckungen am ganzen Körper konstatiert. Im Liquor 3 Zellen. Wassermann im Liquor negativ, im Blut positiv. Orientierung erhalten. Geringe Krankheitseinsicht. Pat. versuchte sein rohes Verhalten gegen Frau und fremde Personen zu beschönigen. Verstandesfunktionen beträchtlich herabgesetzt. Am 13. Mai 1913 wurde Pat. in die Anstalt Haar überführt.

Aufenthalt in der Heil- und Pflegeanstalt Haar vom 13. Mai 1913 bis 21. Febr. 1916.

13. Mai 1913. Geht zu im Haus I AE. Gibt an, bis 11. Jan. 1912 in Eglfing gewesen zu sein. Jetzt komme er wieder aus der Klinik, sei von der Arbeit weg geholt worden. Grund sei keiner vorgelegen. Man habe gesagt, er habe zuviel getrunken. Er trinke aber bloß in der Frühe ein Glas, abends 2—3 Glas Bier. Pat. ist örtlich und zeitlich orientiert, geordnet im Benehmen, ruhig und freundlich. Die Muskulatur des Gesichtes, des Rumpfes und der Extremitäten befindet sich fast fortwährend in leichter choreatischer Unruhe. Nach seiner Angabe hat Pat. das Leiden seit 8—10 Jahren. „Der Doktor hat gesagt, das sei Veitstanz, da braucht man nur helfen!" erzählt Pat. naiv, er macht sich weiter keine Gedanken darüber, daß man ihm noch nicht helfen konnte. Seine Stimmung ist schwachsinnig-euphorisch.

1. Juli 1913. In I AO. Immer ruhig, geordnet, freundlich. Die choreatischen Erscheinungen sind unverändert.

1. Aug. 1913. Der Kranke ist stets ruhig und freundlich, kindlich, gutmütig, zufrieden. Verlangt sich gar nicht fort. Freut sich, wenn er Besuch erhält und spazieren gehen darf.

1. Okt. 1913. Der Pat. ist geistig und körperlich in keiner Weise verändert, hat immer das gleiche kindliche Benehmen, lacht freundlich bei der Visite und reicht die Hand. Ist einsichtslos gegenüber seinen Trinkexzessen und den damit zusammenhängenden Gewalttätigkeiten.

19. Nov. 1913. Der Pat. ist in letzter Zeit unruhiger, hetzt andere auf, läuft erregt im Saal hin und her, schimpft, verlangt unbedingt auf eine andere Abteilung, will nicht mehr hier bleiben. Ganz einsichtslos.

Jan. 1914. Hält sich nunmehr wieder ruhig, nur dem Personal gegenüber drängt er mehr auf Entlassung. Körperliches Befinden unverändert.

14. Febr. 1914. Unverändert. Nach Haus IV A verlegt.

10. April 1914. Freundlich und harmlos auf der Abteilung IV A, wo er bisher keinerlei auffallend Neues geboten hat. Kommt bei jeder Visite herbei, streckt die Hand dem Arzt

entgegen, etwas steif und unter leichten choreatischen Bewegungen. Bittet ab und zu einmal, ohne besonderen Nachdruck, um Entlassung. Macht den Eindruck eines gutmütigen Schwachsinnigen, indolent und leicht zu vertrösten. Kommt mit den andern gut aus, hat keine Klagen.

Juni 1914. Schwachsinnig-euphorischer Stimmung, lebt zufrieden in den Tag hinein.

Dez. 1914. Harmlos und gutmütig, kommt bei jeder Visite, gibt die Hand. Fragt schwachsinnig nach seinen Angehörigen, nach Entlassung, läßt sich leicht beruhigen.

April 1915. Hie und da nach Entlassung dringend, leicht zu beruhigen, recht dement und im Gang sowie allen Bewegungen mit deutlichen choreatischen Zuckungen. Beim Handgeben fährt er oft daneben, schnappt nach der Hand, um nicht durch Nebenantriebe im letzten Augenblick daneben zu greifen.

Juli 1915. Körperlich immer dasselbe. Psychisch langsam blöder und indolenter werdend, drängt nicht mehr so fort, läßt sich leicht beruhigen.

Okt. 1915. Wegen Eröffnung des Lazaretts nach I AO. Psychisch indolent, blöd. Zahlreiche choreatische Zuckungen, ganz eigentümlich wackelnd. Ruhig, vertragend.

Febr. 1916. Aus Platzgründen nach Haus VI O. Ohne jede wesentliche Änderung. Ruhig und verträglich, kommt bei jeder Visite, die Hand gebend. Greift hastig zu wegen der Nebenantriebe infolge von Zuckungen. Örtlich und zeitlich klar, ohne besondere Wünsche.

Sept. 1916. Ruhig und freundlich, choreatische Zuckungen in der alten Stärke. Gang hat etwas Balanzierendes, wenn er auf einem zukommt. Sprache eigentümlich stoßend. Vegetative Funktionen in Ordnung. Recht dement und eigentlich ganz wunschlos, es sei denn, daß er hie und da andere Art der Kost, Mehlspeise usw., erbittet.

Sept. 1916. Keinerlei Änderung. Choreatische Zuckungen in derselben Weise wie früher.

21. Febr. 1917. Ohne Änderung nach Attl überführt.

Während des Aufenthaltes in Attl verschlimmerte sich das Leiden immer mehr, die Chorea wurde so stark, daß die Nahrungsaufnahme von Tag zu Tag schwieriger wurde. Infolge allgemeinen Kräfteverfalles trat am 13. Febr. 1920 der Tod ein.

Fall IV.

Caesar, Karolina, Schleifersfrau, verheiratet, protestantisch, geb. am 1. Jan. 1860 zu Dinkelsbühl.

Nach Aussage ihres Mannes ist die Kranke außerehelich geboren. Ihre Mutter starb an Krebs, in welchem Alter ist dem Manne unbekannt. Eine Schwester der Kranken soll magenleidend sein. Nervenkrankheiten oder ähnliche Zuckungen wie bei Pat. sind in ihrer Familie angeblich nicht vorgekommen. Pat. ist zum zweiten Male verheiratet. Schon seit Jahren zeigte sie aufgeregtes Wesen und war rasch zum Zuschlagen geneigt. 1892 litt sie 2 Monate lang an Genitalblutungen. 1894 heiratete sie ihren jetzigen Mann. Damals war sie schon leicht erregt. Sie hat 4 mal geboren. 1 Kind starb; woran, kann der Mann nicht angeben. Die drei lebenden Kinder (28, 26, 24 Jahre) sind gesund. Im Jahre 1905 hatte Pat. einen Abgang. Geschlechtliche Ansteckung wird in Abrede gestellt. Seit 7 Jahren leidet sie an unwillkürlichen Zuckungen. Seit 20. Nov. 1906 war Pat. im Nikolausspital-München untergebracht. Dort benahm sie sich anormal und gewalttätig. Am 17. Juni 1907 wurde sie in die Psychiatrische Klinik München überführt. Nachträglich gab die Tochter der Pat. an, ein Vetter der Mutter habe ähnliche Zuckungen wie diese gehabt und sei im Spital zu Dinkelsbühl gestorben. Der Sohn der Kranken will mitunter abends nach anstrengender Arbeit Zuckungen verspüren; es reiße ihm dann die Schultern in die Höhe und den Kopf zur Seite. Nach den Beobachtungen der Psychiatrischen Klinik ist an ihm von choreatischen Bewegungen nichts zu bemerken gewesen.

Klinikaufenthalt vom 17. bis 27. Juni 1907. Hochgradige motorische Unruhe, Extremitäten, Hals- und Gesichtsmuskulatur befinden sich in beständiger Bewegung. Diese Bewegungen sind durchaus unkoordiniert, erfolgen in mäßig raschem Tempo. Auch in tiefem Schlafe bestehen sie in geringerem Maße fort. Pupillen reagieren auf Lichteinfall. Augen werden gleichsinnig hin und her gedreht. Kein Nystagmus. Reflexe normal. Kein Babinski. Keine Sensibilitätsstörungen. Lebhaftes Grimassieren, anscheinend rechts stärker. Benehmen unzugänglich, abweisend. Orientierung erhalten. Konfabulationen.

Aufenthalt in der Heil- und Pflegeanstalt Eglfing vom 27. Juni 1907 bis 23. Jan. 1908.

27. Juni 1907. Geht in Haus 10 zu, zu Bett. Starke motorische Unruhe, wälzt sich ständig umher, wirft das Bettzeug heraus, Arme und Beine in ständiger schleudernder Bewegung, grimassierende Bewegungen der mimischen Muskulatur. Pat. erfaßt zunächst die zum Gruße gebotene Hand des Arztes, stößt sie dann aber gleich wieder zurück. Auf Fragen antwortet sie nur mit unartikulierten Lauten. Der Furunkel am linken Vorderarm zeigt gute Heilungstendenz, 2 kleinere Furunkel am Rücken.

3. Juli 1907. Pat. ist dauernd sehr unruhig, wirft immer wieder ihre Decke heraus, sucht sich das Hemd auszuziehen. Hat heute Abend eine Temperatur von 39,7 und starke Durchfälle. Furunkel verheilt.

6. Juli 1907. Temperatur wieder normal. (Vidal, im Hygienischen Institut angestellt, negativ.) Durchfälle auf regelmäßig kleine Opiumdosen geringer.

12. Juli 1907. Im ganzen erheblich ruhiger geworden. Läßt sich jetzt zugedeckt. Kein Durchfall mehr.

22. Juli 1907. Hat neuerdings einen Furunkel bekommen, welcher inzidiert und mit feuchtem Verband behandelt wird.

15. Dez. 1907. Nimmt trotz reichlicher Nahrungsaufnahme körperlich sehr ab. Ist sehr stark abgemagert, ständig unrein, wird versuchsweise mit Dauerbad behandelt wegen Unruhe und Unreinlichkeit, da sie auch Verbände an entzündeten, eitrig infiltrierten Kratzeffekten wegreißt.

21. Jan. 1908. Ruhiger, aber bedeutend schwächer.

23. Jan. 1908. 5 Uhr a. m., Exitus letalis.

Sektionsprotokoll

der am 23. Jan. 1908, 5 Uhr a. m. verstorbenen, am 23. Jan. 1908, 11 Uhr 15 Min. a. m. sezierten Schleifersfrau Caesar, Karolina:

Stark abgemagerte weibliche Leiche von gelblicher Hautfarbe. Leichenstarre in den unteren Extremitäten vorhanden. Herz klein; Herzbeutel mit einem Weinglas voll seröser Flüssigßeit gefüllt. Herzkammern enthalten Blut- und Speckgerinnsel. Herzklappen schlußfähig. Herzmuskulatur blaß, derb. Endothel der Aorta streifig verdickt. Kranzgefäße auffallend stark geschlängelt, Wandungen derselben bindegewebig verdickt. Lungen groß; keine Verwachsungen an den Spitzen. Pleurahöhle leer, Pleura glatt. Das Lungengewebe ist auf dem Durchschnitt grauschieferig marmoriert, überall lufthaltig, sein Blut- und Saftgehalt etwas vermehrt. In den Bronchien reichlich schleimig-schaumiges Sekret. Bronchialschleimhaut gerötet. Milz klein, Kapsel nicht verdickt, Pulpa rotbraun, vorquellend, Konsistenz etwas vermehrt; Blutgehalt vermindert. Leber groß, Kapsel streifig verdickt, Parenchym gelb-braun, von weicher Konsistenz, Zeichnung deutlich, Blutgehalt gering. Gallenblase mit dünnflüssiger Galle gefüllt. An den Nieren sind die Kapseln schwer abziehbar, die Rinde ist leicht verschmälert, Farbe blaßrot, Konsistenz weich. Darmtraktus ohne Besonderheit. Schädeldach dick, mit Dura etwas verwachsen. Dura an der Innenfläche glatt. Im Subduralraume reichlich seröse Flüssigkeit. Pia etwas verdickt, leicht milchig getrübt, gut abziehbar. Unter der Pia sulzige Massen. Basalgefäße etwas verkalkt. Gehirnsubstanz sehr weich, durchfeuchtet. Hirngewicht 950 g. (Hirn wird in toto der Psychiatrischen Klinik übersandt.)

Todesursache: Lungenödem.

Nebenbefund: Hydroperikard, Hydrocephalus externus, Großhirnatrophie. Pachymeningitis, Leptomeningitis, Atheromatose der Aorta, der Basal- und Kranzgefäße.

Fall V.

Cato, Therese, Bahnwärterswitwe, geb. 18. Sept. 1850 in Weilheim, katholisch. Aufnahme in die Heil- und Pflegeanstalt Gabersee am 14. Aug. 1914.

Krankengeschichte der Heilanstalt Gabersee.

Klinische Diagnose: Huntingtonsche Chorea.

Verhalten bei der Aufnahme: Etwas erregt, ängstlich.

Abgang: Am 29. Juni 1917 durch Tod.

Exzerpt der Krankheitsgeschichte der Psychiatrischen Klinik München:

Über erbliche Belastung, Kinderzeit und sonstiges Vorleben der Pat. ist nichts angegeben. Pat. wurde am 22. Juli 1914 von der Sanitätskolonne in die Psychiatrische Klinik verbracht wegen Verfolgungswahnideen und Bedrohung von Verwandten. Bei der Aufnahme: „Motorische Unruhe; gibt Auskunft auf einfache Fragen, redet viel dazwischen.“ Bei einem Besuche seitens Angehöriger (23. Okt. 1914) wurde angegeben, daß die Verwandten der Pat. an der nebengenannten Krankheit litten. Sie macht lebhaft zuckende Bewegungen der Arme und des Gesichts, kann sich nicht still halten; auf Zuruf werden die Bewegungen geringer. Gang nicht wesentlich gestört. Am r. Unterschenkel sind die Zuckungen nicht unterdrückbar: Gegensatz zu l. Die Bewegungen sind nicht ungeschickt. Willkürliche Bewegungen (auf Aufforderung) weniger ungeschickt als zu erwarten wäre. Keine Apraxie; geringe Ataxie. Vorgehaltene Gegenstände benennt sie richtig, kennt deren Gebrauch. Sprache verwaschen: „3. reinde Galeriebrigade“ — „Franell-Lappen“. Zuweilen dauert es einige Zeit, bis sie das richtige Wort findet; sie bemüht sich sichtlich und es gelingt ih · dann. Die Merkfähigkeit ist gestört, doch nicht aufgehoben. Pat. ist zeitlich und örtlich orientiert; ihre Antworten sind selten klar und sinngemäß, zuweilen gänzlich beziehungslos. Sie redet dazwischen hinein, vieles vor sich hin, dessen Inhalt bei der verwaschenen Sprache nicht immer verständlich ist. Stimmung teils weinerlich, teils leicht euphorisch; im allgemeinen ängstlich. Fühlt sich in der Klinik wohl; bittet immer wieder, daß man sie behalten soll. Rechnen: Multiplizieren mit einstelligen Zahlen geht. Subtrahieren schlecht. Subjektive Beschwerden: Pat. gibt an, sie habe öfter Kopfschmerzen; kein Ohrensausen. An Anfälle, Schwindel erinnert sie sich nicht. Diagnose: „Huntingtonsche Chorea — geisteskrank“.

Körperlicher Status: Mittelgroß, mäßiger Ernährungszustand, mäßig entwickelte Muskulatur. Nervenaustrittspunkte nicht druckempfindlich. N. median. druckempfindlich. Augen: Pupillen l. $>$ r.; Irisschlottern r.; l. Pupille auf Licht reagierend; r. Auge blind reaktionslos. (Abgelaufene Iritis-Katarakt-Irisschlottern-Luxation der Linse in den Glaskörper.) Zunge belegt; kurze Zeit gerade vorgestreckt, dann nach allen Seiten lebhaft bewegt. Herz: 2. Ton über Mitr. unrein; 2. Aortenton akzentuiert. Lungen, Abdomen o. B., ebenso Leber und Milz. Patellarreflexe auslösbar, r. $<$ l. Babinski, r. unsicher, l. —. Romberg —. Motilität: Keine Spasmen. Sensibilität intakt; r. Unterschenkel starke Varic.; choreatische Bewegungen an Extremitäten und Gesicht. Harn o. Z.; E. in Spuren. Blutdruck: R. R. 130. Wassermann +. Therapie nichts angegeben.

Am 14. Aug. 1914 nach Gabersee transferiert. Kein Widerstand. In E I stationiert.

21. Aug. 1914. Pat. lag bisher in E I zu Bett, verhielt sich im allgemeinen ruhig, d. h. ohne Störung zu verursachen; ihre Gemütsstimmung ist immer ängstlich, außerdem leidet sie an Sinnestäuschungen, insbesondere Illusionen, Verkennung von Geräuschen und Reden in ihrer Umgebung; sie bezieht alles auf sich: Lachen, Schreien der (sehr unruhigen!) Mitpat. bringt sie in Erregung; oft weint sie; klagt, alle lachten sie aus, beschimpften sie fortwährend; sie fände gar keine Ruhe usw. Sie ist im grunde eine ganz gutmütige, für alles dankbare Pat.; läßt mit sich reden, schimpft nicht. Sie steht jetzt vom Bett auf einige Stunden des Tages auf, sucht sich etwas zu unterhalten; eine Beschäftigung ist vorerst unmöglich, da die fahrigen, zuckenden, unsicheren Bewegungen der Hände anhalten, außerdem Pat. ungenügend sieht. Vegetatorische Funktionen: Ordnung. Jodkali.

15. Sept. 1914. Pat. wird etwas besserer Stimmung, lächelt sogar manchmal; ist den größeren Teil des Tages außer Bett; fühlt sich körperlich nicht krank, nimmt mit Appetit Nahrung, schläft nachts ohne Hypnotic. Die gen. Illusionen dauern allerdings noch an und bringen die Pat. an manchen Tagen in ängstliche Erregung. Mit Jodkali wurde bisher fortgefahren.

19. Sept. 1914. Vorgestern erkrankte Pat. ganz plötzlich mit 39,2° Fieber abends und Diarrhöen. Pat. fühlte sich sehr matt, klagte aber nicht über Schmerzen irgendwelcher Art (außer vorübergehend Leibschmerzen in der Gegend des Querkolons). An den Lungen ist l. über dem Oberlappen und r. über Ober- und Mittellappen perkutorische Dämpfung, keine auskultatorischen Geräusche, nachweisbar. (Alte Pleuritis?) Am Herzen die im Vorausgehenden angegebenen Geräusche. Im Harn (allerdings verunreinigt durch diarrhoeischen Stuhl) ziemlich viel E. Puls frequent und nicht ganz regelmäßig. Mit Jodkali seit 17. Sept. zurückgegangen; gestern aufgehört. Milchdiät, Bettruhe. Seit gestern sind Fieber und Diarrhöen völlig geschwunden. Temperatur: Mittags und abends 36,8.

21. Sept. 1914. Die Krankheitserscheinungen sind ebenso plötzlich wieder verschwunden, wie sie gekommen sind. Pat. steht wieder vom Bette auf.

25. Sept. 1914. Pat. ist tagsüber außer Bett; im wesentlichen frei von Schmerzen; nur zeitweise klagt sie über Kopfweh, welches aber auf kleine Dosis Aspirin schnell wieder verschwindet. Ihre ataktischen, fahrigen Bewegungen dauern an und verhindern die Kranke an Handarbeiten, obwohl sie sich gerne beschäftigen würde. Psychisch ist sie eine ruhige und harmlose Kranke; nur wird sie immer von ihren Sinnestäuschungen, Halluzinationen und namentlich Illusionen, gequält; sie bezieht alles, was in ihrer Umgebung gesprochen oder getan wird, auf sich; verkennt auch die Handlungen und Reden usw.; feindlich; so z. B. behauptet sie oft unter großer Erregung, sie könne nicht mehr da bleiben, alle Mitpat. lachen sie aus, verspotten sie, schimpfen über sie; sie strecken ihr die Zunge heraus, machen alle möglichen Bewegungen, sie zu verhöhnen. Wenn z. B. eine Mitpat. den Kopf auf die Arme stützt, oder sich am Ohr kratzt, kurz, irgendeine, ganz unauffallende Bewegung macht, gleich meint Pat., das geschehe ihretwegen. Sie verursacht keine Störung auf der Abteilung, ist nachts ruhig, nimmt regelmäßig Nahrung. Pat. wird nach Villa 1 versetzt.

16. Jan. 1915. Das Befinden ist im wesentlichen unverändert; Pat. fühlt sich in Villa 1 nicht zufrieden, weil sie keine Beschäftigung findet, außerdem von den angegebenen Sinnestäuschungen sehr gequält wird. Wird nach Villa 3 versetzt.

7. März 1915. Andauernde Sinnestäuschungen, welche an Intensität sehr schwanken; tageweise ist Pat. ganz zufrieden; dann wieder weint sie, ruft, sie könne nicht mehr leben, sie müsse fort, alle lachten sie aus, täten ihr alles zu leide, schnitten ihr Gesichter, verhöhnten sie auf alle Weise. Läßt sich übrigens nicht schwer beruhigen. Aussehen und Ernährung, überhaupt Allgemeinbefinden unverändert.

11. Mai 1915. Seit einiger Zeit etwas besseres Aussehen, auch subjektiv besseres Allgemeinbefinden. Pat. leidet noch an ihren Wahnideen (alles an ihr sei voll Läuse und Flöhe, sie müsse sich schämen, könnte nicht mehr unter die Leute gehen; alle verhöhnten und verspotteten sie, schnitten ihr Grimassen usw.); doch kommen dieselben nicht mehr so häufig, sondern nur zeitweise zum Vorschein; Pat. ist etwas zugänglicher und mitteilsamer und besserer Stimmung als früher. (In Villa 3.)

17. Febr. 1916. Die Kranke ist andauernd in Villa 3 körperlich und geistig ganz unverändert. Sie verursacht keine besondere Störung auf der Abteilung. Sie ist unbeschäftigt infolge ihres körperlichen Zustandes.

21. Dez. 1916. Pat. wird seit längerer Zeit sehr störend beim Essen dadurch, daß sie Mitpatientinnen das Essen in rücksichtsloser Weise wegzureißen sucht, mit den Händen in die Schüsseln langt und tierischerweise die Speisen hinunterschlingt. Alles Zureden ist ganz umsonst. Pat. sagt nur immer: „Ja, dank schön!" in ironischer Weise; schimpft und jammert unter heftigen, fahrigen, ataktischen Gestikulationen. Sie ist vorgeschritten dement; bringt auf Anrede meist nur ihre verworrenen Klagen vor, ohne auf Fragen einzugehen. Sie ist hochgradig abgemagert, ihre Gesichtsfarbe fast braungelb, die Haut schlaff und faltig. Nachts macht sie öfter Störung, indem sie den Nachtstuhl verfehlt, den Boden daneben verunreinigt, dann ihren Platz im Bett nicht mehr findet, Lärm und Ruhestörung verursacht. (Seit nachts ein schwaches Licht im Saale brennend gehalten wird, ist letztere Störung etwas beseitigt.)

27. März 1917. Pat. leidet (mit mehreren Mitpatientinnen) an Bronchialkatarrh seit etwa 14 Tagen; zur Zeit gebessert, aber Allgemeinbefinden beeinträchtigt; hochgradige Abmagerung.

15. Mai 1917. Die Kranke magert mehr und mehr ab trotz reichlicher Nahrungsaufnahme; Pat. würgt ihr Essen gierig hinunter, sucht anderen wegzunehmen; sie hört auf keine Zureden; beginnt auf jede Anrede mit ihren verworrenen Klagen und fahrigen, wilden Gestikulationen; sie steht auf und geht mit unsicherem, schwankendem Gange unter den seltsamsten Gesichtsverzerrungen umher. Manchmal muß sie während des Essens auf den Korridor gebracht werden, da sie niemand ruhig essen läßt, in die Teller fährt und das Essen wegreißt. Nachts zur Zeit weniger störend.

29. Juni 1917. Die Kranke ist innerhalb der letzten Monate noch mehr abgemagert und hinfälliger geworden. Die letzten 8 Tage litt sie an Husten; sie nahm — gegen ihre frühere gierige Nahrungsaufnahme — wenig flüssige Nahrung, taumelte beim Gehen, konnte sich nicht mehr aufrecht halten. Sie wurde vor 3 Tagen auf die Wacheabteilung (E I) verbracht. Psychisch blieb sie gleich verworren, konnte ihre körperlichen Beschwerden und Schmerzen nicht lokalisieren, sagte, „überall" tue es ihr wehe. Sie zeigte perkutorische

Dämpfungserscheinungen und bronchiales Atmen über beiden Lungen, frequent kleinen Puls. Sie bekam Digitalis; verfiel trotzdem rapid, so daß am 29. Juni, $8^1/_4$ Uhr p. m. der Tod der Pat. eintrat.

Obduktionsbefund.

Obduktion wurde am 30. Juni, vormittags 10 Uhr, ausgeführt.

Extrem abgemagerte Leiche in Totenstarre mit sehr spärlichen Leichenflecken. In beiden Pleurahöhlen wenig freie Flüssigkeit; auf beiden Unterlappen Fibrinauflagerungen Unterlappen beiderseits tief violett rot, Schnittfläche ebenso. Gewebe verdichtet, fleischartig, luftleer; Stückchen sinken unter. Rechte Lunge 950, linke 650 g. Herz 240 g, klein, handgroß; Muskulatur schlaff, lehmfarben, sehr leicht zerreißlich; Innenhaut leicht getrübt und feinhöckerig. Milz 70 g. Kapsel gerunzelt, Pulpa zerfallen, schmierig. Leber 1160 g, Kapsel adhärent, Schnittfläche fettglänzend, Zeichnung verwaschen. In der Gallenblase etwa 20 kleine Gallensteine. Nieren 220 g. Beiderseits starke Schrumpfung mit zahlreichen Zysten; Kapsel schwer abziehbar; Zeichnung fast nicht mehr erkennbar. Magen und Darm ohne besonderen Befund. Schädeldach dick und schwer; Diploe geschwunden. Starke Trübung der weichen Häute, reichliche Flüssigkeitsansammlung innerhalb des Duralsackes und der Ventrikel. Gewicht 1070 g. Gewebe feuchtglänzend, sehr wenig Blutpunkte; Substanz sehr weich und schmierig.

Diagnose: Pneumonia crouposa. Pleuritis; Myodegeneratio cordis; Schrumpfniere; Atrophia cerebri; Hydrocephalus externus et internus.

Fall VI.

Antonius Kajetan, verheirateter Gastwirt, katholisch, geb. am 22. Mai 1855 zu Lalling, Bezirksamt Deggendorf, beheimatet in Bruck.

Krankheitsgeschichte der Heil- und Pflegeanstalt Gabersee.

Aufgenommen am 17. Okt. 1905.

Bezirksärztliches Gutachten vom 13. Okt. 1905.

„Auf Grund wiederholt vorgenommener persönlicher Untersuchung (am 30. Sept. und 13. Okt. 1905) des Wirtschaftspächters K. A. aus W., Gde. Bruck, halte ich denselben für geistesgestört und gemeingefährlich. K. A., geboren 22. Mai 1855, katholisch, seit einer Reihe von Jahren Wirtschaftspächter, leidet an chronischem Alkoholismus und als Folgezustand an Verrücktheit. Bei stärkeren Exzessen in Bacho gerät er in der letzten Zeit häufiger in Erregungszustände, bei denen er seine Frau bedroht, so daß sie sich flüchten muß; früher hatte er, nach der Angabe seiner Frau, auch solche Zustände, jedoch seltener. Dabei schimpft er in unflätiger Weise über andere in Gegenwart von Gästen und seiner Tochter sowie des Dienstmädchens. So heißt er seine Frau eine Hure, ein schlechtes Mensch usw. Diejenigen, bei denen seine Frau in der Notlage Schutz sucht, hält er für seine Verfolger, andere, darunter Gäste der Wirtschaft, für Leute, die mit seiner Frau geschlechtlich verkehren. Seine Eifersuchtswahnideen leugnet er (dissimuliert) auf an ihn gestellte Fragen seit der Zeit, seit er Furcht hat, in einer Anstalt verwahrt zu werden, während aus seinem übrigen Verhalten, entsprechenden Schimpfworten (Hure usw.) hervorgeht, daß er bei Erregungszuständen und sonst diese Wahnideen hat. Seine persönlichen Angaben über die Art seiner Exzesse, wie es kommt, daß seine Ehefrau vor ihm flüchten muß, sind gänzlich unglaubwürdig. Er tut eben das, was man häufig bei chronischen Alkoholisten antrifft, er lügt. Er stellt die Exzesse als harmlos hin und erklärt die Furcht seiner Frau, wenn er sie bedroht, für unbegründet.

Zur weiteren Begründung meines Gutachtens verweise ich auf mein Gutachten vom 17. Okt. 1904, vom 18. Jan. und vom 4. April 1905, den Wirtschaftspächter K. A. betreff."

A. wird von 2 Begleitern hierher gebracht. Diese geben an, daß Pat. seit vielen Jahren ziemlich stark trinke und periodische Erregungen zeige, die oft einige Tage, öfters auch nur einen Tag andauern, um dann wieder dem gewöhnlichen Verhalten Platz zu machen. Die Begleiter wissen nähere anamnestische Angaben über die früheren Lebensjahre des Pat. nicht zu machen. Pat. selbst gibt folgendes an: Sein Vater starb an einem Kopfleiden; nähere Angaben über die Natur des Leidens weiß er nicht zu machen. Die Mutter ist 84 Jahre alt und gesund. Es leben 9 Geschwister, die alle geistig gesund sein sollen. Pat. hat 2 Kinder, einen Sohn mit 20 und eine Tochter mit 17 Jahren; verheiratet ist er seit 21 Jahren. Er gibt selbst zu, als Restaurateur mehr getrunken zu haben, als gut für ihn war.

Nach dem bezirksärztlichen Gutachten soll A. seit einer Reihe von Jahren an Alkoholismus leiden und als Folgezustand davon an Verrücktheit. Bei seinen Alkoholexzessen soll er in der letzten Zeit häufiger in Erregungszustände geraten, bei denen er seine Frau bedroht, so daß sie sich flüchten muß; über andere soll er in unflätiger Weise schimpfen; seine Frau bezeichnet er in Gegenwart der Tochter und Dienstboten als Hure; entwickelt fortwährend seine Eifersuchtsideen. Alle diese Tatsachen leugnet er, zur Rede gestellt, entschieden ab.

Pat. ist von kleiner Statur mit unsteten, zappeligen Bewegungen der Extremitäten und des Rumpfes, die noch stärker hervortreten, sobald man ihn in ein Gespräch verwickelt. Dabei hat er die Gewohnheit, sich leicht vornüber gebeugt zu halten und mehr angedeutete als ausgeführte Gesten mit den Händen zu machen. Diese und sein eigentümlich wechselndes, zuckendes Mienenspiel bei steter Beweglichkeit des ganzen Körpers machen den Eindruck starker nervöser Unruhe. Der Schädel bewegt sich in mittleren Dimensionen, ohne besondere Anomalien aufzuweisen. Die Pupillen sind unter mittelweit, reagieren auf Lichteinfall; die Patellarsehnenreflexe sind beiderseits gut auszulösen. Im Fazialisgebiet treten beim Sprechen leichte fibrilläre Zuckungen zutage. Die gespreizten Finger der ausgestreckten Hände zittern deutlich, ebenso besteht Rombergsches Phänomen. Die r. Gesichtshälfte tritt gegen die l. zurück; die Nase ist spitz, die Ohren sind groß, abstehend, die Ohrläppchen stehen zum übrigen Ohr fast in einem rechten Winkel. In der l. Scheitelbeingegend findet sich eine alte, weißliche, sternförmig verlaufende Narbe, deren Unterlage verschieblich. (Sturz vom Pferde.) Ferner zeigt das r. Schlüsselbein eine kallöse Wucherung, herrührend von einer Fraktur (Fall auf dem Eise). Am übrigen Körper keine Besonderheiten.

19. Okt. 1905. Pat. ist außer Bett, verhält sich ruhig; äußert den Wunsch, bald entlassen zu werden, da er mit einem solchen Hause noch niemals zu tun gehabt habe; er sei nur hie und da etwas aufgeregt gewesen; das sei aber rasch vorübergegangen; er habe niemanden etwas zuleide getan. Von Eifersuchtswahnideen, von Beschimpfung und Bedrohung seiner Frau und anderer Personen will er nichts wissen.

21. Okt. 1905. Verhält sich ruhig; beteuert nur immer seine Unschuld, man habe kein Recht, ihn hier zu lassen; er erwarte übrigens seinen Rechtsanwalt, der sicher hierher komme, um seine Sache in die Hand zu nehmen. Nach D II.

23. Okt. 1905. Äußert einem Mitpatienten gegenüber, daß er bei einer Gelegenheit, die ihm ins Freie bringe, versuchen wolle, aus der Anstalt zu entkommen.

3. Nov. 1905. Hält sich seither ruhig, zeigt wenig Regsamkeit, hat keine nennenswerte Krankheitseinsicht; es besteht bereits eine erhebliche psychische Stumpfheit und Schwäche.

16. Nov. 1905. Ist ganz einsichtslos in seinen Zustand, gibt allen anderen die Schuld an seinem Hiersein; zeigt ein eigentümlich zerfahrenes, schlaffes, läppisches Wesen.

20. Dez. 1905 wurde Pat. entlassen.

Krankheitsgeschichte der Heil- und Pflegeanstalt Eglfing.

Aufgenommen am 14. Sept. 1912.

14. Sept. 1912. Geht in Eglfing, Haus 5, zu. Hat sich bei seiner Aufnahme sehr erregt benommen, die Kleider vom Leib gerissen; bekam Injektion.

16. Sept. 1912. Körperlicher Status. Kleiner, schlecht aussehender Mann, in sehr reduziertem Ernährungszustande. Ausgeprägte motorische Reizerscheinungen, von denen die gesamte willkürliche Körpermuskulatur betroffen ist. Die Arme bewegen sich rißartig, der Rumpf dreht sich bald nach der einen, bald nach der anderen Seite. Ein ruhiges Sitzen auf einem Stuhle ist unmöglich. Sämtliche willkürlichen Bewegungen bekommen durch die nicht intendierten Zuckungen einen fahrigen Charakter. Das Gesicht zeigt eigentümliches Grimassieren, verzieht sich oft zu einem breiten Grinsen. Verstärkt werden sämtliche Erscheinungen sobald man sich mit dem Pat. beschäftigt.

Die Pupillen reagieren auf Licht und Konvergenz prompt und ausgiebig; Kniescheibensehnenreflexe hochgradig gesteigert; die übrigen Haut- und Sehnenreflexe sind in gewöhnlicher Stärke auslösbar. Die Zunge wird gerade gezeigt, zittert; die Sprache ist abgerissen; die Schrift ausfahrend. Die Sensibilität erscheint abgeschwächt.

Zeitlich und örtlich ist Pat. ziemlich genau orientiert. Warum er hier ist, weiß er nicht. Er habe absolut nichts gemacht, auch nicht viel mehr getrunken; früher allerdings schon. Auch mit seiner Frau und Tochter komme er gut aus.

20. Okt. 1912. Lag ständig ruhig zu Bett; nahm die Nahrung selbst zu sich; wird nach Haus 7 verlegt.

1. Okt. 1912. Bleibt nicht mehr im Bett; läuft ständig umher; verhält sich aber sonst ruhig.

14. Okt. 1912. Seit einigen Tagen auf der Abteilung; hält sich nicht in Ordnung; die Kleider sind meist völlig offen. Auf Befragen, warum er sich denn nicht anständig anziehe, meint er in sehr läppischer Weise: „Ich habe alle Knöpfe zugemacht"; sucht das Versäumte schleunigst nachzuholen. Kommt man in seine direkte Nähe oder berührt man ihn gar, so fängt er laut zu schreien an: „Tun Sie mir nichts; ich brauche keine Einspritzung!"

29. Okt. 1912. Ißt ständig im Stehen, wirft dabei die Hälfte hinunter; läßt sich nicht zum Hinsetzen bewegen. Immer sehr unordentlich in seiner Kleidung.

20. Nov. 1912. Merkfähigkeit schlecht, Zahlen schon nach 2 Minuten unrichtig. Auch was er einige Minuten vorher in der Zeitung gelesen kann er kaum mehr oder nur sehr entstellt wiedergeben.

15. Dez. 1912. Drängt jetzt sehr hinaus; verlangt täglich in weinerlicher Stimmung seine Entlassung, klammert sich dabei an Referent an.

4. Jan. 1913. Bei einem Versuche, eine Autoanamnese zu erhalten, wird er gleich sehr unruhig, zeigt echt choreatische Bewegungen mit Händen und Füßen, grimassiert, wirft sich von einer Seite auf die andere. Er meint dann, das braucht es alles nicht mehr, seine Frau hole ihn so wie so ab. Auch eine Untersuchung der inneren Organe ist nicht durchführbar.

2. Febr. 1913. Völlig unverändert; harmlos, gutmütig und kindisch. Keinerlei Krankheitseinsicht.

1. März 1913. Wird von heute ab 3. Klasse verpflegt; kommt nach Haus 11.

4. März 1913. Konnte sich anfangs nicht zurechtfinden und eingewöhnen; jammerte viel, daß es ihm hier nicht gefalle, daß das Essen sehr schlecht sei u. a.

5. März 1913. Wird heute gegen Revers von seiner Tochter abgeholt; versuchsweise entlassen.

Später kam Pat. in die Anstalt der barmherzigen Brüder in Johannisbrunn bei Vilsbiburg, wo er im Februar 1917 an Erschöpfung verstarb.

Nachträglich haben Angehörige des Kranken behauptet, daß die choreatische Störung im 36. Lebensjahr begonnen habe.

Fall VII.

Mutius, Gertraud, geb. Scaevola von Obing, geb. den 31. Jan. 1883 zu Obeig.

Krankengeschichte der Heil- und Pflegeanstalt Gabersee.

Aufgenommen am 15. Okt. 1919.

Kommt aus der Anstalt Ecksberg mit folgendem ärztlichen Zeugnis:

„Befindet sich seit März d. J. in der Anstalt Ecksberg. Kommt aus schwer belasteter Familie. Sie leidet an multipler Sklerose von Gehirn und Rückenmark. Beständig ist sie in athetotischer Bewegung, schleudert die Extremitäten, wackelt und balanciert beständig mit Kopf und Körper. Sie ist nicht im Stande, sich selbst zu helfen, zeitweise mit Kot und Urin unrein. Die Sprache ist ein kaum verständliches Lallen; sie versteht aber gut, kann lesen und vorsprechen.

In den letzten Wochen ist die sonst gutmütige, geistig stumpfe Frau ängstlich und zornig erregt. Sie drängt beständig fort, ihre Kinder seien am Sterben, der Mann warte seit 2 Tagen im Botenzimmer auf sie. Sie will nicht ins Bett, wird tätlich gegen Wärterin und Mitkranke, hat Miene gemacht, sich zum Fenster hinauszustürzen."

Angaben des Ehemannes: Der Beginn der Krankheit ließ sich im Jahre 1911 erkennen. Die Frau wurde mit der Arbeit nicht mehr fertig, obwohl sie nur einen kleinen Haushalt zu führen hatte. Die Zuckungen wurden immer stärker, es stellte sich ein arger Eigensinn ein. Ein Bruder der Kranken war geisteskrank, ist in der Anstalt Gabersee gestorben.

Die Großeltern waren geistig nicht normal, ebenso die Mutter. 3 Geschwister der Pat. waren geisteskrank bzw. geistesschwach, davon 1 Bruder infolge seines Zustandes ins Wasser gefallen und ertrunken, 1 Schwester in Ursberg gestorben. Pat. selbst hat in der Schule gut gelernt. 3 Kinder gesund.

Status praesens:

Wird in D I, dann in E I untergebracht. Macht einen stumpfen, hinfälligen Eindruck, leistet keinen Widerstand. Sie antwortet auf Befragen anscheinend entsprechend, spricht aber äußerst langsam, lallend und stockend, mit großer Mühe, sehr schwer verständlich. Beständig ist sie in ihren athetotischen Bewegungen; willkürliche Bewegungen führt sie nach längerem vergeblichen Umherfahren aus. Die Anstrengung verdoppelt die fahrigen Bewegungen und das Wackeln des ganzen Körpers. Auch der Gang ist schleudernd und taumelnd. Die Zunge wird unter starkem grobschlägigen Tremor vorgestreckt.

Patellarsehnenreflexe stark erhöht.

Fußklonus vorhanden.

Periostreflexe +.

Pupillen auf Lichteinfall schwach reagierend, Konvergenz +, kleines Hornhautgeschwür.

Pat. kann ohne Unterstützung nicht stehen. Wirbelsäule im Brustteil verkrümmt.

Herz nach rechts verbreitert, systolisches Geräusch. Puls 60, schnellend.

Lungen: l. o. h. Spitze Dämpfung.

21. Okt. 1919. Pat. hält sich im allgemeinen ziemlich ruhig; nur manchmal drängt sie aus dem Bett, will fort. Sie faßt Anrede und Fragen gut auf, antwortet aber sehr langsam und häufig unverständlich, doch entsprechend, so weit sie sich verständlich machen kann. Sie sitzt meist im Bett, wenn sie ihre Aufmerksamkeit zu konzentrieren sucht, werden die athetotischen Bewegungen stärker. Von Wahnideen und Sinnestäuschungen konnte bisher noch nichts Bestimmtes eruiert werden. Nahrungsaufnahme bessert sich. Manchmal weint Pat., auch zornige Erregung mit Tätlichkeit gegen das Personal wurde wiederholt beobachtet — wenn sie abgehalten wird aus dem Bett zu gehen. Pat. bekommt Jodkali.

11. Dez. 1919. Psychisch ist Pat. etwas ruhiger und zufriedener, sie widersetzt sich nicht mehr, drängt nicht mehr so sehr fort. Pat. sieht viel besser aus, hat bessere Gesichtsfarbe. Das Gehen hat sich wesentlich gebessert, Sprechen noch unverändert. Die ungeregelten resp. ataktischen Bewegungen der Arme sind noch nicht viel gebessert. Hornhautgeschwür vollständig abgeheilt.

15. Jan. 1920. Seit 8 Tagen tagsüber außer Bett. Verlangt immer heim zu den Kindern. Von weiterer Besserung ihrer athetotischen Bewegungen nichts mehr wahrzunehmen. Nur das Gehen ist wesentlich besser.

Juni 1920. Das äußere Verhalten der Kranken ist unverändert gekennzeichnet durch die beständigen ruckartigen Bewegungen des Kopfes und der Gliedmaßen, welche durch keinerlei mechanische Hemmung oder psychische Fixierung auch nur augenblicklich beeinflußt bzw. angehalten werden können. Im Gegenteil hat man den Eindruck, als steigerten sie sich bei längerer Unterhaltung mit Pat., und als würde auch die Sprache noch schwerer verständlich. Pat. vermag wohl selbst die Nahrung einzunehmen, nicht aber sich anzukleiden u. dgl. Bei der Blutentnahme für die WaR. wehrte sie sich außerordentlich lebhaft und überraschend kräftig, trotz aller Beschwichtigungsversuche. WaR im Serum negativ.

Juli 1920. In mehrfacher längerer Unterhaltung gelingt es nicht, ein klares Bild über die familiären Verhältnisse bzw. Verbreitung und Dauer dieser Erkrankung bei Pat. und deren Angehörigen zu gewinnen; wohl aber weiß Pat. Namen und Alter von Geschwistern und Kindern richtig anzugeben und zeigt sich auch annähernd orientiert. Jedoch ermüdet sie rascher als normal und wird motorisch unruhiger.

Nov. 1920. Unverändert. Ist nicht zugänglicher geworden; im Gegenteil, sie spricht weniger als früher mit Mitpatienten, antwortet auf Befragen nach langem Zögern, sichtlich ungern. Ihre athetotischen Bewegungen werden dabei weit stärker, außerdem macht Pat. auch Abwehrbewegungen. Gewöhnlich hält sie sich am Fenster auf und sieht hinaus. Sie ist meist mürrischer Stimmung, wehrt auch Mitpatienten ab, die sich ihr nähern wollen. Die Nahrung nimmt sie selbst ohne fremde Beihilfe zu sich. Eine Störung des Allgemeinbefindens war nicht wahrzunehmen. Pat. ist den ganzen Tag außer Bett.

Fall VIII.

Caligula, Richard, lediger Kunstmaler, geb. 28. Dez. 1864 zu Berlin.

Krankheitsgeschichte der psychiatrischen Klinik München.

Aufgenommen: 27. Juli 1911.

Grund der Aufnahme: Auf dem Karlsplatz umgefallen; hatte Tobsuchtsanfall.

Verhalten bei der Aufnahme: Liegt festgeschnallt auf der Bahre, schwitzt, bemüht sich vergeblich zu antworten; schnappt, schmatzt, verdreht die Augen, macht mit den Händen zappelnde, choreatische Bewegungen.

Klinische Diagnose: Huntingtonsche Chorea.

Vorgeschichte nach Aussage des Schwagers:

Referent kennt den verstorbenen Patient seit seiner Jugend. Vater litt an der gleichen Krankheit (Veitstanz); gestorben an Lungenentzündung; Mutter gestorben an Paralyse; eine Schwester ist verwachsen, nicht nervenleidend; die Frau des Referenten ist gesund; ein Bruder klein gestorben. Ein Bruder des Vaters war Säufer; starb an Paralyse in Dalldorf. Eine Schwester des Vaters starb in einer Heilanstalt in Eberswalde; war größenwahnsinnig. Pat. war ein Muttersöhnchen, verzärtelt; lernte gut; militärfrei wegen Plattfüße; hatte vor 20 Jahren eine schwere Brustfellentzündung, war sonst nicht nennenswert krank; wurde Kunstmaler; war im Anfang ganz tüchtig; war früher immer sehr gewissenhaft, nie verschwenderisch; trank nicht; hielt sich während seiner Krankheit immer strikte an die ärztlichen Verordnungen. War immer nervös; die Nervosität steigerte sich vor etwa 8 Jahren; er wurde damals „wie tiefsinnig“ über den Tod eines Freundes; ließ in seinen Leistungen nach; hatte eine „Kaufwut“, ohne sich aber übervorteilen zu lassen. War von Charakter sehr gutmütig, nur aufbrausend; wurde in letzter Zeit auch in seinem Äußeren nachlässig. Die Zappelbewegungen entwickelten sich ganz allmählich aus unmerklichen Anfängen. Sein Gedächtnis blieb bis zuletzt auffallend gut, doch fiel auf, daß der früher etwas menschenscheue Mann in letzter Zeit sich überall in Gesellschaften drängte, die er sonst gemieden hatte.

Wurde infolge seiner Unbeholfenheit oft das Opfer von Taschendieben; kaufte dann heimlich den gestohlenen Sachen ähnliche wieder, so z. B. mehrmals eine goldene Uhrkette, Uhren, Krawattennadeln.

Wurde mit Elektrizität und Einspritzungen behandelt, zuletzt vom Arzte auf Reisen geschickt, und zwar wider die Bedenken der Angehörigen, allein. Ist auch früher immer allein gereist, so daß der Arzt keine Bedenken hatte.

Krankheitsgeschichte:

28. Juli 1911. Pat. liegt zu Bett; der Körper ist in beständiger Unruhe, der Kopf wird hin und her geworfen, die Augen verdreht, der Mund bald gespitzt, bald krampfhaft geschlossen, schmatzt und schnalzt, die Hände machen fortwährend leicht ausfahrende Bewegungen von typisch choreatischem Charakter, desgleichen die unteren Extremitäten; auch der Rumpf beteiligt sich an diesen ständigen Bewegungen. Es ist zunächst völlig unmöglich, eine verständliche Antwort von dem Pat. zu erhalten; er bringt nur unter mühseligem Schnappen und Jappsen das Wort „Reichenhall“ heraus; die Zunge macht dabei fortwährend unkoordinierte Bewegungen; Pat. gerät in leichte Erregung, ergreift die Hand des Arztes, bemüht sich sichtlich, irgendeinen dringenden Wunsch herauszubringen, es wird aber nur immer schlimmer. Schließlich werden die Fragen so formuliert, daß Pat. nur mit Ja oder Nein zu antworten braucht; man erfährt auf die Art, daß er (wahrscheinlich) von einem Berliner Nervenarzt nach Reichenhall zur Kur geschickt sei; daß er schon seit etwa 10 Jahren krank sei, daß sein Vater ein Rückenmarkleiden gehabt habe und gestorben sei, daß ähnliche Leiden in seiner Familie nicht vorgekommen seien. Er sei 48 Jahre alt.

Eine Schwester von ihm lebt in Berlin, ist aber jetzt vielleicht nicht dort (?) oder krank (?); mehr ist nicht aus ihm herauszubringen.

Körperlich: Groß, Muskulatur reichlich, aber schlaff, Herzaktion beschleunigt; 1. Ton an der Spitze etwas unrein, sonst ohne Befund. Lungen: Vesikuläratmen, keine Dämpfung. Urin o. B. Temperatur morgens 35,8. Reflexe überall vorhanden, nicht gesteigert. Pupillen spielen prompt. Sensibilität nicht zu prüfen.

29. Juli. Zustand unverändert, Temperatur 37,0.

1. Aug. Pat. hat bisher ruhig zu Bett gelegen; die choreatischen Bewegungen schienen etwas nachzulassen, doch war eine Verständigung mit dem Pat. bis jetzt nicht möglich. Seit gestern ist er erregbar, zappelt besonders beim Essen so stark, daß die Fütterung außerordentlich erschwert ist.

Puls beschleunigt, arhythmisch, klein (100). Extremitäten bleich, zyanotisch.

Lungen: Keine Dämpfung. Rechts hinten unten verschärftes Exspirium, kein Rasseln. Kein Husten, kein Auswurf. Morgentemperatur 37,0; Abendtemperatur 37,6. Urin o. B.

Therapie: Brustwickel, Stimulantien.

2. Aug. Pat. ist sehr unruhig; bemüht sich fortwährend zu sprechen; soviel man verstehen kann, will er hinaus.

Atmung röchelnd, beschleunigt, Puls klein, etwa 120. Hinten rechts Dämpfung über der unteren Lunge. Bronchialatmen, vereinzelte großblasige Rasselgeräusche; kein Auswurf. Temperatur 37,0; abends 37,4. Brustwickel, Kampher, Coffeïn.

3. Aug., 2 Uhr nachmittags Exitus unter den Zeichen der Herzinsuffizienz.

Fall IX.

Atilius, Maria, ledige Köchin, geb. den 25. Nov. 1877 in Ei., Bezirksamt Memmingen.

Krankheitsgeschichte der psychiatrischen Klinik München.

Aufgenommen den 9. Juni 1913, 11 Uhr 50 Min. vormittags.

Grund der Aufnahme: Kopfweh; weiß nicht, was sie tut.

Verhalten der Kranken zurzeit der Aufnahme: Gibt Auskunft; ratlos, gedrückt; Sprachstörung?

Klinische Diagnose: Huntingtonsche Chorea.

Vorgeschichte nach Aussage des Bräutigams:

Seit 6 Jahren lebt Pat. mit Referent. Sie haben 3 Kinder, die leben und gesund sind. Pat. hatte früher mit einem anderen 5 Schwangerschaften; davon lebt nur 1 Kind; die anderen Schwangerschaften sind nicht gut verlaufen.

Abortus, Früh-, Totgeburten? Referent weiß es nicht.

Vater lebt; Mutter gestorben; soll nervenleidend gewesen sein.

Seit Referent die Pat. kennt, hat sie zuckende Bewegungen in den Fingern gehabt. Seit etwa 2 Monaten leidet Pat. an starkem Kopfweh; sie wurde vergeßlich; machte im Haushalt alles verkehrt. In der letzten Zeit hat Pat. nicht mehr gearbeitet, sondern saß nur still, bewegungslos in einem Stuhl und „studierte". Zuweilen schimpfte sie. Sie aß viel; schlief gewöhnlich ganz gut. Seit etwa 3 Wochen läuft Pat. öfters fort, so daß Referent sich gezwungen sah, eine Person zu den Kindern aufzunehmen.

Heute früh war Pat. stark erregt; machte „Spektakel"; sie wurde daher vom Referent in die Klinik gebracht.

Krankheitsgeschichte.

11. Juni 1913. Status corporis: Große Pat. in reduziertem Ernährungszustand; auffallend blaue Hände.

Pulmones: Klopfschall normal, vesikuläres Atmen.

Cor: Grenzen normal, Töne rein; Puls gut gefüllt, weich, äqual, regelmäßig, 72 in der Minute.

Abdomen nicht druckempfindlich. Urin: Alb. 0, Sach. 0. Schädel symmetrisch gebaut, nicht klopfempfindlich. Augen: Pupillen mittelweit, nicht auffallend different, etwas verzogen, Reaktion auf Licht und Konvergenz +, prompt und ausgiebig. Augenbewegungen frei; Fundus nicht zu untersuchen, da Pat. nicht stille hält. Facialis frei. Zunge ruckweise, gerade vorgestreckt. Sensibilität anscheinend intakt. (Pat. ist schwer zu fixieren.) Motilität intakt. Gang unsicher, etwas schwankend, schwerfällig. Romberg 0. Achillessehnenreflex r. = l. +; Fußsohlenreflex +, Plantarflexion. Bauchreflexe +. Konjunktival- und Würgreflexe herabgesetzt. Kornealreflex +. Kein Nachröten. Kein Lidflattern im Stehen. Keine Druckpunkte. Wassermann im Blut +, schwach; im Liquor 0—0, 2 Zellen.

11. Juni 1913. Autoanamnese: Pat. gibt Alter und Geburtsdatum richtig an. Vater lebe; Arbeiter in Ei., wo Pat. geboren ist. Mutter sei vor 15 Jahren an Rheumatismus gestorben. Vater hat viel getrunken. 4 Stiefgeschwister. Vater hat vorher schon geheiratet gehabt. Echte Geschwister hat Pat. nicht. Mutter der Pat. habe keine Abgänge gehabt.

Ein Cousin sei in Eglfing gestorben; das sei der Sohn eines Onkels gewesen. Sonst keine belastende Heredität.

In Ei. in Volks- und Feiertagsschule gegangen; habe ganz gut gelernt. Nicht sitzen geblieben. Pat. sei noch gar nicht krank gewesen. Nach Schulentlassung in Dienst gegangen als Zimmermädchen nach Memmingen 1 Jahr lang; dann nach München; seitdem hier. War hier an verschiedenen Stellen als Zimmermädchen; immer so 1, 3, 4 Jahre. Wurde immer weggeschickt, wenn die Herrschaften aufs Land gingen. Den Grund weiß Pat. nicht, warum man sie nicht weiter behielt. Seit 5 Jahren bei Hi., dem sie den Haushalt führt. Habe nie Zeiten gehabt, in denen sie besonders lustig oder traurig war. Nie Selbstmord-, Verfolgungs- oder Versündigungsideen. Das Arbeiten sei früher immer flott gegangen, habe sie auch immer gefreut. Mit 19 Jahren ein Verhältnis mit einem Briefträger angefangen das so 8—9 Jahre gedauert habe. Von diesem 2 Kinder; mit 3 Monaten und 8 Tagen gestorben. Aus diesem Verhältnis keine Abgänge. Dem Briefträger habe nichts gefehlt. Als Pat. hörte, daß er verheiratet sei, ging sie von ihm weg. Seit 6 Jahren ein Verhältnis mit dem H., der sei auch ganz gesund.

Ermahnt, gibt Pat. an, daß sie von dem Briefträger 5 mal schwanger gewesen sei. 1 Kind lebe; 7 Jahre; gesund; in Kost gegeben. Die noch fehlenden 2 Geburten seien Totgeburten im 6. Monat gewesen; die Leichen seien schon etwas faul gewesen. Sie geniere sich aber so, zu gestehen, daß sie als ledige Person so viele Kinder gehabt habe. Von H. habe sie 3 Kinder, die leben und gesund sind. Keine Abgänge. Seit 3 Monaten habe sie nimmer so arbeiten können; die Kraft in den Armen habe nachgelassen, die Nerven haben gelitten. Ab und zu habe sie auch heftiges Kopfweh gehabt. Manchmal auch Erbrechen, wenn sie etwas Unrechtes gegessen habe.

Warum sie alles verkehrt gemacht habe, wisse sie nicht; traurig sei sie nicht eigentlich gewesen, aber zornig, leicht aufregbar. Ihr Bräutigam habe sie immer so geschimpft und gesagt, sie müsse gehen. Daß sie immer vor sich hingestarrt habe und nichts getan, das wisse sie schon, aber sie habe eben ausruhen müssen, weil ihr die Arme so weh getan haben. Das Gedächtnis sei schon länger nichts. Manchmal wisse sie, was sie tue; manchmal nicht, so daß sie dortsitze und vor sich hinstudiere. Ihr Bräutigam habe immer gesagt, er bringe sie „auf Eglfing“.

Die Zahl 3759 wird nach einer halben Minute als 5278 reproduziert, trotzdem Pat. sie gleich nach dem Vorsagen richtig wiederholte. Nach weiteren 20 Sekunden 5879. Testworte kann Pat. annähernd richtig nachsagen; eine auffallendere Sprachstörung tritt dabei nicht zutage. Die Sprache wird bei Pat. erschwert durch den völligen Mangel der oberen Zähne. Heute sei Mittwoch (stimmt), der 15. (11. Juni) 1897; hier sei sie in der „patriotischen“ Klinik in der Nußbaumstraße. Weiß aber nicht, was das für Kranke sind. Referent sei der Herr Doktor. Die Oberschwester kennt sie nicht mit Namen, auch nicht ihre Bettnachbarin. Hier sei sie seit 3 Tagen; ihr Bräutigam habe sie gebracht. (Stimmt!) Nach Eglfing wolle sie nicht; sie sei doch nicht geisteskrank; sie wolle wieder zum Bräutigam; das Arbeiten werde schon gehen.

$2 \times 2 = 4$, $6 \times 6 = 36$, $7 \times 18 = 96$, $96 - 25 = 75$, $54 : 6 = 8$, $26 + 53 = 105$.

11. Juni 1913. Deutscher Kaiser: „Friedrich III. oder IV., II. glaube ich.“ Papst: „Pius X.“ München: „An der Isar; Isar in den Main; kommt von den Alpen.“ München sei größer als Berlin. 1870 Krieg; weiß nicht, zwischen wem; sie glaube, Deutschland habe gesiegt. Bayern: Prinzregent Ludwig regiere, vor ihm Prinzregent Luitpold, „der wo gestorben sei“. Warum wir einen Prinzregenten haben, weiß sie nicht. Große Städte in Deutschland: Berlin, Hamburg, Konstantinopel. Briefmarken: Zehner rot, Fünfer grün; „der Regent darauf“. Geld kennt sie. Semmel 3 Pfg., 1 Maß Bier 24 und 26 Pfg. Pat. kann die Monate zwar vorwärts, aber nicht rückwärts aufsagen. Jahr 365 Tage, manchmal 366. Längste Monat? „Der wo 31 Tage hat.“ Kürzeste? „28 Tage, Februar.“ Tisch—Stuhl? „Stuhl ist kleiner.“ Vogel—Schmetterling? „Vogel größer.“ Irrtum—Lüge? „Das hab ich noch gar nicht gehört.“ Darf ich lügen? „Nein!“ Irren? „Ja!“ 500 Mk. auf der Straße? „Nachher geb ichs her; auf der Polizei.“ — Pat. kommt langsam und schwerfällig in das Untersuchungszimmer. Sie klagt, daß sie seit gestern Abend häufig erbrechen müsse und Kopfweh habe. Pat. würgt häufig, ohne erbrechen zu müssen. Der Gesichtsausdruck der Pat. ist ziemlich indolent, hie und da leicht ängstlich. Die Vorgänge um sie faßt sie auf; so bittet sie den Ref., als er sich die Hände wäscht, er solle sie nicht stechen. (Wurde gestern

punktiert.) Trotz mehrfacher Versicherung, daß ihr nichts geschehe, hört sie nicht eher auf in monotoner Art ihre Bitte vorzubringen, bis sie durch Aufnahme der Anamnese abgelenkt wird. Ähnlich macht sie es bei der körperlichen Untersuchung, wo sie monoton bittet, man solle sie fortlassen; der H. habe gesagt, er wolle sie wieder abholen. Beim An- und Ausziehen der Kleider macht das Pat. mit eigentümlich manirierten Bewegungen, indem sie die Hände und Arme eigentümlich windet und verdreht. In ihrem Affekt ist sie ziemlich stumpf und apathisch, hie und da leicht ängstlich erregt. Die an sie gerichteten Fragen faßt sie im allgemeinen richtig auf und gibt auch sachgemäße Antworten; sie ist nicht abgeschlossen, jedoch ist sie schwerfällig in dem Erfassen dessen, worauf es bei der Antwort ankommt.

Aufgetragene Bewegungen führt sie richtig aus; sie ist arm an spontanen Bewegungen; führt dieselben eckig und unbehilflich aus.

Keine Katalepsie; keine Sinnestäuschungen.

13. Juni 1913. Athetotische Bewegungen in den Fingern und Zehen ausgesprochen; auch an der Muskulatur der Unterschenkel sind öfters zuckende Bewegungen zu sehen. Ab und zu treten sowohl an den Armen oder an den Beinen schlendrigen Eindruck machende ziellose Bewegungen auf. Häufig sind im Gesicht, an den Lidern und den Lippen zuckende Bewegungen zu sehen. Die Bewegungen am Mund scheinen im Verein mit der Zahnlosigkeit die etwas verwaschene Sprache zu bedingen.

Pat. gab nachträglich an, daß ihre Mutter auch solche Bewegungen gehabt habe, wie sie. Ihr Bruder (?) habe nichts Derartiges.

20. Juni 1913. Pat. ist geisteskrank (Huntingtonsche Chorea) und bedarf der Anstaltsbehandlung.

Krankheitsgeschichte der Heil- und Pflegeanstalt Haar.

20. Juni 1913. In E O zugegangen.

21. Juni 1913. Schlaf mäßig in der ersten Nacht, Nahrungsaufnahme befriedigend. Sagt, sie müsse zu ihren Kindern; weint öfters. Zeitlich und örtlich ist sie orientiert.

26. Juni 1913. Deutliche, athetotische Bewegungen, vor allem der Finger. Auch an den Unterextremitäten und an den Armen sind öfters zuckende Bewegungen zu sehen.

1. Juli 1913. Gesichtausdruck stumpf, leer, etwas traurig, mitunter weinerlich. Nimmt hin und wieder einen Anlauf zum Weinen. Vielfach etwas ängstlich, tritt kaum mit einem Wunsch an den Arzt heran.

6. Juli 1913. Hie und da bittet sie weinerlich um Entlassung. Im übrigen macht sie einen apathischen, stumpfen Eindruck und kümmert sich nicht viel um ihre Umgebung.

10. Juli 1913. Etwas unbeholfen in der Ausführung vom Arzte vorgeschriebener Bewegungen. Beim Ankleiden eigenartige, eckige Bewegungen; spreizt und verdreht Finger und Hände in manirierter Weise.

21. Juli 1913. Hat etwas Monotones, Einsilbiges in ihrem ganzen Wesen. Leichte Rechenexempel werden richtig gelöst. Beim großen Einmaleins versagt die Kranke. Wissen mäßig, lückenhaft. Faßt die Quihtessenz der an sie gestellten Fragen schwer auf, antwortet etwas zögernd; hat keine Krankheitseinsicht; will immer heim; spricht von ihren Kindern. Ist äußerlich geordnet und fügsam. Steht auf und geht in den Garten bzw. in den Tagsaal; meist leicht gedrückt.

22. Juli 1913. Heute wieder sehr weinerlich; will absolut zu ihren drei kleinen Kindern. „Eins sei $2^1/_2$, das andere 3 Jahre alt“ usw.; Kopfweh. Nun ruhiger. Sonst gibt sie sachliche und zutreffende Antworten, besinnt sich nur oft lange und ist schwerfällig in der Auffassung gestellter Fragen. Wissen sehr lückenhaft. Bayern ist ein Fürstentum; wird regiert vom Prinzen Luitpold; wir leben im Weltteile Bayern. Himmelsrichtungen gibt es 4 oder 5; 5% = 25. Scheint Angst zu haben, ihren Kindern stoße etwas zu, wenn sie nicht bei ihnen sei.

24. Juli 1913. Die Kranke gibt in weinerlichem Tone zu, Stimmen zu hören (Frauenstimmen), die ihr sagen, wenn sie hier bleibe, würde sie und ihre Kinder abgemurkst.

8. Aug. 1913. Befindet sich in E. O. Schimpft oft über ihren Bräutigam; meint, er habe jetzt „eine Andere“. Oft in ängstlicher Erregung; möchte zu ihren Kindern; meint, es passiere ihnen etwas. Drängt sinnlos an die Türe; will wieder „hinunter“. Steht stumpf,

häufig weinend, herum. Stellenweise orientiert; glaubt aber, es sei 1918; kennt den Wochentag, nennt meistens den richtigen Monat, weiß das Datum nicht annähernd.

3. Sept. 1913. Sitzt untätig und stumpf herum; ist für eine Beschäftigung nicht zu haben; hört immer noch Stimmen; drängt mitunter weinerlich, aber affektlos, nach Hause.

6. Sept. 1913. Wird heute in gleichem Zustande nach 5 A versetzt.

17. Nov. 1913. Psychisch immer das gleiche Bild. Stumpf, affektlos und gedankenarm, relativ orientiert, weinerlich nach Hause drängend; läuft an die Türe, will absolut hinaus; jammert kindisch, eigensinnig und einsichtslos; verlegt nach 5 B.

1. Febr. 1914. Sieht etwas kongestioniert aus. Temperatur 38,7. Objektiv ist kein weiterer krankhafter Befund festzustellen. Auch subjektiv befindet sich die Kranke wohl.

16. Febr. 1914. Immer subfebrile Temperaturen. Ausgiebige körperliche Untersuchung ergibt keinen Befund. Nahrungsaufnahme gut. Blut- und Urinuntersuchung negativ.

27. Febr. 1914. Immer geringe Temperatursteigerungen ohne weiteren Befund.

25. März 1914. Die Temperaturen sind nunmehr zur Norm zurückgekehrt. Das subjektive Befinden gab niemals zu wesentlichen Klagen Anlaß. Nahrungsaufnahme und Verdauung waren vollständig regelmäßig.

28. Juni 1914. In letzter Zeit hielt sich die Kranke ziemlich ruhig und wurde deshalb nach 5 A verlegt.

23. Juli 1914. Drückt sich stumpf herum; will von keiner Beschäftigung etwas wissen. Ist affekt- und gedankenarm in hohem Grade. Kommt nie spontan an den Arzt heran. Drängt einsichtslos „zu ihren Kindern".

12. Aug. 1914. Gibt über ihre persönlichen Verhältnisse nur im allgemeinen zutreffende Antworten und zeigt sich auch sonst annähernd gut unterrichtet. Immer noch die alten athetotischen Bewegungen der Finger und Hände.

18. Aug. 1914. Auf fortwährendes Drängen zurück nach 5 A.

5. Okt. 1914. Psychisch ganz stabil; ziemlich gut orientiert und relativ noch geordnet, aber total stumpf, affekt- und gedankenarm, ratlos; will nach E. O. versetzt sein.

8. Okt. 1914. Möchte wieder nach 5 A; weiß nicht, was sie will; sitzt untätig herum. Körperliche Funktionen ungestört; drückt sich andauernd ganz stumpf herum; träge Bewegungen.

5. Febr. 1915. Athetotische Fingerbewegungen. Faßt Fragen auf; ist im Beantworten sehr schwerfällig. Sprache etwas verwaschen. Sinnestäuschungen sind nicht vorhanden. Wahnideen werden keine geäußert.

15. Okt. 1915. Absolut unverändert.

5. März 1916. Die Athetose ist zurzeit geringer; immerhin sind die Fingerbewegungen eckig und unbeholfen. Mitunter ist Pat. weinerlich, aber ohne tieferen Affekt. Fragen werden sachgemäß beantwortet, aber langsam aufgefaßt.

12. Okt. 1916. Die Kranke wird immer stumpfer, drängt mitunter weinerlich nach Entlassung. Befragt, was sie denn draußen anfangen wolle, sagt sie: „Zu den Kindern, zu den Kindern; lassen S' mi doch naus!" Weiter produziert sie nichts.

10. Febr. 1917. Absolut unverändert.

2. Sept. 1917. Verlangt jetzt stereotyp von der ruhigen, angenehmen Abteilung weg in das unruhigste Haus, weil sie die dortige Hauspflegerin um sich haben möchte. Stumpf, ganz interesselos, ohne Affekt, fade; äußerlich im ganzen geordnet, auch orientiert.

6. Okt. 1917. Wegen Durchfällen vorsichtshalber nach Haus 39.

12. Okt. 1917. Die Durchfälle sistieren; Fieber besteht nicht.

15. Dez. 1917. Seither keinerlei Darmerscheinungen mehr. Pat. bleibt aus Platzgründen auf der alten Abteilung. Psychisch wird sie stumpfer, bietet aber sonst keine Veränderung.

25. Jan. 1918. Absolut unverändert.

1. Mai 1918. Körperlich unbeholfen, steif, Sprache etwas verwaschen; bei Probewörtern „literale Ataxie" Häsitieren. Patellarreflex lebhaft; Pupillen reagieren auf Licht und Konvergenz prompt. Kann schlecht Flüssigkeiten mit dem Löffel nehmen, ihrer athetotischen Bewegungen halber. Geistig nicht besonders verändert,

23. Sept. 1918. Die Kranke ist, wenn auch in langsamem Tempo, geistig zurückgegangen, mit der Zeit stumpfer geworden und hat fast etwas Verkindetes in ihrem Wesen bekommen Der Kreis ihrer Wünsche ist ein ganz enger geworden. „Lasen S' mi auf E. E."

Pat. hat dann meistens eine ganz läppische, naive Begründung ihrer Versetzungsanliegen, mitunter kann sie es überhaupt nicht begründen. Fragen werden aufgefaßt und sachlich, sinngemäß beantwortet, wenn auch langsam. Über persönliche Verhältnisse und Daten ist Pat. im Ganzen orientiert, weiß ihr Alter genau anzugeben, die Zeit ihres Hierseins, kennt früheres Personal nach dem Namen usw.; die Jahreszahl weiß sie nicht genau. Sie kann kein Säuge- und kein Haustier nennen. Als Unterschied zwischen Fisch und Schlange gibt sie an, „die Größe". Rechnen kann sie nur ganz kleine Exempel. 3 × 2 = 6, 3 × 3 = 9, 3 × 9 = „3 × 9, 3 × 9, 3 × 9..." Die Hauptstadt von Deutschland: „München." Haben wir Krieg? „Ja " Mit wem? „Mit Deutschland."

Körperlich geht die Kranke an Gewicht und Sicherheit merklich zurück. Die Kniee sind in leichter Beugestellung gehalten, die Patellarreflexe etwas erhöht, die Füße beim Stehen und Sitzen venös gestaut. Pat. ist langsam, unsicher und unbeholfen in allen Bewegungen; kommt deshalb mitunter nicht rechtzeitig aufs Klosett. Beim Suppenessen verschüttet sie vielfach den Inhalt des Löffels durch ihre ausfahrenden Bewegungen. An der linken Hand ist die Athetose ausgeprägter und typischer; dort werden die Finger nach allen möglichen Richtungen gespreizt. Auch im Gesichte sind grimassenartige Zuckungen bemerkbar, Verziehen des Mundes nach rechts usw. Die Sprache ist undeutlich, schwer. Probewörter fallen ähnlich aus wie bei einem Paralytiker.

1. Dez. 1918. Seither keine weitere Veränderung.

26. April 1919. Fortwährender körperlicher Rückgang, auch wird die Kranke dementer. Seit einigen Tagen beginnende Zirkulationsstörungen an den Extremitäten: starke Cyanose, an den Fingern entzündliche Prozesse. Die Sprache ist lallender, unverständlich. Bekommt heute Digalen, da der Puls beschleunigt und unregelmäßig ist.

1. Mai 1919. Unter zunehmender Hinfälligkeit und Herzinsuffizienz heute 3 Uhr 25′ a. m Exitus letalis.

Fall X.

Brutus, Anna, Rentamtmannswitwe von Ka., geb. den 8. Juli 1848 zu Regensburg, katholisch.

Krankengeschichte der psychiatrischen Klinik München.

Tag der Aufnahme: 1. April 1910.

Von wem gebracht: Söhnen.

Grund der Einlieferung: Erregungszustände.

Verhalten der Kranken zur Zeit der Aufnahme: In starker, motorischer Unruhe, Rededrang.

Klinische Diagnose: Huntingtonsche Chorea.

Kommt mit folgendem ärztlichen Zeugnis:

Frau Rentamtmannswitwe A. B., 62 Jahre alt, ist seit 2 Tagen von maniakalischer Aufregung ergriffen und bedarf dringend wegen Lärmen und Nahrungsverweigerung und dem Glauben, durch die Umgebung bedroht zu werden, der Verbringung in die psychiatrische Klinik.

München, den 31. März 1910.

Vorgeschichte nach Angaben des Sohnes:

Pat. war nie in einer Anstalt.

Heirat 1872, 6 Kinder, von denen 3 leben. Mann starb 1881 an Lungenentzündung.

Pat. war in früheren Jahren immer gesund. Körperliche Krankheiten: Gelenkrheumatismus 1888, am Herzen blieb nichts zurück.

Seit etwa 10 Jahren schon sehr nervös. Litt an Zuckungen (?), ataktischen Bewegungen beim Greifen nach Gegenständen. Besonders stark seit 5 Jahren. Gedächtnis ließ nicht nach, keine Sprachstörung, keine Anfälle.

Seit etwa 3 Tagen plötzliche Veschlimmerung des Zustandes. Schlaf hatte schon seit $^1/_2$ Jahr nachgelassen, in den letzten 2 Nächten ging sie gar nicht ins Bett. Fürchtete, das Dienstmädchen könne sie umbringen. Früher nie derartige Verfolgungsideen, nur vor 14 Tagen vorübergehend dieselbe. Sinnestäuschungen wurden nicht beobachtet, keine deliranten Erscheinungen.

Nachträgliche Angabe: Die ersten Zuckungen stellten sich ein, als es gegen das 50. Lebensjahr ging.

Vorgeschichte nach Angaben eines zweiten Sohnes und einer Tochter:

Die Schwester der Pat., Berta, begann 7 Jahre vor ihrem Tode unruhig zu werden. Konnte anfangs nicht ruhig stehen und sitzen, machte immer unwillkürliche Bewegungen, allmählich verschlechterte sich auch der Gang, so daß sie wie eine Betrunkene wankte. In den letzten Jahren wurden diese Bewegungen immer ärger, aber erreichten nicht den Grad wie bei der Pat. Sie war auch im Charakter ruhiger, nicht leicht aufgeregt, nicht jähzornig, während Pat. stets heftig, jähzornig, eigensinnig war. — In der letzten Zeit nahm die „Berta" stark ab, verweigerte Nahrung, weil es nach Stroh schmeckte, doch hatte sie keine Vergiftungsideen.

Zweiter Bruder Heinrich: 1866 — 8 Kugeln, 1884 vom Pferde gestürzt, schwere Verletzung über der Schläfe, war lebensgefährlich, soll etwa 8 Tage bewußtlos gewesen sein. Hat danach etwa $1^1/_2$ Jahre wieder Dienst gemacht als Major. 2 Jahre nach dem Sturz pensioniert. Er habe Zuckungen im Gesicht gehabt, seit wann sie bestanden, wissen Ref. nicht; mit den Händen keine unwillkürlichen Bewegungen. Soll auch zeitweise „trunkenen Gang" gehabt haben, ob ataktisch oder infolge unwillkürlicher Bewegungen ist nicht zu erfahren. War in den letzten Jahren an der rechten Seite gelähmt, Aphasie. Starb an Schlag, magerte furchtbar ab, zuletzt nur noch „Haut und Beine" gewesen. Ref. sprechen öfters vom Rückenmark, so daß eine tabische Erkrankung auch in Betracht zu ziehen ist.

1. April 1910. Pat. ist nach der Aufnahme in sehr großer Erregung. Sie sucht im Dauerbad in der Wanne immer aufzustehen und wird durch die unwillkürlich auftretenden ausfahrenden Zuckungen, die alle geordneten Willkürbewegungen begleiten und ablenken, verhindert aufrecht zu stehen. Sie droht in der Wanne ständig unterzusinken, nach der Seite und nach rückwärts zu fallen. Sie ist eine kleine, ganz abgemagerte, sehr gealterte Frau, die in großer Angst und ungeduldiger Gereiztheit auf den Ref. einspricht, unaufhörlich bittet, sie fortzulassen; es sei nur ein Irrtum geschehen, ihre Kinder hätten ihr gesagt, sie werde zur Beichte gehen dürfen und nun habe man sie widerrechtlich hier zurückgehalten. Die Sprache der Kranken ist undeutlich, etwas stoßweise, abgehackt. Es scheint auch die Zungenmuskulatur mit betroffen zu sein von den choreatischen Zuckungen. Die Kranke wirft auch den Kopf hin und her, droht ständig das Gleichgewicht zu verlieren und muß im Bad gehalten werden, damit sie nicht stürzt. Sie ist in ganz elementarer Angst und Erregung und gar nicht abzulenken oder zu beruhigen. Sie schreit laut auf und dabei fällt auf, daß die Zunge auch unwillkürliche Bewegungen macht. Eine Befragung der Kranken ist sehr schwierig, da sie immer wieder unterbricht und ruft, es sei ein Irrtum, daß sie hier sei. Ihre Kinder hätten doch gesagt, sie solle nur zum Beichten gehen, man solle sie hinfahren, der Pfarrer solle kommen. Sie schlägt dem Ref., als dieser die Hand ergreifen will, drauf, offenbar ohne es zu wollen, sondern weil die willkürliche Bewegung des Ergreifenwollens durch eine unwillkürliche Nebenbewegung abgelenkt wird. Sie gibt auf Fragen soweit Auskunft, daß man erkennen kann, daß sie weiß, wo sie ist, was um sie her vorgeht. Immer wieder betont sie, sie sei doch nicht närrisch, sie gehöre gar nicht unter die Geisteskranken. Zeitlich gibt sie ganz genaue Auskunft. Auch über ihre Familie, das Alter der Kinder und ihre eigenen Personendaten macht sie richtige Angaben, ohne jedoch in der Erregung mehr als einen Augenblick fixierbar zu sein.

3. April 1910. Pat. hat sich nur wenig beruhigt; die Zuckungen sind aber nicht mehr so stark wie am ersten Tag, auch hat sich die motorische Erregung und die Angst so weit verloren, daß Pat. in das Kastenbett gelegt werden konnte. Sie schreit nicht mehr so laut und ängstlich, fährt aber immer sofort, wenn man ans Bett tritt, auf, sucht einen bei der Hand zu fassen und fragt, wann sie fort dürfe. Gegen die Umgebung äußert sie noch immer Befürchtungen. Sie meint, hier unter den Närrischen könne sie zugrunde gehen, man könne versuchen, sie umzubringen. Ebenso hält sie noch fest daran, daß das Mädchen zu Hause versucht habe, ihr etwas anzutun.

5. April 1910. Zuckungen haben an Intensität bedeutend abgenommen. Die Kranke ist ruhiger und zugänglicher, gibt ruhig die Hand, die sie einem läßt. Die Sprache ist etwas gleichmäßiger, nicht mehr so stoßweise, abgehackt, wie bisher.

10. April 1910. Pat. war einige Tage auf der ruhigen Abteilung. Die Zuckungen hatten sich soweit verloren, daß Pat. wieder gehen und stehen konnte. Auch essen konnte sie allein, allerdings nur unbehilflich und flüssige Speisen (Suppe) verschüttete sie leicht. Beim Schlucken hatte sie keine Störungen. Im Gesicht und an den Gliedern waren ständig leichte

Zuckungen vorhanden, die auch im Schlaf nicht ganz vollständig verschwanden. Da Pat. nachts aus dem Bett gefallen war und doch nicht ganz ruhig blieb, wurde sie wieder auf die Wachabteilung zurückverlegt.

12. April 1910. Beim Gehen zeigt Pat. wieder stärkere Zuckungen und kommt leicht ins Schwanken und taumelte geradezu. Die Verfolgungsideen haben sich verloren, wenigstens verneint die Kranke, daß sie noch fürchte, hier oder zu Hause umgebracht oder überhaupt geschädigt zu werden. Die Orientierung ist dauernd erhalten.

14. April 1910. Wird auf Wunsch ihrer Angehörigen heute nach Hause entlassen.

Körperlich ist nachzutragen, daß Pat. in sehr dürftigem Ernährungszustand, von kleinem, schwächlichen Körperbau ist. Ihr Gesicht ist eingefallen, die Haut gelbgrau, die Schleimhäute sind blaß.

An Herz und Lunge fand sich kein abnormer Befund. Die Arterien (Radialis) sind gespannt und geschlängelt, etwas rigide. Der Blutdruck konnte wegen der ständigen Zuckungen nicht genau gemessen werden. In der Erregung war der Puls beschleunigt, bis 120.

Pupillen reagierten bei der Aufnahme auf Licht und Konvergenz, waren etwas enge, gleich. (Später unter Hyoscin.)

Kniesehnenreflexe waren sehr gesteigert, ebenso die übrigen Sehnen- und Periostreflexe der oberen und unteren Extremitäten.

Keine halbseitigen Unterschiede.

Zuweilen schien Andeutung von Fußklonus vorhanden. Babinski und Mendel waren negativ.

Nachtrag.

Nach der Entlassung aus der Klinik hat sich der Zustand der Kranken fortschreitend verschlimmert. Die Zuckungen wurden immer heftiger. Geistig grenzte das Verhalten der Kranken schließlich an Blödsinn. Pat. war zuletzt einige Zeit in einem Münchener Spital untergebracht. Am 16. Nov. 1918 ist sie dort verstorben. Befund der am 18. Nov. 1918 vorgenommenen Sektion: Lungenentzündungsherde in beiden Lungen und beginnende faserstoffige Brustfellentzündung, chronische eitrige Luftröhrenentzündung, mäßiger brauner Schwund der Herzmuskulatur. Im Gehirn an umschriebenen Stellen kleine graue Entartungsherde in der Marksubstanz beider Großhirnhälften sowie in einzelnen bestimmten Teilen des Hirngrundes.

Fall XI.

Tiberius, Anna, Taglöhnersfrau von München, geb. den 27. Juni 1849 in Ess.

Krankengeschichte der psychiatrischen Klinik München.

Aufgenommen am 19. Sept. 1906.

Klinische Diagnose: Huntingtonsche Chorea.

Vorgeschichte nach Angaben einer Nichte.

Vater, 1 Bruder und 2 Schwestern hatten die gleiche Krankheit. Pat. hat keine eigenen Kinder. Die Krankheit begann mit leichten Zuckungen vor etwa 15 Jahren. Seit 2—3 Jahren erhebliche Verschlimmerung. Wurde seitdem auch schwach im Kopf. Wurde vergeßlich. Sagte oft, alle ihre Sachen seien voll Staub, sie trete immer auf Glasscherben. Dann kamen wieder Zeiten „wo man ihr gar nichts anmerkte“; da konnte man richtig mit ihr reden, sie war dann auch weniger vergeßlich. Verwirrt und erregt war sie nie. Bis zuletzt ging sie noch aus, fand den Weg von ihrer Wohnung in der G . . .-Straße zu der der Ref. ganz allein. Lebte bei dem Manne, der einige Tage vor der Aufnahme der Pat. in die Klinik verreiste; dann war sie noch einige Tage ganz allein zu Hause.

Von Lähmungen, Schlaganfällen usw. nichts bekannt.

Körperlicher Befund.

Mittelgroße Person, anämisches Aussehen. Reduzierter Ernährungszustand. An allen Extremitäten choreatische Bewegungen, die sich spontan nicht korrigieren lassen. Wenn Pat. ruhig daliegt, so sind die Bewegungen nicht ausgiebig. Beschäftigt man sich mit ihr, so nehmen dieselben an Intensität zu. Das Gesicht und besonders die Zunge sind sehr stark beteiligt. Pat. vermag nicht die Backen aufzublasen, ein Licht auszupusten usw. Sprache sehr behindert infolge der fortwährenden Zungenbewegungen. Beim Kauen und Schlucken angeblich keine Beschwerden.

Grobe motorische Kraft der Extremitäten leidlich gut. Sensibilität anscheinend intakt. Reflexe nicht gesteigert. Achillesreflexe (auch beim Knien) nicht auslösbar. Beiderseits Dorsalflexion der großen Zehe, doch erfolgt die Flexion etwas prompt, nicht langsam.

Pupillen mittelweit, gleich, reagieren prompt.

Idiomuskuläre Wülste.

Urin: $\ominus$.

Einfache Gegenstände werden erkannt und richtig benannt. Kann die Uhr nicht ablesen, einzelne Bilder nicht erkennen. Befolgt Aufforderungen, vermag jedoch das Hemd nicht zuzuknöpfen. Kann angeblich nicht lesen, zählt Finger aus größerer Entfernung richtig zusammen. Bezüglich der Anamnese und ihres Verhaltens bis zum Beginn der Krankheit läßt sich nichts Sicheres eruieren. Die Angaben sind sehr ungenau, widersprechen sich häufig. Einmal sagt sie, ihre Eltern seien schon lange tot, woran gestorben wisse sie nicht, dann aber meint sie, ihr Vater habe an derselben Krankheit gelitten wie sie. Eine Schwester soll in Landshut leben, gesund sein. Ein Bruder und eine Schwester seien groß gestorben. Wann und woran, das kann sie sich nicht „merken". Später meint sie, eine Schwester sei mit 27 Jahren gestorben, habe die gleiche Krankheit gehabt wie sie. Auch der Bruder soll daran gelitten haben.

Sei am 27. Juni 1849 in Ess. geboren. Wie alt sie sei, wisse sie nicht. Einmal gibt sie 49 als ihr Alter, dann wieder als Geburtsjahr an.

In Ess. in die Schule gegangen, habe nicht gut gelernt. Dann habe sie fort müssen in Dienst als Kindermädel. Mit 36 Jahren (später sagt sie mit 30 Jahren) geheiratet. Mann war früher Metzger, sei jetzt Tagelöhner. Sie habe angeblich zweimal geboren, die Kinder sind im Alter von 3 bzw. 6 Jahren gestorben. Woran, wisse sie nicht. Örtlich teilweise orientiert. Sei in München, im Krankenhause. Sei „seit Dienstag auf d' Nacht hier, selber raufgefahren". Heute sei Samstag (richtig), November (an mehreren Tagen die gleiche Angabe) 1803. Auf das Unmögliche aufmerksam gemacht (1849 geboren, das kann doch jetzt nicht 1803 sein!) vermag sie nichts zu korrigieren. „Ausrechnen kann ich jetzt schon net mehr." Bedeutender Schwachsinn. Gar keine Kenntnisse. Benennt Geldstücke teilweise richtig, vermag sie aber nicht zusammenzuzählen. Versagt beim kleinen Einmaleins (nur $3 \times 2 = 6$ und $4 \times 3 = 12$, sonst lauter falsche Antworten, auch beim einfachen Addieren). Über den Preis der Nahrungsmittel mangelhaft orientiert. (Pfund Fleisch 30 Pfg., Butter 40 Pfg., weiß aber, daß man für 10 Pfg. 4 Semmeln, für 7 Pfg. 1 Ei erhält.) Gibt die Wochentage (auch in umgekehrter Reihenfolge) richtig an, vermag die Monate nicht aufzuzählen.

Gibt jetzt als Monat „Februar" an. (November?) „Ja, November, ich kümmere mich jetzt net um Monate." Merkfähigkeit absolut schlecht. Behält nichts. Trotzdem ihr mehrmals Monat und Jahr vorgesagt werden, bleibt sie bei ihren falschen Angaben. Kennt niemand auf der Abteilung. Sei erst seit 2 Jahren krank. Die Bewegungen begannen angeblich gleichzeitig in den Händen und Füßen. Hat schon selber gemerkt, daß es mit der Zunge recht schwer gehe.

Menses mit 16 Jahren, seit 6 Jahren Pause.

„Möchte in eine Anstalt, wo arme Leute drinnen sind, ich habe nix."

20. Nov. 1906. Pat. ist unverändert. Die choreatischen Bewegungen sind im allgemeinen gegenüber der Intensität bei der Aufnahme etwas geringer geworden, doch dauern sie seitdem in gleicher Weise an. Decubitus verheilt. Der körperliche Zustand hält sich auf der früheren, befriedigenden Höhe. Das Essen muß Pat. eingegeben werden, da sonst alles verschüttet wird. Sie ist ganz zugänglich, freundlich, fragt, wann sie denn nun ins Spital kommen könne. Meist guter Stimmung; manche Tage weint Pat. stundenlang ununterbrochen, monoton, laut vor sich hin.

15. Dez. 1906. Keine Änderung. Zugänglich, freundlich. Zuckungen sind an Intensität gleich geblieben. Wird heute ins Nikolaispital überführt.

Nachtrag.

Die Kranke war jahrelang im Nikolaispital-München untergebracht. Das Leiden hat bei ihr ständig zugenommen. Am 27. Aug. 1916 ist die Kranke gestorben. Sektion war nicht gestattet.

Fall XII.

Calpurnius, Josef von, geb. den 16. Sept. 1853 zu München, verheirateter Maschinentechniker.

Aus dem Polizeiakt: Okt. 1878 wegen Hausfriedensbruch mit 3 Tagen Gefängnis bestraft. Nov. 1881 bei unbefugter Jagdausübung betroffen; springt, um den Verfolgern zu entrinnen, in die Isar. Bezeichnet sich bei seiner Festnahme als Jagdaufseher. Feb. 1882 wegen strafbaren Eigennutzes zu 3 Monaten Gefängnis verurteilt. Entzieht sich der Urteilsvollstreckung, Haftbefehl, Festnahme. Mai 1889: p. Calpurnius bedroht seinen Mietgeber mit einem Revolver. 1892 Unterstützungsgesuch der Ehefrau an den Regenten. Der Ehemann sei geistesschwach und ohne Verdienst. Es wird festgestellt, daß Gesuchstellerin ein 9 Wochen altes Kind hat. Aus dem Gesuch geht noch hervor, daß p. C. an Geistesstörung leidet, sich mit einer technischen Erfindung beschäftigt und darüber vergißt, für seinen und seiner Familie Lebensunterhalt zu sorgen.

Ärztliches Gutachten vom 13. Okt. 1892: „Josef v. C. ist von mir beobachtet worden. Er hat einen stupiden Gesichtsausdruck, behinderte Sprache und etwas melancholisches Aussehen. Seine Antworten sind verlangsamt und teilweise unklar. Im übrigen ist er ruhig und willfährig ..."

1893 wird berichtet, p. C. sei öfters momentan sehr aufgeregt; er gehe dann minutenlang im Zimmer umher, schlage sich fortwährend an die Stirne. Sonst sei er gegen alles gleichgültig, verkenne seine ärmlichen Verhältnisse, trage sich mit dem Gedanken, eine große Erfindung zu machen und dadurch reich zu werden; wenn die Frau, die mit ihrem Kinde in bitterster Not lebt, ihm kein Geld gebe, werde er sehr zornig und gewalttätig.

1984 Konflikt mit der Hauseigentümerin. p. C. betrachtet die Herberge in der er wohnt, immer noch als sein Eigentum, obwohl sie ihm auf dem Zwangswege versteigert wurde. Aus einem Bericht geht hervor, daß p. C. mit unglaublicher Liebe an seinem Kinde hängt.

Ärztliches Zeugnis vom 25. April 1894: „Es hat sich ergeben, daß in dem Zustand des p. C. im wesentlichen sich nichts geändert hat ..."

15. Juli 1908. p. C. packt auf der Straße eine ihm gänzlich unbekannte Dame von rückwärts am Halse; würgt sie. Flieht danach. Wird wegen gemeingefährlicher Geisteskrankheit in eine Anstalt eingewiesen.

Krankengeschichte der Heil- und Pflegeanstalt Eglfing.

Aufgenommen: 15. Juli 1908.

Diagnose: Chorea, Demenz.

Krankheitsdauer vor der Aufnahme: 25 Jahre.

15. Juli 1908. Wird von der psychiatrischen Klinik gebracht, wo er wegen Platzmangels nicht aufgenommen werden konnte und gleich weitertransportiert wurde. Polizeilich eingewiesen. Über die Vorgeschichte des Falles und den unmittelbaren Anlaß zur Einweisung cf. beiliegenden Auszug aus dem Polizei-Personalakt.

Der Kranke, den Ref. schon seit Jahren von der Straße usw. kennt, war in München stets bei seinen Spaziergängen von Kindern gefolgt, die sich über ihn lustig machten; er ließ sich das ruhig gefallen; er sah stets sehr schmutzig und verwildert aus, trug langen Bart, ungeschorenes Haupthaar; auch im heißesten Sommer trug er seinen braunen Havelock; meist hatte er (auch im Sommer) ein Paar Schlittschuhe umgehängt. Er ging regelmäßig ins Café; mußte aber oft hinausgeschafft werden, da er leicht Püffe austeilte oder die Leute mit seinem Stock auf den Kopf klopfte; wo er ein Fenster offen sah, wollte er es absolut schließen.

Bei seiner Aufnahme ist Pat. in seinem gewöhnlichen Kostüm; er riecht nach Schmutz; die langen Haare sind strähnig verfilzt; wird zunächst rasiert und geschoren. Er macht einen ganz dementen Eindruck, reagiert auf Fragen nur durch unverständliche Laute. Der Körper ist in fortwährender Bewegung.

Pat. ist ein mittelgroßer, gut genährter Mann; Haut und sichtbare Schleimhäute ohne Besonderheit. Er macht andauernd choreatische Bewegungen, bald zuckend, bald langsamer wie gewollt aussehende Kombinationen. Die Arme gehen hin und her, die Finger werden gestreckt, dann wieder eingezogen; dann greifende Bewegungen; der Oberkörper macht drehende Bewegungen; die Beine gehen im Bett leise hin und her; die Großzehen werden kontinuierlich auf- und abgebeugt, auch beim Gehen. Die Gesichtsmuskeln sind ebenfalls in konstanter zuckender, grimassierender Bewegung, besonders die rechte Gesichtshälfte; die Sprache wird dadurch besonders schwer verständlich; einzelne Worte werden hervorgestoßen. Beim Gehen Zickzackbewegung, taumelt, flektiert die Beine im Knie, kommt aber nie zu Fall, sondern bewegt sich in dieser Weise ganz sicher fort. Die anderen Bewegungen behält er beim Gehen bei. Beim Schreiben werden die choreatischen Bewegungen der Hand nur schwer unterdrückt.

16. Juli 1908. Pat. macht einen ganz dementen Eindruck; sein Wesen ist eine läppisch kindische Heiterkeit; auf Fragen gibt er heute zeitweise Antwort, kommt auch Aufforderungen (Stehen, Gehen) nach. Einzelne vorgezeigte Gegenstände (Uhr, Bleistift, Brot) bezeichnet er richtig. Er gibt an, er komme von München, sei jetzt in Großhesselohe; er wohne in der Amalienstraße; sein Vater sei dort Kaufmann; den Arzt bezeichnet er als „Luther", den Oberpfleger als „Wirt von der Straße", einen Pfleger als den „Schnupftabakfabrikanten". Eine zusammenhängende Auskunft ist nicht zu bekommen.

Eine körperliche Untersuchung ist bis jetzt nicht möglich, da Pat. sich nicht ruhig hält, auch, wenn man sich ihm nähert, gerne pufft, nach Uhrkette, Kleider usw. greift. Die rechte Pupille scheint größer zu sein als die linke; die linke Nasolabialfalte ist ziemlich verstrichen, der rechte Mundwinkel etwas höher stehend.

19. Juli 1908. Schlaf und Nahrungsaufnahme in Ordnung. Verhalten unverändert. Zeigt nicht das geringste Verlangen nach seinen Angehörigen. Nicht aggressiv, aber durch sein Wesen oft belästigend für andere Kranke; ein Mitpatient bekommt heute einen Puff von ihm aufs linke Auge.

25. Juli 1908. Auf Antrag der Frau bei Polizei heute als ungeheilt nach Hause entlassen.

Krankengeschichte der psychiatrischen Klinik München.

Aufgenommen: 16. Okt. 1909.

Grund der Einlieferung: Im Gasthaus „Zur Post" in Grünwald zog er sich immer aus, schlug um sich.

Verhalten des Kranken bei der Aufnahme: Murmelt unverständlich, verzieht das Gesicht, bewegt dauernd die Hände und Füße; (liegt auf der Bahre angeschnallt).

Klinische Diagnose: Huntingtonsche Chorea.

Vorgeschichte nach Aussage der Frau:

Die Ref. ist 25 Jahre verheiratet. Der Pat. ist 15 Jahre krank. Anfangs traten heftige Aufregungszustände auf, die von Bewegungen (zuckenden) in der rechten Hand begleitet waren. Die Zuckungen wurden immer heftiger; traten auch im Gesicht auf. Gleichzeitig nahm die geistige Frische ab; er wurde vergeßlich, kindisch, läppisch; aber er kennt sich zu Hause noch halbwegs aus, ist reinlich, bei gutem Appetit und gutem Schlaf. Der Pat. hat einen 17 Jahre alten Sohn, der ganz gesund ist. Der Kranke war Maschinentechniker und soll, nach der Angabe seiner Frau, schon zur Zeit der Hochzeit nicht normal gewesen sein. Er beschäftigte sich Tag und Nacht mit einer Erfindung; sprach immer davon, rechnete und studierte, vernachlässigte sein Geschäft. Der Pat. trinkt fast nichts. Soll als Kind an Schleim- und Nervenfieber gelitten haben. Vor 12 Jahren soll er einmal einen Herzkrampfanfall gehabt haben; so wenigstens erzählte er seiner Frau damals. Der Kranke war im Juli (10.) 1908 schon auf der psychiatrischen Klinik; wurde aber damals sofort mit dem bereitstehenden Transport, ohne formell aufgenommen zu sein, nach Eglfing gebracht, wo er bis zum 25. Juli verblieb.

17. Okt. 1909. Status praesens. Der Kranke befindet sich in lebhafter, motorischer Unruhe. Alle 4 Extremitäten, der Rumpf und das Gesicht werden unausgesetzt in auffallender, bizarrer Weise in Bewegung gehalten. Die Lippen werden nach allen Richtungen verzogen, wobei Pat. murmelnd vor sich hin spricht. Die Augenbrauen werden gesenkt und gehoben, die Augen zuweilen geschlossen. Die Schultern werden vorgeschoben, gesenkt und gehoben, die rechte Hand greift wiederholt ziellos nach dem Gesicht und nach der Brust, greift hie und da nach einem in der Nähe liegenden Gegenstande. Wiederholt weist der Kranke mit dem linken Daumen über die Schulter (die Geste, womit man auf etwas hinter dem Rücken sich Befindendes hinweisen will). Die rechte Hand macht hie und da blitzartige Schreibbewegungen auf der Tischplatte oder wischt irgendein Stäubchen vom

Tisch. Die Oberschenkel werden leicht ab- und adduziert und Unterschenkel fein hin und her bewegt.

Der Kranke nimmt keine Notiz von der Anwesenheit des Arztes; er starrt auf irgendeinen Punkt oder ins Unbestimmte vor sich hin, murmelt, wie erwähnt, unverständliches Zeug. Gibt man ihm irgendeinen Gegenstand in die Hand, so schaut er ihn an und behält ihn in der Faust, sich nicht weiter darum kümmernd. Das vorgelegte Geld versucht er in die Tasche zu stecken. Auf ein Stück Papier kritzelt er buchstabenähnliche Gebilde, ohne im Mienenspiel innezuhalten.

Sämtliche Bewegungen des Pat. sind von choreatischem Typus, schnell und gleichsam schlendernd, unmotiviert. Aufgefordert, die Zunge zu zeigen, greift er mit den Fingern darnach und versucht sie herauszuziehen. Einfachen Aufforderungen (die Hand zu geben, aufzustehen, einen Gegenstand zu reichen) kommt er in ungeschickter, choreatischer Weise nach.

Die Sprache ist leicht näselnd, undeutlich, leise, oft gänzlich unverständlich. Der Kranke spricht gleichsam stoßweise, ruckartig.

Beschäftigt man sich mit dem Kranken, so steigert sich die allgemeine körperliche Unruhe.

Er gibt an, Josef Sch. zu heißen, ist 50 Jahre alt, verheiratet, hat 2 Kinder und wohnt in München.

Der Kranke scheint zeitlich desorientiert zu sein; auf die diesbezügliche Frage murmelt er unverständliches Zeug, woraus der Name April herauszuhören ist. Er haftet aber lange beim angeregten Vorstellungskomplex, denn aus seinem Gemurmel ist noch eine geraume Zeit nach gestellter Frage das Wort Dezember wiederholt herauszuhören.

Der Kranke scheint die einfachsten Fragen halbwegs aufzufassen; eine irgendwie fruchtbare Unterhaltung ist aber mit dem Pat. gänzlich unmöglich. Das fortgesetzte, ununterbrochene, anscheinend sinnlose Gemurmel, die völlige Apathie des Kranken seiner Umgebung gegenüber und seine schwer aus ihm gepreßte Äußerung, daß er nicht krank ist, deuten auf eine weit fortgeschrittene Verblödung hin.

Eine objektive Anamnese ist zurzeit nicht vorhanden.

Körperlicher Befund. Senil aussehender, äußerlich etwas verwahrloster Mann (wirres Haar, struppiger Bart) in mittelmäßigem Ernährungszustande. Muskulatur schwach, Fettpolster reichlich. Augenuntersuchung ist nicht einwandfrei durchzuführen, da der Kranke bei der Untersuchung sehr unruhig ist. Die Pupillen reagieren anscheinend auf Lichteinfall. Zunge zittert heftig. Patellarsehnenreflex anscheinend normal.

Die Frau bittet um die Entlassung des Kranken.

17. Okt. 1909. Der Pat. wird als ungeheilt und arbeitsunfähig nach Hause entlassen.

Laut Mitteilung des Einwohneramtes München ist p. Calpurnius am 10. Jan. 1910 in München gestorben.

Fall XIII.

Gracchus, Georg, geb. 5. Okt. 1886 zu Th., Bezirksamt Krumbach, verheiratet, Tierarzt, katholisch.

Krankengeschichte der psychiatrischen Klinik München.

1. Aufnahme: 7. Mai 1918.

Klinische Diagnose: Huntingtonsche Chorea.

Vorgeschichte nach Aussage des Bruders: Vater an Blutvergiftung gestorben mit 48 Jahren. Mutter an Herzleiden gestorben. Vater war starker Raucher; nicht nervös. Außer Pat. noch 2 Brüder; gesund. Pat. nicht besonders schwächlich. Keine Encephalitis. Einige Male Diphtherie. Von Zahnfraisen und Bettnässen nichts bekannt. In der Schule keine Schwierigkeiten. Wenig Alkohol. Immer heiter, gutmütig. Im II. Semester 1907 schwerer Gelenkrheumatismus. Zuckungen erst in den letzten Semestern, 1909 und 1910. Zuerst Zuckungen im Gesicht und im Kopf, noch nicht so stark wie jetzt. 1915 in Hamburg Infektion; Pat. war damals Schlachthofarzt; man vermutete Milzbrandinfektion; es wurden aber nur Strepto- und Staphylokokken festgestellt. Öfters Operationen; Achseldrüsen ausgeräumt. Wassermann war damals negativ. Seitdem Verschlimmerung; übernahm aber bald wieder (nach 3—4 Monaten) Praxis; machte sich später selbständig. Im Dezember noch keine Sprachstörung und Gang noch nicht so schlecht. Bis zum 3. Mai versah er öffentliche Praxis in Hanau. Keine Anfälle. Lebt in Ehescheidungsprozeß; ein Kind soll faultot und mit einem Wasserkopf behaftet sein. In letzter Zeit etwas verstimmt. Geistig vollständig klar; nur die Sprache ist schlechter. Schlaf ist gut; er soll aber nachts schreien und sich unruhig hin und her werfen. 1915 Universitätsklinik Jena (Lexer) operiert.

Körperlicher Status. Mittelgroß, blaß, in reduziertem Allgemeinzustand. Der ganze Körper befindet sich in fortwährender choreatischer Unruhe. Pupillen l. = r., reagieren prompt auf Licht und Konvergenz. Cornealreflex +, Würgreflex θ. Facialis o. B. Zunge wird gerade, unter wogenden Bewegungen, herausgestreckt. Armreflex +, lebhaft; Bauchdeckenreflex +; Patellarsehnenreflex +, lebhaft; Achillessehnenreflex +, lebhaft. Kein Klonus. Fußsohlenreflex +; Romberg 0; Sensibilität intakt. Lungen: Grenzen regelrecht, verschieblich. Überall Vesikuläratmen, sonorer Klopfschall. Herz: Töne, an der Spitze, etwas paukend; sonst o. B. Abdomen o. B.; Urin o. B.

Wassermannsche Reaktion im Serum: 0.

Wassermannsche Reaktion im Liquor: 0 — 0; 2 Zellen.

Autoanamnese und psychischer Status: Vater gestorben mit 44 Jahren an Blutvergiftung; Mutter gestorben mit 54 Jahren an Herzklappenfehler; 2 Brüder leben, sind gesund; 3 Brüder im ersten Lebensjahr gestorben. Keine Geistes- oder Nervenkrankheiten in der Familie. Nachträglich gibt Pat. an, daß sein jüngerer Bruder im Felde nach großer Aufregung Anfälle bekommen hat. Er sei jetzt g. v. und erhole sich. Pat. war als Kind gesund bis auf die Kinderkrankheiten. Keine Fraisen. Lernte rechtzeitig laufen und sprechen. Kein Bettnässen. Pat. besuchte 9 Jahre das Gymnasium, dann die tierärztliche Hochschule in München; machte mit 26 Jahren das Staatsexamen. Lernte leicht. Mit 20 Jahren machte er einen schweren Gelenkrheumatismus durch; lag 2 Monate zu Bett; wurde wieder ganz gesund. In den ersten Semestern zog er sich eine kleine Blutvergiftung zu; nach 4 Wochen heilte die Sache glatt ab. Nach dem Staatsexamen praktizierte Pat. zunächst; hatte dann verschiedene Vertretungen und kam im Nov. 1914 nach Hamburg. Dort machte er 1915 eine schwere Blutvergiftung durch; er infizierte sich an einem Schwein mit Rotlauf; es wurden bei ihm trotz häufiger Untersuchung keine Bacillen gefunden. Gesundung nach 3 Monaten. Im August 1916 verließ Pat. Hamburg (wurde im ganzen 7 mal wegen Achseldrüsenabszessen operiert); ging als selbständiger Tierarzt nach Hanau; war dort bis jetzt tätig.

Als Student Gonorrhöe; 1915 weicher Schanker; wurde behandelt. Keine Syphilis. Die Blutuntersuchung in Hamburg 1915 fiel negativ aus. Als Student trank Pat. täglich 10 Glas Bier; in letzter Zeit trinkt er wenig.

Pat. hat nicht gedient; war August 1916 eingezogen; wurde nach 4 Wochen wegen seines Nervenleidens entlassen. Dieses Nervenleiden datiert, nach der Angabe des Pat., von der schweren Infektion 1915 her. Schon lange vorher, in seiner Studentenzeit, litt Pat. hie und da an Zuckungen des Kopfes und der Achseln, die unabhängig von Aufregungen oder Biergenuß auftraten. Pat. hält diese Zuckungen für üble Gewohnheiten, die er jederzeit willkürlich unterdrücken konnte. Sofort nach der Infektion 1915, noch während des Fieberstadiums, traten schwerere Zuckungen des ganzen Körpers auf, die seitdem beständig bestehen und willkürlich nicht zu unterdrücken sind. Bei Aufregungen werden die Zuckungen schlimmer. Auch im Schlaf treten Zuckungen auf. Anfälle hat Pat. nie; hat auch nie welche gehabt. Das Gehen fällt Pat. infolge der Zuckungen etwas schwer; er hat deshalb seine Praxis möglichst zu Rad erledigt. Seit 8 Wochen ist die Sprache verschlechtert; früher war sie trotz der Zuckungen im Gesicht gut verständlich. Der Schlaf und Appetit sind gut. Pat. ist nachtblind. Pat. ist seit $1^1/_2$ Jahren verheiratet; die Ehe ist glücklich. Kind θ, Abgang θ.

Pat. befindet sich in beständiger Unruhe. Die Glieder und der ganze Körper fahren dauernd in ganz unkoordinierter Weise hin und her. Man hat den Eindruck, wie von choreatischen Zuckungen. Die Sprache ist infolge zahlreicher Zuckungen der Gesichtsmuskulatur, die sich beim Sprechen bedeutend vermehren, schwer verständlich und hätisierend. Psychisch ist Pat. geordnet, orientiert. Es ist aber eine gewisse Urteilsschwäche und ein unbegründetes Lachen auffallend.

Die Zuckungen lassen, wenn man sich länger mit Pat. beschäftigt, z. B. bei der körperlichen Untersuchung, fast ganz nach.

11. Mai 1918. Nach Hause entlassen.

Zweite Aufnahme in die psychiatrische Klinik München am 7. Januar 1920.

Diagnose: Huntingtonsche Chorea.

7. Jan. 1920. Körperlicher Befund: Mittelgroß, guter Ernährungszustand, ziemlich schlechte Muskulatur, entsprechendes Fettpolster, Haut und sichtbare Schleimhäute blaß. Schädel nicht druck- und klopfempfindlich. Sehr kleine Ohren. Zunge wird gerade, ohne Zittern, vorgestreckt. Hals o. B. Thorax normale Konfiguration. Herz: Größe normal, Töne rein, Puls 66. Lunge: Über der rechten Spitze verschärftes Ausatmungsgeräusch; sonst o. B.; Abdomen o. B. Vernarbter Weichteildurchschuß am linken Oberschenkel. Reaktion auf Licht +, Reaktion auf Konvergenz +; sekundäre Reaktion +; linke Pupille etwas weiter als rechte, beiderseits rund. Hirnnerven o. B. Facialisphänomen θ. Mechanische Muskelübererregbarkeit ++. Patellarsehnenreflex ++; Achillessehnenreflex ++; Arm- und Periostreflexe +; Bauchdecken- und Kremasterreflexe +; Würgreflex θ; Konjunktival-, Cornealreflex +. Motilität und Sensibilität intakt. Tiefensensibilität: Beim Kniehackenversuch werden die Fersen beiderseits handbreit über dem Knie aufgesetzt. Bewegungen der Zehen werden nur z. T. richtig angegeben. Gang leicht schlendernd; Pat. geht unwillkürlich etwas nach links. Urin: Eiweiß —, Zucker —. Wassermannsche Reaktion negativ.

Autoanamnese: In seiner Familie (vgl. auch Krankenblatt 1918, Mai) sei kein dem seinen ähnliches Leiden aufgetreten. Sei nach seiner Entlassung von hier, Mai 1918, nach Hause gefahren; arbeiten habe er nicht können; bei der geringsten Aufregung seien seine Zuckungen bedeutend stärker geworden; er habe nur kurze Zeit gehen können, da er bereits nach $^1/_4$ Stunde sehr müde sei. Auf der Straße habe er manchmal — einmal im Monat — Angstzustände gehabt; er habe geglaubt, es könne ihn jemand „hauen, weil die Welt jetzt so schlecht ist“; diese Zustände seien nach einigen Minuten wieder vorbei gewesen. Zornausbrüche habe er häufig nach kleinen Aufregungen gehabt; er habe sich immer rasch beruhigt. Die Zuckungen seien am Tage stärker als in der Nacht, im Sommer stärker als im Winter; im Gesicht seien sie immer am stärksten. Der Schlaf sei gut, der Appetit ausgezeichnet; er esse mehr wie früher. Seine Vergeßlichkeit sei ihm aufgefallen; sein Gedächtnis sei gut; er lese Zeitungen und wissenschaftliche Zeitschriften. Seit Jan. 1919 sei er bei Dr. S., hier, in Behandlung; er sei im ganzen von ihm 12 mal hypnotisiert worden; er habe nach der 5. Hypnose bereits ein Nachlassen der Zuckungen bemerkt, auch sei die Sprache durch die Hypnose besser geworden. Die Besserung habe bis Mai 1919 angehalten; am 1. Mai 1919 sei er in der D.-Straße durch ein Maschinengewehrgeschoß am linken Oberschenkel verwundet worden. Weichteildurchschuß. Er sei deshalb 14 Tage im Lazarett gewesen. Seitdem seien die Zuckungen wieder bedeutend stärker, auch sei der Schlaf schlechter geworden. Eine sonstige Veränderung habe er nicht bemerkt. Kopfschmerzen habe er auch jetzt nur selten. Er könne allein ausgehen, ermüde aber sehr rasch. Beim Gehen sei ihm schon vor seiner Untersuchung aufgefallen, daß das linke Bein rascher ermüde als das rechte. Im November v. J. sei er bei Prof. F. M. in Untersuchung gewesen; dieser habe ihm gesagt, daß sein Leiden heilbar sei und habe ihm Pillen und Liqu. kali. arsenic. verordnet.

Psychischer Status: Pat. wird in das Untersuchungszimmer geführt. Der Kopf befindet sich fast ständig in zuckender Bewegung, die Stirne wird gerunzelt, der Mund verzogen, die Nase gerümpft, die Augenlider werden ständig auf- und niedergeschlagen; zeitweise treten die Zuckungen isoliert auf und machen den Eindruck von Grimassen. Die Zuckungen in den Armen sind bedeutend seltener als im Gesicht, manchmal nur wellenförmig, manchmal aber auch so ausgiebig, daß der suchende Arm bis zum Gesicht gehoben wird. Außer den Zuckungen im Gesicht und in den Armen zurzeit noch vereinzelt Zuckungen im Bereich des Nackens und der Schultern. Die Zuckungen im Gesicht nehmen beim Sprechen bedeutend zu; im ganzen ist im Laufe der Exploration ein Abnehmen der Zuckungen zu bemerken.

Pat. ist örtlich und zeitlich orientiert, besonnen und geordnet. Die Stimmung ist in Anbetracht seiner Lage — Pat. hat die Zuckungen seit 1909, seit 1915 in starkem Maße — äußerst euphorisch. „Abgesehen von den Zuckungen geht es mir tadellos; ich bin vollständig gesund.“ Der Gesichtsausdruck ist ziemlich leer. Das Benehmen ist, abgesehen von zeitweise auftretendem unbegründeten Lachen, nicht auffällig. Das Schulwissen ist nicht dem Bildungsgrade entsprechend. Einfache Rechenaufgaben werden richtig, aber erst nach längerem Besinnen, beantwortet. Bayern hat 7 Kreise; Werke von Goethe? „Trompeter von Säkkingen“; weiß nicht, wann Goethe und Schiller geboren sind; kann keine römischen Kaiser nennen. Über die letzten Ereignisse ist er ziemlich gut unterrichtet. Sprache stockend, verwaschen. Keine Merkstörung.

9. Jan. 1920. Pat. vermag sich minutenlang ganz ruhig zu verhalten, dann treten aber doch bald hier, bald da vereinzelte Zuckungen wieder auf. Sie nehmen sogleich zu, sobald man sich mit ihm beschäftigt, bei intensivem Nachdenken, vor allem bei Affekten. Zielbewegungen, Bewegungen die unter dem Einfluß der Aufmerksamkeit vor sich gehen, Kraftanstrengungen, z. B. Händedruck, bewirken in den betreffenden Muskelgebieten ein Nachlassen der unwillkürlichen Bewegungen, dagegen treten dabei u. a. regionäre, homo- und kontralaterale Mitbewegungen auf, die je nach der Schwierigkeit oder der Kraft der verlangten Innervation sich steigern. Eine in der passiven Ruhelage befindliche Extremität ist weniger diesen Mitbewegungen ausgesetzt als eine durch aktive Muskelanspannung in irgendeiner Lage befindliche. Die Beherrschung der Unruhe durch den Willen hat zur Folge, daß Pat. zurzeit eine ganz gute Schreibprobe liefert.

Atmung und Bauchmuskulatur ist an der Chorea auch beteiligt, die Sprache ist charakteristisch gestört. Hemmungen wechseln mit explosiv herausgestoßenen Silben und Wörtern. Der Versuch, gleichsinnige Bewegungsfolgen auszuführen, wird durch das Dazwischenkommen choreatischer Bewegungsentgleisungen in zunehmendem Maße vereitelt. Auch tritt dabei eine rasche Ermüdbarkeit hervor. Eine Nachdauer von Muskelkontraktionen ist nicht zu bemerken. Die Faust wird prompt geschlossen und geöffnet. Es kommt nur manchmal vor, daß ein Muskelgebiet beim Innervationsversuch nicht entspricht. Am deutlichsten ist das bei Zungenbewegungen der Fall. (Seitwärtsbewegungen.) Bei passiven Bewegungen ist durchschnittlich eine bemerkbare Veränderung des Muskeltonus zu bemerken. Ungleichmäßige Widerstände werden durch choreatische Innervation bewirkt.

Die unwillkürlichen Bewegungen merkt Pat. wenig. Er sagt selbst, daß, wenn man es ihm nicht sagte oder er es im Spiegel nicht sehen würde, er kaum davon wüßte. Er beachtet sie demzufolge nicht, hat kein Verständnis für die dadurch bedingten Behinderungen; klagt nicht darüber; ist der Meinung, daß er auch jetzt noch seine Berufstätigkeit ausüben könnte. Für diesen Mangel an Krankheitseinsicht ist in der Hauptsache die allgemeine Urteilsschwäche von Bedeutung. Dieser Mangel an Selbstkritik, die mit der traurigen Lage kontrastierende, im allgemeinen euphorische Stimmung ist das deutlichste Zeichen psychischen Defektes. Merkfähigkeit und Gedächtnis erscheinen nicht erheblich gestört. Die Kenntnisse sind relativ dürftig; kombinatorische Leistungen beschränkt. Er hat aber Interesse, beschäftigt sich etwas mit Politik; hat ein ungefähres Weltbild.

22. Jan. 1920. Nach Hause entlassen.

Nachtrag; Pat. war inzwischen vorübergehend in der Heil- und Pflegeanstalt Günzburg untergebracht. Er lebt zur Zeit in Familienpflege auf dem Land. Körperlich und geistig hat sich sein Zustand wesentlich verschlimmert. In der letzten Zeit ist bei dem Kranken eine Neigung zu unsittlichen Angriffen auf weibliche Personen und zu unzüchtigen Händlungen mit Tieren zu Tage getreten.

Fall XIV.

Flaccus, Sebastian, geb. 18. Jan. 1874 in Freyen-Sey. bei Vilsb., lediger Dienstknecht.

Krankengeschichte der psychiatrischen Klinik München.

Aufgenommen: 12. Juli 1911.

Grund der Einlieferung: Geisteskrankheit.

Verhalten des Kranken bei der Aufnahme: Ruhig; spricht schwerfällig, grimassiert, faßt schwer auf; örtlich und zeitlich im ganzen orientiert. Bewegungen unbeholfen.

Diagnose: Huntingtonsche Chorea.

12. Juli 1911. Vorgeschichte nach Aussage von Schwager: Lumbalpunktion gestattet. Vater gestorben; Potator strennus; Anwesen versoffen; starb im Säuferwähnsinn, 54 Jahre alt. Mutter gestorben an Gebärmutter- und Magenkrebs, 51 Jahre alt. In den Familien des Vaters und der Mutter keine Geisteskrankheiten. 1 Schwester gestorben

(Frau des Referenten); starb mit 33 Jahren an Brustkrebs; 1 Bruder gestorben an Leberkrankheit, 39 Jahre alt, Potator. 1 Schwester lebt; von Jugend auf blödsinnig. Referent kennt Pat. seit 8 Jahren; Pat. war bis vor etwa 3 oder 4 Jahren unauffällig, fleißig; gute Zeugnisse; verkehrte mit den anderen Burschen; trank wenig; hatte keine Anfälle. Seit 4 Jahren wurde er allmählich unbrauchbar zur Arbeit, fühlte sich matt, hatte immer guten Appetit, schlief immer gut bis zuletzt. Zuweilen, besonders in letzter Zeit, fiel es auf, daß er sich während der Arbeit plötzlich festhalten mußte; fiel nicht hin; hatte keine Krämpfe. Wurde vergeßlicher, schwerfälliger; verstand Aufforderungen immer schlechter; ist seit $^3/_4$ Jahren in der Wirtschaft nicht mehr zu verwenden. Anscheinend keine Sinnestäuschungen; sprach vor sich hin. War immer zugänglich, lächelte vor sich hin; nie gewalttätig; nie erregt; weinte nie; keine Verfolgungs- oder Selbstmordideen; keine Versündigungsideen; keine Lähmung. Seit 3 Jahren Bettnässen; näßt die Hose, wenn man ihn nicht mahnt. Geschlechtskrankheiten? Militärfrei! Weshalb? Nicht bestraft.

13. Juli 1911. Krankheitsgeschichte. Pat. betritt mit wenig sagendem Gesichtsausdruck das Untersuchungszimmer, macht mit den Händen gleichsam verlegene Gesten, kratzt sich bald im Haare, bald greift er nach Mund, Nase oder Ohr. Auf Verlangen nimmt er eilig Platz, macht sich auf dem Stuhle beständig mit den Knöpfen zu schaffen, macht, sobald er etwas gefragt wird, obige Geberden. An die Geschichte vom „habgierigen Hund", die er am Morgen abgeschrieben, erinnert er sich nur insofern, als er weiß, daß es sich um einen Hund handelt. Er liest sie noch zweimal laut, liest einige Worte verwaschen oder falsch, leiert das Gelesene monoton nieder; ist nicht im Stande, den Inhalt nur in den gröbsten Zügen wiederzugeben; sagt einige Sätze; weiß diese nicht zu einem Ganzen zusammenzufügen. Als Datum gibt er Donnerstag, den 9. Juli 1911 an; sei 18. Jan. 1874 geboren, folglich jetzt 37 Jahre alt. Rechnet 9 × 8 = 72; 117 — 12 = 105; 103 — 25 = 73, 172 ; 44 + 13 = 58, 57; 9 + 8 = 17; 27 — 15 = 13, 14, 12. Sei in der Klinik für Augen- und Kopfleidende; sei gestern mit seinem Schwager J. E. hergekommen. Der Arzt habe gesagt, er müsse herfahren, damit er ein Zeugnis für Invalidenrente bekomme, da das Zeugnis des behandelnden Arztes vom Gerichtsarzte nicht anerkannt würde. Auf die Frage, ob er krank sei, meint er, beim Mähen täten ihm die Arme weh; er könne nicht lange mähen. Auch die Waden hätten ihm bei der Arbeit schon geschmerzt, der Kopf (zeigt nach dem Hinterkopf). Es „schwatze so hie und da". Was Pat. damit meint, ist nicht aus ihm herauszubringen. Spinnen Sie? „Der Kopf tut mir schon weh." Sind Sie närrisch? „Nein" (lacht). Was soll mit Ihnen geschehen? „Dableiben; gesund werden." Gesund sei er nicht. Merkfähigkeit herabgesetzt; sagt statt 620, „Tintenfaß, Zimmerboden: 6000 Tintengläser ..." Er sei bald 1 Jahr krank, habe das Wasser nicht mehr halten können, habe Kopfschmerzen gehabt, Schmerzen in den Füßen. Habe die Schule 10 Jahre lang besucht; sei nicht sitzen geblieben; habe hart gelernt; besser gesprochen als jetzt; habe aber „nie leicht gesprochen"; nie so gut wie sein Bruder. Habe später zu Hause gearbeitet; habe nie Säcke tragen können, besonders nicht in den letzten 3 Jahren. Der Verstand sei „schwerer" geworden; er wisse nicht, wie es gekommen sei. Habe im Bett und beim Aufstehen Krämpfe in den Füßen gehabt (seit 4 Jahren); sei nie umgefallen; aber öfters angestoßen; wenn er auf einem Dach oder einer Leiter gestanden habe, sei es ihm schwindelig geworden. Er höre und sehe gut, möge immer essen; schlafe aber nicht gut; könne die halbe Nacht nicht einschlafen. Habe keine Stimmen gehört, nichts Absonderliches gesehen.

Die Auffassung ist ohne gröbere Beeinträchtigung, die Aufmerksamkeit aber deutlich gestört. Er versteht, was man zu ihm sagt, verarbeitet aber die Fragen nicht; scheint ablenkbar, interesselos; kümmert sich wenig um seine Umgebung; hat keine Initiative; ist energielos, gleichgültig. Gedächtnis nicht auffallend gestört; die Schulkenntnisse mäßige.

Im Gedankengang oft deutliches Haften an früheren Vorstellungen. Pat. wiederholt auch stets immer zuerst die an ihn gestellten Fragen, um sie kümmerlich oder gar nicht zu beantworten. Ist sehr dürftig in seiner Ausdrucksweise; vermag seine Lage nicht richtig zu beurteilen.

Außer obigen hypochondrischen Ideen will er zeitweise traurig sein, „weil er niemanden habe, der ihn möge". Pat. erscheint teilnahmslos; ist kataleptisch; läßt sich ohne weiteres in die Zunge und ins Augenlid stechen; ist gleichgültig gegenüber dem, was um ihn vorgeht; wirft z. B. auf die im Zimmer anwesenden Mitpatienten oder auf die lebhaft funktionierende

Schreibmaschine keinen einzigen Blick. Er sieht immer vor sich hin auf den Tisch; ist keineswegs reizbar; ohne sichtlichen Affekt, leicht zum Lachen zu bringen.

Ohne eigenen Antrieb; bleibt immer ruhig auf seinem Stuhle sitzen; kommt allen aufgetragenen Bewegungen nach. Onaniere hie und da.

Körperlich: Mittelgroß; ordentlich genährt; gut muskulös. Innere Organe o. B. Wulstige Lippen, große Tonsillen. Kleiner, schmaler Schädel, hoher Gaumen. Leichter Konvergenzstratismus. Pupillen reagieren gut; Augenhintergrund o. B. Facialis o. B. Reflexe alle vorhanden. Sensibilität intakt. Urin o. B. Während der Untersuchung Erectio penis.

17. Juli 1911. Immer das gleiche tatenlose Verhalten. Kümmert sich um nichts. Ißt und schläft gut. Sobald man mit dem Pat. spricht, so maniriert er. Die Ausfüllung des Fragebogens war für beide Teile eine Tortur.

19. Juli 1911. Wird in der Klinik als Huntingtonsche Chorea vorgestellt auf Grund der ataktischen Schrift, der eigenartigen Bewegungen, die auch Manieren sein könnten, der familiären Belastung, der starken Verblödung, des Eintretens der Krankheit mit 30 Jahren.

20. Juli 1911. Nach Hause entlassen.

Katamnese.

Vom 5. Nov. 1912 ab war der Kranke in Johannesbrunn bei barmherzigen Brüdern in Pflege. Anfang Okt. 1920 berichtete der Vorstand der dortigen Anstalt (ein Laie): „Zuckungen und unwillkürliche Bewegungen sind immer stärker geworden, in letzter Zeit mehr krampfhaft. Der Geisteszustand wurde immer schwächer und grenzt jetzt an Verblödung. Das Leben des Kranken geht dem Ende zu. Der Kranke darf wahrscheinlich nur noch einige Tage leben. Todesursache: Schwäche. Man kann gar nichts mehr mit ihm reden."

Tatsächlich ist Pat. noch im Monat Oktober 1920 gestorben.

Fall XV.

Cinna, Michael, geb. den 13. Aug. 1870 zu Alt. B. A. Oberviechtach, war vom 20. Dez. 1918 bis 1. Mai 1920 in der Pflegeanstalt Attl untergebracht. Er litt an hochgradiger, über den ganzen Körper ausgebreiteter Chorea. Lähmungserscheinungen fehlten. Der Kranke zeigte eine außergewöhnliche stark gemütliche Reizbarkeit, launisches, unberechenbares Wesen. Er ließ sich nicht dahin belehren, daß er infolge seines Leidens pflegebedürftig sei. Auf eigenes Verlangen mußte er am 1. Mai 1920 aus der Anstalt entlassen werden.

Nachforschungen nach seinem Verbleib waren lange Zeit erfolglos. Nachträglich konnte in Erfahrung gebracht werden, daß C. am 13. Dez. 1920 in München polizeilich sistiert worden war (zwecks Prüfung seiner Erwerbsverhältnisse bzw. Unterbringung in einer Anstalt). Die beim Polizeiakt befindliche Strafliste enthält 20 Vorstrafen (Bettel, Diebstahl, Körperverletzung) für den Zeitraum 1890—1915. p. C. war, wie aus den Akten hervorgeht, bereits einmal wegen unberechtigten Hausierens festgenommen worden, im Februar 1917. Damals hielt man ihn schon für schwer nervenleidend; die Krankheit bestand nach seinen eigenen Angaben seit ungefähr 5 Jahren (d. i. seit 1912). Im Dez. 1920 hat der Polizeiarzt folgendes konstatiert: ...„leidet an Chorea. Anzeichen von Geisteskrankheit und Gemeingefährlichkeit konnten nicht nachgewiesen werden." p. C. wurde schließlich am 16. Dez. 1920 nach Erteilung eines Unterkommensauftrages aus dem Gewahrsam der Polizei entlassen. Er soll in seine Heimat gereist sein.

B. Symptomatologie.

Es kann nicht geleugnet werden, daß Fälle von Huntingtonscher Chorea des öftern nicht richtig diagnostiziert werden. Bei der relativen Seltenheit dieser Art der Erkrankung unter den Pfleglingen der öffentlichen Irrenanstalten darf es uns nicht wunder nehmen, wenn der Anstaltspsychiater mit dem Krankheitsbild der Huntingtonschen Chorea nicht allzu vertraut ist. Für die Häufigkeit des Vorkommens der Huntingtonschen Chorea mögen die nachstehenden statistischen Angaben einige Anhaltspunkte geben. R. Jones hat mitgeteilt, daß bei 10 000 männlichen und weiblichen Kranken des London-County-Asylum zu Clarbury auf höchstens 3000 Fälle je einer von Huntingtonscher Chorea vorgekommen sei. Nach einem Berichte von A. Fries aus Kopenhagen sind dort in den Jahren 1870—1890 nur 25 Fälle von Chorea chronica progressiva festgestellt worden. In der psychiatrischen Klinik Würzburg liefen nach Ulmer während eines Zeitraumes von 30 Jahren bei einer Aufnahmezahl von etwa 3000 nur 2 Fälle von Huntingtonscher Chorea mit unter. Unter 5216 Neuaufnahmen, die innerhalb 27 Jahren (1890 mit 1915) in der Heil- und Pflegeanstalt Werneck betätigt wurden, litten nur 2 an chronischer, progressiver, hereditärer Chorea. Ähnlich waren die Erfahrungen der Heil- und Pflegeanstalt Eglfing. Von 12 807 in den Jahren 1907 mit 1919 aufgenommenen Kranken waren 4 an Huntingtonscher Chorea erkrankt. In der Heil- und Pflegeanstalt Haar wurden in den Jahren 1912 mit 1919 unter 2982 Aufnahmen 2 Fälle von Huntingtonscher Chorea konstatiert. Die Huntingtonsche Chorea ist also ohne Zweifel eine verhältnismäßig selten zur Beobachtung des Psychiaters kommende Krankheit. Deshalb überrascht es, daß die psychiatrische Klinik Kiel nun schon seit Jahren außergewöhnlich viele Fälle von Huntingtonscher Chorea aufnehmen konnte. Vielleicht leitet uns dieses Anschwellen der Beobachtungen in einem örtlich begrenzten Bezirk auf neue Spuren hinsichtlich der Ätiologie. Die weiteren Untersuchungen werden dies ja ergeben.

Im ersten der hier veröffentlichten Fälle hatte die eigenartige Form der geistigen Störung (Größenwahn) die Diagnosenstellung in falsche Richtung gedrängt, Verdacht auf das Vorliegen einer progressiven Paralyse erweckt. Größenwahnvorstellungen wurden bei der Huntingtonschen Chorea mehrfach beobachtet. So expansiv und so lange festgehalten wie im Fall I sind sie aber kaum jemals in Erscheinung getreten. Es gibt wohl für die Huntingtonsche Chorea ebensowenig wie für die übrigen organischen Hirnerkrankungen einen feststehenden, absolut prägnanten Komplex psychischer Störungen. Gerade bei dem ungemein chronischen Verlauf der Huntingtonschen Chorea wird man oft befremdend große Unterschiede hinsichtlich der psychischen Krankheitserscheinungen zwischen den einzelnen Fällen erwarten dürfen. Selbst in ein und demselben Falle kann ein rasches Fortschreiten des Krankheitsprozesses, können stürmische, flüchtige Erscheinungen, heftige Exazerbationen abgelöst werden durch kaum merklich zunehmende Zerstörung der Psyche, durch anscheinend weitgehende Remissionen. Die Kasuistik belegt diese Auffassung mit zahlreichen Beweisen. Nichtsdestoweniger ist das Bestreben, eine für die Huntingtonsche Chorea pathognomonische Form der geistigen Störung ausfindig zu machen, durchaus gerechtfertigt.

Schon seit langem hat man versucht, die mit choreatischen Störungen zusammen vorkommenden psychischen Krankheitserscheinungen zu klassifizieren. Man war dabei vom Wunsche geleitet, aus den begleitenden psychischen Störungen eine Unterscheidung zwischen den einzelnen Formen der Chorea, insbesondere zwischen der Sydenham- und Huntingtonschen Chorea zu ermöglichen. Die darauf hinzielenden Bemühungen waren insofern erfolgreich, als man nunmehr glaubt, in einer fortschreitenden Demenz die für die Huntingtonsche Chorea prägnante, charakteristische Geistesstörung gefunden zu haben, während man der Sydenhamschen Chorea eine ganze Reihe von psychopathologischen Erscheinungen zuschreibt, die bei stärkerer Ausprägung fast alle zum Krankheitsbild der deliriösen bzw. halluzinatorischen Verwirrtheit sich vereinigen lassen. Sollen wir nun bei dem gewonnenen Resultat stehen bleiben? Die Nachprüfung wird dies möglicherweise aufzeigen.

Als der amerikanische Arzt George Huntington im Jahre 1872 die hereditäre, chronische, progressive Chorea als selbständige Krankheitsform aufstellte, hielt er die dabei auftretenden psychischen Störungen für so wichtig, daß er sie unter die von ihm angegebenen 3 Kardinalsymptome einreihte. Huntingtons Veröffentlichung war im Original in Deutschland lange Zeit unbekannt. Den Bemühungen Armin Steyerthals ist es zu danken, daß Huntingtons Arbeit allgemein zugänglich wurde. Dadurch ist es möglich, den auf die bei der chronischen, progressiven, hereditären Chorea zu beobachtenden psychischen Anomalien bezüglichen Passus der Huntingtonschen Arbeit hier anzuführen. Er lautet: . . . „Die Neigung zum Wahnsinn und zwar zu derjenigen Form des Wahnsinns, die zum Selbstmord führt, ist auffallend. Mir sind verschiedene Fälle von Selbstmord von Leuten, die an dieser Form der Chorea litten oder einer solchen Choreafamilie angehörten, bekannt geworden. — Je mehr die Krankheit zunimmt, um so mehr sinkt die Intelligenz, bei manchen kommt es zum Wahnsinn und in anderen Fällen gehen Geist und Körper gleichmäßig zurück, bis sie der Tod von ihrem Leiden erlöst. . . .“

Eine eingehende kritische Sichtung aller in der Literatur bekannt gewordenen Fälle von chronischer, progressiver, hereditärer Chorea nach den begleitenden psychischen Krankheitserscheinungen ist im Rahmen dieser Arbeit nicht gut möglich. Doch wird es ratsam sein, an der Hand einer größeren Anzahl von Veröffentlichungen über diese Frage sich flüchtig zu orientieren.

Allseits wird die Launenhaftigkeit und die oft ganz erheblich gesteigerte gemütliche Reizbarkeit der Chorea - Huntington - Kranken bestätigt. Zuvor gutmütige, sanfte, harmlos-bescheidene Naturen wandeln sich in unfriedliche, nörglerische, gereiztaufbrausende, rohe, blindwütende Menschen. Häufig bildet sich für dauernd ängstlich-weinerliche, depressiv-gereizte, lebensüberdrüssige, zaghaft-gleichgiltige oder leichtgehobene, maniakalisch-gereizte bzw. sorglos-apathische Stimmungslage aus. Selbstmordversuche, von außen ausgelöste und rein endogen entstandene Wutanfälle und heftige tobsüchtige Erregungen sind dem psychischen Krankheitsbild der Huntingtonschen Chorea nicht fremd. Auch wenn sonstige Symptome geistiger Störung fehlen, hat sich bei diesen Kranken doch zumeist ein mattgleichgültiges, gedrücktes, rührseliges Wesen allmählich ausgebildet. Mit der längeren Dauer der choreatischen Erscheinungen stellen sich fast regelmäßig Intelligenzstörungen ein. Dieselben entwickeln sich im einen Falle ganz allmählich, schleichend, im anderen Falle treten sie stürmisch in Erscheinung, in manchen Fällen sollen sie ganz ausgeblieben sein. Ewald hat 2 derartige Fälle veröffentlicht. Über einige andere wurde von Forni, Goldstein, Grimm, Hoffmann, Jolly, Kattwinkel, Kornilow, Löwenfeld, Margulies, M'Learn, Olgskij, Oppenheim und Hoppe, Prati und von Sölder berichtet. Mill hat sogar eine ganze Choreafamilie beobachtet, bei deren sämtlichen Mitgliedern der Geist

„fast bis zum Ende wunderbar klar" geblieben ist. Ob in allen diesen Fällen tatsächlich nie psychische Störungen, sei es nun eine kaum merkliche, schleichende Intelligenzabnahme oder leichte gemütliche Abstumpfung bestanden haben, erscheint nicht über alle Zweifel erhaben festzustehen. Oft stützen sich dabei die Autoren nur auf Angaben von Laien, die nicht immer die besten und vor allem nicht unparteiische Beobachter sind. Zudem hat sich mindestens in einigen der betreffenden Fälle die Beobachtung nicht auf genügend lange Dauer erstreckt. Allerdings schreibt auch Kraepelin, daß in vereinzelten Fällen die psychischen Störungen vollständig ausbleiben. Aus solchem Widerstreit der Meinungen geht immerhin die Tatsache einer ziemlich lockeren Verknüpfung der psychischen und motorischen Erscheinungen im Krankheitsbild der Huntingtonschen Chorea hervor. Von einem Parallelismus kann nicht die Rede sein. Dieser Ansicht hat schon J. Hoffmann Ausdruck gegeben. Gegenüber denjenigen, welche das Fehlen psychischer Krankheitserscheinungen bei der Huntingtonschen Chorea konstatierten, sind andere Autoren so weit gegangen, daß sie beim Fehlen psychischer Störungen das Vorliegen einer degenerativen[1]) Chorea — so bezeichnen sie die chronische, progressive, hereditäre Chorea — überhaupt bezweifeln (z. B. Etter).

Im allgemeinen pflegen bei der Huntingtonschen Chorea die motorischen Störungen den psychischen voraufzugehen. Es gibt aber Fälle, in denen erst nach längerem Bestehen psychischer Symptome die Chorea einsetzt 1 Fall von Huber, H. Curschmann, Etter, Lenoir, Fall A und B von E. Schultze. Wharton Sinkler nahm daraus Anlaß, zwei Formen der Huntingtonschen Chorea zu unterscheiden, während Westphal und Oppenheim hierin einen hinreichenden Grund für solche Unterscheidung nicht fanden. Wenn gar Hallock durch eine einzige Beobachtung sich zur Annahme eines im Verhältnis zur Demenz sekundären Auftretens der Bewegungsstörung verleiten ließ und die Bezeichnung chronische, progressive Chorea durch Dementia choreica ersetzt wissen wollte, so fehlt hierzu die Berechtigung. Denn für die Huntingtonsche Chorea ist es — wie schon oben gesagt — Regel, daß die choreatischen Störungen vor den psychischen Störungen sich einstellen. Eine bemerkenswerte Beobachtung von Heß, daß Nervosität in einer Choreatikerfamilie als Vorbote der Erkrankung angesehen wurde, verdient hier Erwähnung. Diejenigen Fälle, in denen angeborene oder wenigstens jahrzehntelang bestandene geistige Anomalien (Schwachsinn, Epilepsie, Psychopathie) dem Ausbruch der Chorea vorhergegangen waren, müssen hier selbstverständlich unberücksichtigt bleiben. Sie haben aber für die Untersuchung der Erblichkeitsverhältnisse und die Frage nach der Ätiologie der Huntingtonschen Chorea vielleicht eine gewisse Bedeutung.

Um wieder auf die Intelligenzstörungen im Verlauf der Huntingtonschen Chorea zurückzukommen, so findet man hier neben tiefster Verblödung auch ganz geringfügige, eben noch merkliche Defekte. Jahrelang mag eine leichte Zerstreutheit, Versonnenheit oder Abschwächung des Interesses und unbedeu-

[1]) Wenn hier oder an anderer Stelle unserer Abhandlung von degenerativer Chorea die Rede ist, so soll mit der Anwendung dieser in der Neurologie gebräuchlichen Bezeichnung einem Urteil über Art und Wesen des der Huntingtonschen Chorea zugrunde liegenden Krankheitsprozesses in keiner Weise vorgegriffen werden.

tender Nachlaß der geistigen Regsamkeit das einzige Zeichen intellektueller Abnahme bilden. Werden diese Krankheitssymptome nach und nach stärker, so treten erhebliche Aufmerksamkeitsstörungen, ein sichselbstgenügendes Versunkensein, starke Interesselosigkeit für die Außenwelt, Gedächtnisabnahme in den Vordergrund des psychischen Krankheitsbildes. Es kostet immer Mühe, diese Kranken in die Gegenwart zurückzurufen, sie leben traumhaft dahin, sind, selbst wenn man sich mit ihnen einmal in geistige Beziehung gesetzt hat, schwer bei der Stange zu halten. Sie entgleisen meist sofort wieder bzw. versinken in gedankenloses Vorsichhinstarren. Man hat deutlich den Eindruck, daß bei ihnen eine leichte Bewußtseinstrübung, eine traumhafte Benommenheit, vorliegt, die hauptsächlich in einer Erhöhung der Reizschwelle für äußere Eindrücke und in einer Erschwerung und Dissoziation des inneren Gedankenablaufes, sowie in mangelnder Konzentrationsfähigkeit ihren Grund haben dürfte. Kattwinkel wies nach, daß partielle Gedächtnisstörungen und völliges Versagen der Aufmerksamkeit hier eine wichtige Rolle spielen. Auch von anderer Seite wurde verschiedentlich eine starke Abnahme und Lückenhaftigkeit des Gedächtnisses konstatiert. Jäger fand Störung bzw. Verlust des Rechenvermögens. Schultze und Schuppius sprechen von Abnahme der Merkfähigkeit, Curschmann und Löwenfeld beobachteten erhöhte geistige Ermüdbarkeit. Andere Autoren, wie Hamilton, Peachell und Kruse, sahen verlangsamten, trägen Ablauf des Denkens und Handelns. Die von Kattwinkel für seine Fälle als vollauf berechtigt gefundene Annahme, daß partielle Gedächtnisstörungen und völliger Mangel an Aufmerksamkeit eine Demenz nur vortäuschten, wo in Wirklichkeit grobe Defekte oder Verblödung nicht vorhanden waren, darf nicht verallgemeinert werden. Es kommen doch echte Verblödungen bei der Huntingtonschen Chorea vor (Schuppius), wenngleich sie gewöhnlich nicht jenen hohen Grad wie bei der progressiven Paralyse erreichen. Man kann sogar sagen, daß mit der längeren Dauer der choreatischen Erkrankung ein Zerfall der geistigen Persönlichkeit geradezu unabwendbar verbunden ist. Freilich hält er sich oft noch in mäßigen Grenzen. Wir finden dann nur die relativ geringfügigen intellektuellen Störungen, die wir eben an der Hand der bisher beschriebenen Fälle aufgeführt haben. Nicht selten aber nimmt die Intelligenzabnahme bei der Huntingtonschen Chorea viel ernstere Formen an. Der Verlust des geistigen Besitzstandes erstreckt sich in solchen Fällen auch auf Gebiete, die zur Aufrechterhaltung des Persönlichkeitsbewußtseins, zur Orientierung über Ort, Zeit und Lage von größter Bedeutung sind. Grobe Gedächtnislücken und schwere Merkstörungen erschweren immer mehr die richtige Stellungnahme zur Gegenwart, zur Umgebung. Die Orientierung geht verloren, das Krankheitsbewußtsein, das oft schon bei ganz geringfügigen intellektuellen Störungen der Schwere der Erkrankung nicht gerecht wird, verschwindet ganz. Von einem engen Vertrautsein mit altgewohnten Verhältnissen, einer geordneten Ausübung der bisherigen Tätigkeit, einer gerechten Würdigung der eigenen Kräfte und aller anderen wichtigen Gesichtspunkte kommt der Kranke nach und nach mehr ab. Er wird sorglos, vernachlässigt seine Pflichten, überschätzt sein Können, begeht grobe Fehler, vergißt das Notwendigste, kann kaum mehr beiläufig seine Aufgaben erfüllen. Dazu treten Wahnideen und Sinnestäuschungen. Letztere gehören nicht unbedingt ins psychische Krankheitsbild der Huntingtonschen

Chorea, sie werden aber oft darin angetroffen. Häufig sind die Wahnideen durch sie bedingt. Ein andermal entstehen sie unvermittelt oder sie entwickeln sich auf dem Boden krankhaft veränderter Stimmungslage. In letzterem Falle sind sie konstanter, nehmen mehr einen systemartigen Charakter an. Wir finden bei der Huntingtonschen Chorea alle Arten von Wahnideen, wie Beeinträchtigungs-, Verfolgungs-, Eifersuchts- und Größenwahn vertreten. Einigermaßen produktive, kombinatorische Weiterentwicklung der Wahnideen wurde eigentlich nie beobachtet. Die Wahnideen stehen sicherlich in engem Zusammenhang mit der fortschreitend zunehmenden Urteilsschwäche, die sich auch im sonstigen Verhalten der Kranken deutlich bemerkbar macht. Solche Kranken verwahrlosen, vertrotteln; sie werden schamlos-gleichgültig, leben über ihre Verhältnisse, verdummen ihr Gut, sind freßgierig, verschwenderisch, verschroben, einfältig in ihrem Tun. Allmählich begehen sie ausgesprochen unvernünftige, verkehrte Handlungen. Unreinlichkeit kommt bei ihnen oft zur Beobachtung. Schließlich kann man sich mit ihnen gar nicht mehr in Beziehung setzen. Allerdings muß hierbei berücksichtigt werden, daß die fortschreitenden körperlichen Störungen, die ewige Unruhe und insbesondere die Unmöglichkeit, bei den unausgesetzt wiederkehrenden Zuckungen in Gesicht-, Zungen- und Kehlkopfmuskulatur zu sprechen, allein schon jeden mündlichen, oft auch den schriftlichen Verkehr mit der Umgebung aufheben kann. In besonders hochgradigen Fällen spricht man geradezu von einer choreatischen Aphasie, bei der neben den Zuckungen auch Koordinationsstörungen eine Rolle spielen.

Episodisch kommen deliriöse, manieartige und depressive Erregungen vor. Gerade das seltene und streng episodische Auftreten traumhafter Verwirrtheitszustände, die dann regelmäßig von zahlreichen Täuschungen auf fast allen Sinnesgebieten begleitet sind, verdient Beachtung. Deliriöse Erscheinungen beherrschen nie dauernd das Krankheitsbild; sie stellen nicht das Wesentliche der bei Huntingtonscher Chorea bestehenden Geistesstörung dar. Sie treten weit hinter der allmählich zunehmenden Geistesschwäche zurück. Man ist berechtigt, diese Tatsache scharf zu betonen gegenüber der relativen Häufigkeit deliriöser und halluzinatorischer Verwirrtheitszustände im Verlaufe der Sydenhamschen Chorea. Für die Sydenhamsche Chorea werden infolgedessen derartige psychische Krankheitserscheinungen direkt als typisch angesehen (J. P. Möbius). Wenn von berufener Seite die Anschauung vertreten wurde, für die Huntingtonsche Chorea seien vorwiegend nur intellektuelle Störungen charakteristisch, anderweitige krankhafte psychische Erscheinungen, insbesondere halluzinatorische Verworrenheit, müßten im Verlaufe einer Huntingtonschen Chorea gewissermaßen als etwas Fremdartiges, als eine zufällige Komplikation, aufgefaßt werden, so ist dem entgegenzuhalten, daß auch im Verlaufe anderer organischer Psychosen episodische halluzinatorische Verwirrtheitszustände gang und gäbe sind. Niemand wird in solchen Fällen in den flüchtigen Krankheitserscheinungen etwas anderes als ein Symptom der zugrunde liegenden organischen Hirnerkrankung sehen. Stürmische Erscheinungen sind im Krankheitsbilde der Huntingtonschen Chorea nur deshalb so selten, weil diese Erkrankung eine äußerst starke Tendenz zu eminent chronischem Verlauf hat.

Wiederholt verband sich mit dem Auftreten der choreatischen Erscheinungen schwere ethische Degeneration und Verminderung oder Verlust der Willenskraft.

Solche Kranke wurden haltlos, verfielen dem Alkoholismus, der Vagabondage, der Unzucht. Sie begingen Brandstiftungen, Mordversuche, verursachten mutwillig Schaden und benahmen sich in einigen Fällen ganz sinnlos zerstörungssüchtig. Das Vorkommen triebartiger, schwerer, motorischer Erregungen, die gewöhnlich mit sehr lebhaftem Wut- und Zornesaffekt kombiniert sind, haben wir eingangs erwähnt. Stuporöse Zustände treten seltener in Erscheinung. Gegen das Ende des Leidens bildet sich mehr und mehr apathischer Stumpfsinn aus. Ziemlich gleichmäßig werden alle Seiten der geistigen Persönlichkeit dabei ergriffen. Seltener erreicht der Verblödungsprozeß Grade, wie wir sie bei der progressiven Paralyse regelmäßig sehen. Die groben Lücken, die schweren Intelligenzeinbußen der Paralytiker sind den Huntington-Chorea-Kranken zumeist erspart. Das Wesentliche und Charakteristische dieses Krankheitsprozesses auf psychischem Gebiete muß daher in einer Erhöhung der Reizschwelle für äußere Eindrücke, im Verlust der Aufmerksamkeit, in einer langsam zunehmenden Einengung des geistigen Blickfeldes auf die primitivsten persönlichen Bedürfnisse, im Zuverlustgehen bzw. Abblassen wichtiger Erfahrungsinhalte, Abnahme der Urteilsfähigkeit und in der Ausbildung einer reizbaren Apathie erkannt werden. Und damit sind wir eigentlich bei der Psychose choréique dégénérative progressive von Ladame angelangt.

Abgrenzungsmöglichkeiten der Geistesstörung bei Huntingtonscher Chorea von den psychischen Störungen bei der Sydenhamschen Form der Chorea erscheinen nach dem Vorstehenden wohl gegeben. Zunächst fehlt der Sydenhamschen Chorea der unaufhaltsam progressive Verlauf sowie der Ausgang in Demenz. Und auch im Zustandsbild treten erhebliche Unterschiede gegenüber der Huntingtonschen Chorea zutage. Die Psychose der Sydenhamschen Chorea wird heutzutage als ein Intoxikations- oder Erschöpfungsdelirium aufgefaßt; sie verläuft ausschließlich entweder unter dem Zustandsbild der halluzinatorischen Verwirrtheit oder demjenigen der Amentia (Runge, Viedenz), es sei denn, daß zufällig durch die Sydenhamsche Chorea als Gelegenheitsursache hysterische, manieartige und andere Formen des Entartungsirreseins bei Degenerierten ausgelöst wurden (Möbius). Gegenüber der Seltenheit nennenswerter psychischer Störungen im Verlauf der Sydenhamschen Chorea minor — P. J. Möbius behauptet sogar, daß sie sehr selten seien, er beobachtete unter 100 Fällen von Chorea minor nur einen, der von Geistesstörung begleitet war — ist die psychische Störung im Krankheitsbilde der chronischen, progressiven, hereditären Chorea fast unerläßlich. Zum mindesten bildet ihr ungleich häufigeres Vorkommen bei der Huntingtonschen Chorea ein wesentliches Unterscheidungsmerkmal.

Die Chorea senilis läßt ebenfalls die Psyche viel häufiger intakt als wir dies bei der Huntingtonschen Chorea zu sehen gewohnt sind. H. Bischoff konstatiert in einer Zusammenstellung von ca. 70 Fällen von Chorea senilis bei 60% normale geistige Fähigkeiten. Natürlich zeigen die bei Chorea senilis zu beobachtenden, psychischen Störungen ausgeprägt die Eigentümlichkeiten seniler Psychosen. Endlich erinnern auch die motorischen Erscheinungen der Chorea senilis infolge ihrer Langsamkeit und Gespreiztheit viel mehr an das Krankheitsbild der Athetose als an Chorea minor und, wie wir hinzufügen dürfen, Huntingtonsche Chorea.

Zum Schlusse ist eine flüchtige Betrachtung der bei Huntingtonscher Chorea zu beobachtenden, motorischen Krankheitserscheinungen vielleicht nicht unangebracht. In der Hauptsache handelt es sich um Muskelzuckungen, die unwillkürlich sich einstellen und mit großer Geschwindigkeit ablaufen. Sie betreffen regelmäßig nur einzelne Muskeln, was natürlich nicht ausschließt, daß gleichzeitig mehrere Muskeln an den verschiedensten Körperteilen von Zuckungen befallen werden. Ein Zusammenwirken zusammengehöriger Muskelgruppen infolge isochroner choreatischer Erregung wird fast nie beobachtet. Daher stellt sich der durch choreatische Zuckungen bewirkte Bewegungseffekt nicht als koordinierte Bewegung, sondern als ausfahrende, bizarre, unzweckmäßige Verrenkung dar. Ganz ausgezeichnet hat Otfried Förster die choreatische Bewegungsstörung analysiert. Nach seinen Untersuchungen wird in einem bestimmten Moment nur ein einzelner Muskel oder eine einzelne Muskelgruppe vom Krampf befallen, entgegengesetzt wirkende Muskelgruppen eines Gliedes sind nie gleichzeitig ergriffen. Es handelt sich um typisch klonische Krämpfe. Wenngleich öfters zwei- bis dreimal hintereinander dieselbe Bewegung wiederkehrt, so ist doch ein fortwährender bunter Wechsel für die choreatischen Spontanbewegungen charakteristisch. Gegenüber den Willkürbewegungen, die regelmäßig auf dem Zusammenwirken mehrerer Muskelgruppen beruhen, unterscheiden sich die choreatischen Spontanbewegungen durch das Isoliertsein der Aktion auf einzelne Muskeln oder einfache Muskelgruppen. Daneben weist O. Förster auch das Vorhandensein echter Koordinationsstörungen nach. Die Innervation der Hauptagonisten ist nur flüchtig, in schweren Fällen soll es sogar zu einer deutlichen Muskelschwäche kommen. Unzweckmäßige Mitbewegungen treten auf (Irradiation des Bewegungsimpulses). Die normalerweise vorhandene Gegenspannung der Antagonisten fehlt, damit auch der passive Bewegungswiderstand, wie Bonhoeffer seinerzeit nachwies.

Lähmungserscheinungen sind im Verlaufe der Sydenhamschen Chorea eine geläufige, wenn auch nicht allzu häufige Komplikation. Man spricht in solchen Fällen von einer Chorea mollis sive paralytica, auch Limp-Chorea (Rindfleisch, Gowers, Todd, Trousseau). Ihre Prognose ist günstig. Nach Jolly sollen Lähmungserscheinungen bei der Huntingtonschen Chorea kein ganz seltenes Begleitsymptom sein. Vorzüglich Hemiparesen würden nach ihm während des Krankheitsverlaufes beobachtet. Sie könnten sich an Anfallszustände anschließen. Aus der Literatur läßt sich die Aufstellung Jollys nur mit spärlichen und z. T. nicht gerade überzeugenden Beweisen belegen. Heß hat einen Fall von Huntingtonscher Chorea beschrieben, bei dem totale Zwerchfellähmung und Schwäche im rechten Arm und rechten Facialisgebiet bestand. Alle 3 Lähmungserscheinungen wurden als angeborene Anomalie aufgefaßt. Liebers berichtet über einen Fall, der von leichter Parese der rechten Seite, namentlich des Beines (Streckstellung), begleitet war. Hyperkritische Leser werden diesen Fall wegen des Fehlens gleichartiger Erkrankung bei beiden Eltern, d. h. es ist nur nichts über das Vorkommen choreatischer Störungen in der Ascendenz festzustellen gewesen, überhaupt nicht als Huntingtonsche Chorea gelten lassen wollen, obgleich eine Tochter dieses Falles unzweifelhaft auch an chronischer progressiver Chorea erkrankt ist. Das Ausscheiden des Liebersschen Falles aus der Reihe der unzweifelhaft echten Fälle von

Huntingtonscher Chorea werden wir um so leichter verschmerzen, als er ja doch für das Vorkommen von Lähmungen bei der chronischen, progressiven, hereditären Chorea keine erhebliche Beweiskraft besitzt, denn er ist durch ein Kopftrauma kompliziert. Der von Kattwinkel als echte progressive Chorea ohne Heredität veröffentlichte Fall Becker gehört u. E. sicher nicht zur Huntingtonschen Chorea. Die Chorea brach im 30.—31. Lebensjahr aus; seit dem 32. Lebensjahr bestanden komplette bilaterale Anästhesie für Berührung, Schmerz und Temperatur, Verlust des Lagegefühls, bilaterale konzentrische Gesichtsfeldeinschränkung, also ein Symptomenkomplex, der in ganz erheblichem Grade Verdacht auf eine Herderkrankung (Tumor) in den Basalganglien und in der Gegend der Bindearmkreuzung erwecken muß.

Ein Fall Perettis erkrankte schon in frühester Jugend (vor dem 5. Lebensjahr) an Chorea. Schließlich war er gelähmt. Mit 19 Jahren trat der Tod ein. War es nun eine spastische oder eine schlaffe Lähmung, hatten die Lähmungserscheinungen ihren Grund in einer besonders intensiven Lokalisation des der Huntingtonschen Chorea zugrunde liegenden organischen Prozesses in gewissen Hirnpartien bzw. im Rückenmark oder lag eine zufällige Kombination mit einer degenerativen Rückenmarkserkrankung (z. B. amyotrophischer Lateralsklerose) vor? Wir können diese Fragen nachträglich nicht mehr klären. So mag immerhin jener Fall als ein Beweis gelegentlichen Vorkommens von Lähmungserscheinungen bei der Huntingtonschen Chorea gelten.

Facklam beobachtete einen Fall (IV), der aus einer typischen Huntington-Chorea-Familie stammte. Bei der Kranken brach ungefähr ums 34. Lebensjahr die Chorea aus. Im 38. Lebensjahr fiel Patientin plötzlich zusammen; das Bewußtsein war erhalten. Von diesem Anfall blieb eine fast vollständige linksseitige Lähmung und leichte artikulatorische Sprachstörung zurück. In den gelähmten Gliedern sistierten die choreatischen Zuckungen. Allmählich gingen die Lähmungserscheinungen zurück, damit beteiligten sich auch die davon betroffenen Gliedmaßen wieder an den Zuckungen. Eine spastische Parese des linken Armes scheint dauernd zurückgeblieben zu sein. Dieser Fall darf wohl zur Stütze von Jollys Bemerkung über das Vorkommen von Lähmungserscheinungen bei der Huntingtonschen Chorea herangezogen werden. Den apoplektischen Insult hier auf eine anderweitige Erkrankung zurückzuführen, hieße, sich in bloßen Vermutungen bewegen. Arteriosklerose kann bei dem Alter der Kranken kaum in Betracht kommen. Lues ist freilich nicht absolut auszuschließen; Patientin hatte außerehelich ein gesundes Kind geboren, das bald starb. Während ihrer 7jährigen Ehe wurde sie einmal schwanger, abortierte aber im 3.—4. Monat.

Aus eigenem Materiale können wir noch einen Fall anfügen. Er entstammt der Familie Antonius von Schaching. Maria Antonius, verheiratete K. (cf. weiter unten die Anmerkungen zur Nachkommentafel), erkrankte ungefähr im Alter von 48 Jahren an Chorea. Etwa 1 Jahr später stellten sich bei ihr Anfälle von Bewußtlosigkeit ein. Im Alter von 51—52 Jahren war sie über Nacht linksseitig gelähmt; die Lähmung verlor sich nie mehr ganz. Arteriosklerose läßt sich hier nicht ausschließen, also wird man diesen Fall nicht als über jeden Zweifel erhabenen Beweis für das Vorkommen von Lähmungserscheinungen bei der Huntingtonschen Chorea aufführen dürfen.

Zusammenfassend können wir sagen, daß die Huntingtonsche Chorea ein unendlich vielgestaltiges klinisches Bild zu entwickeln vermag. Wenn die psychopathologischen Erscheinungen dieses Leidens je nach dem Falle weitgehende Verschiedenheit zeigen, so wird dies wenigstens z. T. in der genotypischen Konstitution der betreffenden Erkrankten seine Ursache haben. Nichts widerspricht der Annahme, daß die klinischen Erscheinungsformen einer festumschriebenen Krankheit entsprechend der Mannigfaltigkeit erbbiologischer Verknüpfung im einzelnen Individuum eine Abwandlung erfahren. Wurde doch für die einzelnen Familien ein typischer, gleichförmiger Verlauf gewisser „erblich-degenerativer" Krankheiten von jeher konstatiert, wohingegen wesentliche Unterschiede in der Symptomenkombination beim Vergleiche der Krankheitsbilder, die ein und dieselbe Erbkrankheit in verschiedenen Familien schuf, deutlich zutage treten. Diese Unterschiede sind schließlich nicht nur auf Verschiedenheiten in den normalen Erbanlagen zwischen den fraglichen Familien zurückzuführen. Es wäre denkbar, daß neben exogenen Einflüssen, neben dem spezifischen Erbfaktor für die betreffende Erbkrankheit auch andere krankhafte Erbeinschläge in den Familien jeweils gesondert eine Rolle spielten und das Krankheitsbild modifizierend beeinflußten.

C. B. Davenport hatte nach dieser Richtung sehr beachtenswerte Untersuchungsergebnisse zu verzeichnen. Er durchforschte 4 Familienverbände, in denen Huntingtonsche Chorea vererbt wurde und nahe an 1000 Fälle von Erkrankung an chronischer progressiver Chorea vorkamen. Seinen Bemühungen gelang es, zahlreiche Biotypen von besonderem und unterschiedlichem Vererbungscharakter abzugrenzen. Im einen Biotyp fehlte die choreatische Bewegungsstörung, während die geistige Erkrankung (Mental deterioration) in Erscheinung trat; bei einem anderen waren die choreatischen Zuckungen vorhanden, die geistige Störung blieb aber aus. Wieder andere Familien brachten einen Biotyp hervor, bei dem die choreatische Bewegungsstörung keinerlei Fortschreiten zeigte, und in einem vierten Biotyp brach das Leiden außergewöhnlich frühzeitig aus. Die Davenportschen Untersuchungen müssen als beweisend dafür gelten, daß diese Unterschiede im Krankheitsbild vererbbarer Natur sind und nicht auf zufällige Verschiedenheiten der Lokalisation des pathologischen Hirnprozesses zurückgeführt werden können

Unsere eigenen Untersuchungen sowie die eingangs nach ihren Krankengeschichten reproduzierten Fälle sind zwar keine Bekräftigung der Davenportschen Erfahrungen. Dies mag aber zufällig sein.

C. Kritisches Alter für den Ausbruch der Huntingtonschen Chorea.

George Huntington hat bekanntlich für die nach ihm benannte Krankheit 3 Kardinalsymptome angegeben: 1. Direkte, gleichartige Vererbung; 2. eigentümliche geistige Störung; 3. Ausbruch der Erkrankung ausschließlich bei Erwachsenen, zumeist zwischen dem 30. und 40. Lebensjahr. Ob diese 3 Symptome hinreichend sind, die Huntingtonsche Chorea als selbständige Krankheitsform aufrecht zu erhalten, wird wohl der weitere Verlauf unserer Untersuchungen ergeben. In neuerer Zeit erschienen zahlreiche Veröffentlichungen, zumeist aus der psychiatrischen Klinik Kiel, die Fälle ohne jegliche Heredität betrafen. Damit wäre die Huntingtonsche Lehre schwer erschüttert, insoweit dies ihr 1. Kardinalsymptom betrifft. Zur Frage nach der für die Huntingtonsche Chorea eigentümlichen Form geistiger Störung wurde im vorgängigen Kapitel Stellung genommen. Nunmehr soll über das Alter beim Beginne der Erkrankung Aufschluß gegeben werden. Am besten geschieht dies an der Hand der Tabelle I, die aus dem Studium der bisher veröffentlichten Fälle und aus unserem eigenen Material gewonnen wurde. Diese Tabelle I ist reichlich unvollkommen. Bei ihrer Abfassung konnte eigentlich nur die deutsche Literatur soweit wie möglich lückenlos herangezogen werden. Ausländische Publikationen waren Verfasser nicht im selben Maße zugänglich. Von dem verarbeiteten Material haben mit Rücksicht auf gewisse, am Ende dieser Arbeit gezogene Schlußfolgerungen, bloß diejenigen Fälle in der tabellarischen Zusammenstellung Aufnahme gefunden, bei denen direkte und gleichartige Erblichkeit nachzuweisen war. Die Tabelle I hat einige Vorläufer. Huét, Josef Mayer und Wollenberg haben ähnliche Zusammenstellungen publiziert. Letzterer benützte dabei 66 schon von Huét verarbeitete und 13 neue Fälle, so daß seine Tabelle 79 Fälle umfaßte.

Unsere Tabelle I umfaßt 323 Fälle von Huntingtonscher Chorea. Sie bedeutet gegenüber den Zusammenstellungen von Huét, Josef Mayer und Wollenberg insofern einen Fortschritt, als sie mit gut dreimal größerem Material rechnen kann. Wesentlich unterscheidet sie sich aber nicht von den früheren Ergebnissen. Fand Wollenberg aus 79 Fällen von Huntingtonscher Chorea bei 59,4% Krankheitsbeginn zwischen 30. und 45. Lebensjahr, so ergibt sich aus Tabelle I in 58,2% aller 323 Fälle Beginn der Erkrankung zwischen 31. mit 45. Lebensjahr. Bei rund $^1/_4$ (genau 25,3%) der Fälle lag der Ausbruch der Krankheit zwischen dem 36. mit 40. Lebensjahr. Überraschend mag es erscheinen, daß in gut 40% des hier verarbeiteten Materials oft schon lange vor zurückgelegtem 30. Lebensjahr oder erst spät nach dem 45. Lebensjahr die ersten Krankheitserscheinungen auftraten. Damit gewinnt die kritische Zeit, d. h. derjenige Lebensabschnitt, innerhalb dessen der Ausbruch einer Huntingtonschen Chorea billig erwartet werden kann, eine ungebührlich weite Ausdehnung. Sie läßt sich insofern etwas eindämmen, als eben doch die Zeit vom 21. mit 60. Lebensjahr das Hauptkontingent für den Beginn der Huntingtonschen Chorea stellt. Was früher und nachher erkrankt, bildet ein verschwindend kleines Häuflein (noch nicht einmal 6% aller Erkrankten). Es fällt praktisch nicht sehr ins Gewicht. Man wird also als kritisches Alter für den Ausbruch der Huntingtonschen Chorea das 21. mit 60. Lebensjahr ansehen dürfen. Für ganz exakte Untersuchungen ist dagegen die Berechnung der Erkrankungswahrscheinlichkeit für jedes einzelne Lebensalter nach mathematischen Prinzipien nicht zu umgehen. Hier können wir uns diese zeitraubende und nicht ganz einfache Arbeit ersparen.

Einige Fälle von Huntingtonscher Chorea brachen schon sehr frühzeitig (einigemale im 2. Jahrfünft) aus. Waren dies auch unzweifelhaft echte Fälle? Für die in Tabelle I verwerteten Fälle von J. Hoffmann (1888), Jolly, Huét, Berry, D'Antona, Friedenthal, Kalkhof, Wergilessow möchte ich diese Frage unbedingt bejahen. 2 Fälle von Schlesinger wurden wohl in die

Tabelle I aufgenommen; sie können zu Mißtrauen Anlaß geben, schon darum, weil bei ihnen eine direkte, gleichartige Vererbung nicht vorliegt oder nicht vorzuliegen scheint. Über die Einwertung dieser 2 Fälle wird später noch zu reden sein. Die 2 Fälle, bei denen der Erkrankungsbeginn in frühester Jugend, wohl vor dem 5. Lebensjahr lag, sind den Veröffentlichungen von Peretti und Jolly entnommen. Sie entstammen typischen Huntington-Chorea-Familien. An die choreatischen Erscheinungen schlossen sich im Fall Perettis später Lähmungen an. Der Tod erfolgte im 19. Lebensjahr. Ich nehme keinen Anstoß, auch diesen Fall in die Huntingtonsche Chorea einzubeziehen und vermute, daß hier gleichzeitig mit der Chorea eine degenerative Rückenmarkserkrankung bestanden hat, vielleicht amyotrophische Lateralsklerose oder hereditäre, spinale Ataxie. Allerdings sind die Angaben zu dürftig, um nach dieser Richtung Sicheres behaupten zu können. Bei dieser Gelegenheit sei an die von Higier beobachtete Kombination von Huntingtonscher Chorea mit Friedreichscher Ataxie erinnert.

Tabelle I.
Alter beim Ausbruch der Huntingtonschen Chorea. 323 Fälle.

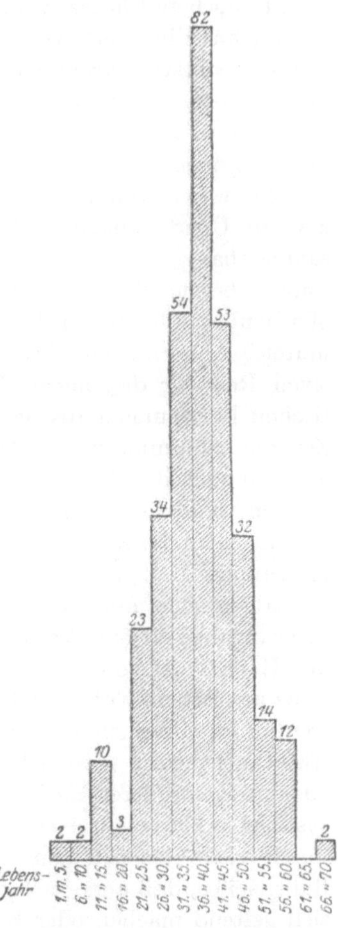

Es ist anzunehmen, daß bei dem ungewöhnlich frühen Ausbruch der Huntingtonschen Chorea auslösende Ursachen eine gewichtige Rolle mitspielen, z. B. zufälliges Zusammentreffen der Anlage zu Huntingtonscher Chorea mit anderen erblich-degenerativen Anlagen des Zentralnervensystems oder intrauterin bzw. frühzeitig post partum eingetretener Schädigung des letzteren. Der Kombination mit einer angeborenen, degenerativen Rückenmarkserkrankung wurde bereits Erwähnung getan. In einem anderen Falle (Felizitas Wipfler von J. Hoffmann) scheint eine posttraumatische Epilepsie den günstigen Boden für den baldigen Ausbruch der Chorea abgegeben zu haben. Das 11jährige Mädchen Jollys war gleichzeitig choreatisch und epileptisch. Huéts Fall war durch hysterische Anfälle kompliziert. In anderen Fällen hatten vielleicht Epilepsie oder Hysterie in der Aszendenz die nervöse Widerstandsfähigkeit geschwächt. Selbst die Annahme, daß flüchtige Schädigungen des Zentralnervensystems vorübergehend eine annoch latente Huntingtonsche Chorea manifest machen können, hat gute Gründe für sich. Eine Beobachtung in der Familie des dritten hier veröffentlichten Falles möchte geradezu beweisend für sie gelten. Wir sehen beim Sohne des Falles III (S. 7) im Alter von fast 17 Jahren während eines Pneumoniedeliriums stark ausgesprochene choreatische Erscheinungen auftreten, die mit Ablauf des Deliriums so völlig verschwinden, daß der junge Mann später ins Feld rücken konnte, wo er fiel. Die klinische Diagnose wurde auf Huntingtonsche Chorea gestellt. Unter Hinweis auf das Vorkommen symptomatischer Chorea bei den verschiedenartigsten organischen Hirnerkrankungen (Paralyse, Lues, Blutungen, Tumoren, Lepto- und Pachymeningitiden usw.) wäre man allerdings berechtigt, das Vorliegen einer Huntingtonschen Chorea, die hier gewissermaßen mit einem vorzeitigen Schub begonnen hätte, zu bestreiten. Demgegenüber darf man aber auch daran erinnern, daß choreatische Störungen von solcher Intensität und Dauer als Begleiterscheinungen pneumonischer Hirnreizungen bisher unseres Wissens nicht bekannt waren. Die Bedeutung exogener Einflüsse für den Ausbruch der Huntingtonschen Chorea wird in gewissem Sinne durch eine Beobachtung von Westphal illustriert, wo das Wochenbett als Gelegenheitsursache für das Auftreten der ersten Krankheitserscheinungen angesehen wurde. Freilich wird man in Westphals Fall zunächst an ein rein zufälliges Zusammentreffen von Krankheitsbeginn und Wochenbett denken müssen. Die feststehende Tatsache der Schwangerschafts- und Wochenbett-Chorea, einer der Huntingtonschen Chorea wesensfremden, symptomatischen Choreaform, rechtfertigt immerhin gewisse Überlegungen, welche auch im Falle Westphals einen inneren Zusammenhang zwischen Wochenbett und Ausbruch der Huntingtonschen Chorea herzustellen suchen. Die primäre Ursache der Schwangerschafts- und Wochenbett-Chorea wird in einer Störung des endokrinen Stoffwechsels vermutet. Abnorme endokrine Ausscheidungen bilden hier offenbar einen elektiven Reiz für diejenigen Hirnzentren, deren Beeinträchtigung sich in choreatischen Bewegungen auswirkt. Warum soll derselbe Reiz nicht die in ebendiesen Zentren schlummernde Anlage zu Huntingtonscher Chorea zur Entwicklung anregen oder den im stillen bereits begonnnenen Erkrankungsprozeß so steigern können, daß die Krankheit nach außen in Erscheinung tritt?

Es gelingt natürlich nicht für alle auf Tabelle I verzeichneten Fälle komplizierende Momente als Gelegenheitsursachen des relativ frühzeitigen Krankheitsausbruches aufzudecken. Das mag zum Teil an der Dürftigkeit der Literaturangaben liegen. Vermutungsweise könnten wir die besondere Schwere des der Huntingtonschen Chorea zugrunde liegenden organischen Hirnprozesses, seine ungestüme Entwicklungstendenz für das ungewöhnlich frühzeitige Manifestwerden im einzelnen Falle verantwortlich machen. In Anlehnung an Edingers Aufbrauchtheorie ließe sich das Phänomen auch mit einer ab ovo durch Anlage oder infolge äußerer Einflüsse minderwertigen Beschaffenheit des Zentralnervensystems erklären. Sei es, daß die Vererbung der Huntingtonschen Chorea durch viele Generationen die Erbmasse auch im allgemeinen nachteilig beeinflußt, sei es, daß andersartige erblich-degenerative Einschläge im speziellen Falle sich geltend machen oder Krankheiten der Eltern bzw. des Anlageträgers selbst das wachsende oder schon entwickelte Zentralnervensystem schwächen. Die aus allen diesen Möglichkeiten resultierende geringere Lebensenergie des Zentralnervensystems wird jedesmal zu einem vorzeitigen Aufbrauch führen. Mit der frühzeitigen Erschöpfung des Organismus gewinnt der pathologische Prozeß um so eher die Oberhand. Also, die Intensität des Krankheitsprozesses, d. h. seine immanente Entwicklungstendenz und das Maß an Widerstandskraft, das im einzelnen Falle das Zentralnervensystem aufzubringen vermag, sind diejenigen Faktoren, welche beim Fehlen anderer komplizierender Momente für den Zeitpunkt des Ausbruches der körperlichen und psychischen Symptome in Fällen von Huntingtonscher Chorea den Ausschlag geben.

Alle Untersuchungen über das Lebensalter beim Ausbruch der Huntingtonschen Chorea besitzen selbstverständlich nur relativen Wert. Sie sind zu sehr von Genauigkeit der Beobachtung und Zuverlässigkeit des Mitteilenden abhängig. Mit der Häufung der Krankheitsfälle in einer Familie, durch Hinlenken der Aufmerksamkeit gesunder Familienangehöriger auf den vererbbaren Charakter des Leidens kann die Beobachtungsgabe geschärft werden. Sonst übersehene Frühsymptome finden dann mehr Beachtung. Dadurch erklärt sich eine verhältnismäßige Frühdatierung des Krankheitsausbruches bei neuen Fällen. Auch dürfen subjektive Beschwerden nicht außer Rechnung gelassen werden, die oft lange Zeit bestehen, ehe sichere objektive Krankheitserscheinungen wahrzunehmen sind. Stammt in einem solchen Falle die Anamnese von dem Kranken selbst, so ist eine im Verhältnis zu Beobachtungen Dritter vorzeitige Datierung des Krankheitsbeginnes die natürliche Folge. Wohl zuerst wollte Menzies beobachtet haben, daß die Chorea in den einzelnen Familien allmählich immer jüngere Individuen befiel. Nach ihm wies Heilbronner auf das Tieferrücken des Erkrankungsalters in jeder folgenden Generation nachdrücklich hin. Sonderbarerweise schreibt Oppenheim, noch dazu unter Berufung auf Heilbronner, bei Forterbung des Leidens offenbare sich die Tendenz, in immer höherem Alter bei den Befallenen hervorzutreten. Offenbar handelt es sich da um einen Schreibfehler, denn bisher war nur von einem Tieferrücken des Erkrankungsalters gesprochen worden. Diese gewöhnlich als „Anteposition" bezeichnete Erscheinung beruht aber wahrscheinlich auf unrichtiger Deutung. W. Weinberg, der die Anwendung Mendelscher Regeln auf den Menschen durch scharfsinnig entwickelte mathematische Formeln erst ermöglichte, erklärte die sog. „Anteposition" in erster Linie für eine Ausleseerscheinung. Eltern hätten bei der Erzeugung ihrer Kinder bereits ein bestimmtes Alter erreicht; sie seien vielfach eben deshalb Eltern geworden, weil das untersuchte Merkmal bei ihnen nicht frühzeitiger auftrat. Ein Anteponieren im Sinne der Morelschen Degenerationslehre könne nur dann nachgewiesen werden, wenn die Kinder ein Merkmal früher aufwiesen als die Geschwister der Elternindividuen.

Der strengen Forderung Weinbergs läßt sich natürlich in vielen Fällen schon um dessentwillen nicht gerecht werden, weil Nachforschungen über die Elterngenerationen nur selten völlig zum Ziele führen und mit den gröbsten Schätzungsfehlern bei allen diesbezüglichen Angaben der Angehörigen gerechnet werden muß. Es wurde versucht, die hier neu veröffentlichten Fälle auf das Vorhandensein oder Fehlen der sog. Anteposition nach der Weinbergschen Methode zu prüfen. Das Ergebnis war nach keiner Richtung beweisend; das Vergleichsmaterial aus den Elterngenerationen erschien durchaus ungenügend. Bei nicht wenigen Huntington-Chorea-Familien hat man eher den Eindruck, als ob für die einzelnen Familien die Gefährdungszone ziemlich eng begrenzt und konstant sei, wobei das Ausbruchsalter unter den verschiedenen Familien weit differieren könne. In der Familie des Falles VII erkrankten in 6 Generationen die Befallenen fast ausnahmslos zwischen 26. und 28. Lebensjahr. Ähnlich gilt für die Familie des Falles VI das 40. Lebensjahr als die kritische Zeit. Aus der Huntington-Chorea-Literatur wären noch eine Anzahl Familien mit fixem, der einzelnen Familie eigentümlichen Ausbruchsalter anzuführen. Vermutlich hängen die großen Unterschiede, die man zwischen den für die einzelnen Familien typischen Ausbruchszeiten beobachten kann, mit der unterschiedlichen erbkonstitutionellen Struktur der Familien zusammen. Sicherlich ist die Erbkonstitution, die genotypische Zusammensetzung, die den Mitgliedern der einzelnen Familien gemeinsame Anlage von erheblicher Bedeutung für das Maß an Widerstandskraft gegen die Entwicklung krankhafter Anlagen. Umgekehrt wird man annehmen dürfen, daß erhebliches Abweichen von der für die jeweilige Familie maßgebenden Norm des Ausbruchsalters auf einer Änderung der erbkonstitutionellen oder somatischen Widerstandskraft durch innere oder äußere Faktoren zu beziehen sei.

D. Klassifikation der choreatischen Erkrankungen.

Wie schon gesagt, drängt sich einem die Frage, ob die Huntingtonsche Chorea als selbständige Krankheitsform aufrecht zu erhalten ist, recht angelegentlich auf. Jahrelang wurde über diesen Punkt ein lauer Kampf geführt, die Entscheidung blieb aus. Der ablehnende Standpunkt Charkots, Jollys und Zinns, wonach die chronische, progressive Chorea nur eine durch das Alter modifizierte Form der Sydenhamschen Chorea sein sollte, ist heute nahezu gänzlich verlassen. Mit vollem Recht sagt H. Curschmann, dieser Standpunkt sei heutzutage unbegreiflich. Man könne ihn nur aus dem Gesichtspunkte verstehen, daß damals die Lehre von der rheumatischen bzw. infektiösen Natur der Chorea minor noch nicht wissenschaftliches Dogma war. Etter spielt wohl noch etwas mit Charkots Idee, wenn er schreibt, bei der Annahme eines Zusammenhanges beider Choreaformen (Huntingtonsche und Sydenhamsche) könne man den verschiedenen Verlauf und die verschiedene Erscheinungsweise lediglich auf den Altersunterschied zurückführen. Speziell bei der Chorea minor nähmen die psychischen Erscheinungen einen um so schwereren Verlauf, je älter das befallene Individuum sei. Es wäre denkbar, daß depressive Zustände und Zustände akuter Demenz, wie sie bei an Chorea minor Erkrankten mit Vorliebe in den Pubertätsjahren auftreten, infolge der noch nicht abgeschlossenen Entwicklung sich wieder regenerierten. Sikora und Débuck stehen noch fest zur Charkotschen Lehre. Débuck vermutet, daß die Fälle von chronischer, progressiver Chorea ohne Erblichkeit möglicherweise das Mittelglied zwischen den akuten und den typisch degenerativen Formen der Chorea darstellten. Nach ihm wäre die chronische Chorea der Erwachsenen möglicherweise nur ein Syndrom bei ganz verschiedenartigen Rindenläsionen. Neben Sikora und Débuck hat sich in jüngerer Zeit einzig Swift mit aller Entschiedenheit zur Charkotschen Lehre bekannt. Die Chorea erkennt Swift überhaupt nur mehr als Symptomenkomplex an, der bei den verschiedensten Krankheitsprozessen vorkommen kann. Es ist nicht zu erwarten, daß Swift viele Anhänger finden wird. In seiner Anschauung steckt zweifellos ein berechtigter Kern; es will uns aber bedünken, daß Swift das bißchen Berechtigtes zu sehr auf die Spitze treibt. Die allgemeine Abkehr von der Charkotschen Lehre hält er damit kaum auf. Man darf ihm jedoch zugestehen, daß das heutige Krankheitsbild der Huntingtonschen Chorea eine engere und klarere Umschreibung wohl verträgt. Ja, die Aufrechterhaltung der nosologischen Selbständigkeit der Huntingtonschen Chorea fordert dies geradezu.

Es hat lange gedauert, bis man sich überhaupt zu einer begründeten Trennung der einzelnen Choreaformen durchrang. Als Dr. Waters of Franklin (New York) im Jahre 1842, d. h. lange vor Huntington, an Dunglison über eine hereditäre Form mit allen Besonderheiten des zeitlichen Auftretens und den typischen psychischen Begleiterscheinungen berichtete, dachte er offenbar gar nicht an die Aufstellung einer eigenen Krankheitsform. Auch Sée (1850) und Sander (1869) beschreiben die chronisch-progressive, hereditäre Chorea klinisch vorzüglich, heben sie dadurch scharf gegenüber den anderen Choreaformen heraus, einer Proklamierung als selbständige Krankheitsform gehen sie aus dem Wege. Dann kam George Huntington und belebte segensreich die bis dorthin nahezu ergebnislosen Klassifikationsbestrebungen. Von Lannois stammt eine sehr brauchbare Einteilung der Choreaformen. Sie dürfte heute noch nicht veraltet sein, deshalb sei sie hier wiedergegeben. Lannois klassifizierte folgendermaßen:

I. Chorées rhythmiques,
II. Pseudochorées,
III. Chorées arhythmiques.

Die Chorées arhythmiques teilte er in:

A. Chorée Sydenham:
 1. Chorée de Sydenham proprement dite ou voulgaire,
 2. Chorée molle,
 3. Chorée de la grossesse,
 4. Chorée des viellards (z. T.);
B. Chorées chroniques progressives:
 1. Chorée héréditaire ou de Huntington,
 2. Chorée chronique progressive sans hérédité similaire;
C. Chorées symptomatiques:
 1. Hémichorée et hémiathétose,
 2. Chorée généralissée,
 3. Chorée congénitale et athétose double.

Vor Lannois hatte M. Vassitch (1883) einen Klassifikationsversuch unternommen. Als vierte und letzte Form seiner Einteilung begreift er eine Chorea, die nach dem 30. Lebensjahr beginnt, beide Geschlechter in gleicher Zahl befällt, meist unheilbar ist und große intellektuelle Störungen im Gefolge hat. Daneben führt er auf: Die Chorea der Pubertät (heilt nach 5—6 Monaten), die Chorea gravidarum et lactantium (gewissermaßen nur eine Spielart der vorgenannten) und die hysterische Chorea. Dolega unterschied zwei Hauptgruppen, nämlich die symptomatischen choreatischen Zustände, wie sie bei verschiedenen Erkrankungen des Zentralnervensystems vorkommen und die eigentliche Chorea sui generis. Letztere trennte er in: 1. Die Chorea des Kindesalters, 2. die Chorea chronica progressiva (hereditaria) der Erwachsenen, 3. die reflektorische Chorea — vorwiegend die Chorea gravidarum, 4. die Chorea congenita. Bei der Chorea des Kindesalters hielt er noch eine Unterteilung in die gewöhnliche, subakut verlaufende Form, und in eine chronische, über Jahre sich erstreckende für angezeigt. Erstere unterschied er außerdem in eine neurotische bzw. konstitutionelle und in eine infektiöse Chorea. Diesen Einteilungsmodus hat, wie wir glauben mit vollem Recht, P. J. Möbius angegriffen. Er sieht die Chorea, selbstverständlich unter Ausschluß der hereditären oder „besser degenerativen" Form, stets für eine Infektionskrankheit an. Besonders scharf hat er sich an anderer Stelle mit den Worten ausgedrückt, die Sydenhamsche Chorea habe mit der chronischen, degenerativen, erblichen, familiären Chorea nichts zu schaffen. — Die Einreihung neurotischer, der Chorea ähnlichen Bewegungsstörungen unter das Krankheitsbild der Chorea halten wir für ganz verfehlt. Dies vermehrt nur die Schwierigkeiten einer reinlichen Scheidung und führt schließlich dazu, daß auch noch hysterische bzw. psychogene Motilitätsneurosen der Chorea einverleibt werden müssen. Von den neueren Autoren griff R. Wollenberg die Frage der Einteilung choreatischer Störungen auf. Seine Einteilung deckt sich ziemlich mit den Anschauungen Lannois. Wollenberg unterscheidet:

1. infektiöse Chorea (Sydenhamsche Form, Chorea minor),
2. degenerative Chorea (Huntingtonsche Chorea),
3. choreiforme Zustände.

Als choreiforme Zustände will er choreatische Störungen, wie sie bei den verschiedenartigsten organischen Erkrankungen zur Beobachtung kommen, zusammengefaßt wissen. Diesem Sammelbegriff gegenüber sieht er in der Sydenhamschen und Huntingtonschen Chorea klinisch und ätiologisch exakt umschriebene, scharf voneinander zu trennende Krankheiten sui generis. Flatau (1905) tritt ebenfalls für strenge Sonderung der Huntingtonschen Chorea von der Chorea minor ein. In diesem Sinne scheidet er noch verschiedene Formen von chronischer Chorea als zur Chorea minor gehörig aus, nämlich die Chorea minor permanens (nicht angeboren, häufig erst in den letzten Monaten des 1. Lebensjahres und noch später auftretend) und die Chorea adultorum (vom Ende des 20. Lebensjahres an, häufig als Dauerform).

Überblickt man die bisherigen Klassifikationsversuche und den Stand unseres Wissens von der Chorea überhaupt, so wird man am besten tun, wenn man diejenigen Formen choreatischer Bewegungsstörungen, welche nach Ätiologie und Verlauf je in sich zusammengehörige Krankheitsbilder liefern, als Krankheiten sui generis weiterhin aufrecht erhält. Es sind dies die Sydenhamsche und die Huntingtonsche Chorea. Alle übrigen Formen, z. B. die Chorea bei Herderkrankungen, die Choreen der Schwangeren, der Säugenden, die Alterschorea, die Chorea bei angeborener und erworbener Lues, bei Erkrankungen der Hirnhäute, bei progressiver Paralyse, Dementia praecox, Enzephalitis usw. muß man vorerst noch als symptomatische ansehen.

E. Erblichkeitsverhältnisse bei der Huntingtonschen Chorea.

Bei der Durchsicht der bisher über die Huntingtonsche Chorea erwachsenen Literatur stößt man auf einen klaffenden Zwiespalt. In vielen Fällen sieht man in bezug auf diese Erkrankung gleichartige, homologe Vererbung eine verhängnisvolle Rolle spielen. Aber man entdeckt auch immer wieder Fälle, bei denen Erblichkeit in keiner Form oder nur als „ungleichartige" gegeben ist.

Das sind scheinbar unausgleichbare Gegensätze. Man fragt sich, ob es wirklich möglich war, daß man ein halbes Jahrhundert lang in dem fundamentalen Irrtum einer direkten, gleichartigen Vererbung der chronischen, progressiven Chorea befangen sein konnte, daß die Mitglieder von Choreafamilien so lange Zeit grundlos den Alpdruck drohenden Leidens getragen hätten. Wir haben allen Anlaß, nach einer plausiblen Erklärung des oben gekennzeichneten, widersprechenden Verhaltens zu suchen. Nun ist die Lehre Huntingtons über die direkte, gleichartige Vererbung der chronischen, progressiven Chorea in diesem starren Sinne nicht allezeit aufrecht erhalten gewesen. Mancher hat daran gerüttelt. Schon Peretti (1885) nahm Bezug auf das, was Nothnagel über den Begriff der erblichen Anlage bei Epilepsie ausgeführt hatte. Danach soll in der weitaus größten Mehrzahl der Fälle nur die neuropathische Disposition erblich übertragen werden. Für die Huntingtonsche Chorea, wo eine gleichartige Erblichkeit bestehe, wollte Peretti der Nothnagelschen Auffassung allerdings keinen Raum geben. J. Hoffmann (1888) sah sich auf Grund einer nicht einwandfreien Beobachtung veranlaßt, die klare Lehre Huntingtons, welche die Entstehung der chronischen Chorea allein durch direkte, erbliche Übertragung annahm, in sehr dehnbare Fassung zu erweitern. „Man wird", schrieb er, „den Begriff der Heredität in dem Sinne gebrauchen müssen, wie man es bei den anderen Nervenkrankheiten, besonders den Neurosen, allgemein tut!" Unter Hinweis auf häufiges Vorkommen von Epilepsie in der Aszendenz und Deszendenz Choreatischer wie bei Choreatischen selbst, trat er energisch für nahe Verwandtschaft beider Leiden ein. Seine Auffassung hat leider Schule gemacht, obwohl man eigentlich darin einen sehr zweifelhaften Fortschritt erblicken sollte. Denn allgemach gerät man auf diese Weise ins Uferlose. Werden so prägnant verschiedenartige Krankheitsbilder wie Epilepsie und Chorea nicht mehr scharf auseinander gehalten, dann kommt schließlich alles in Fluß, und jeder feste Standpunkt geht verloren. Es sind auch die Konsequenzen aus der Hoffmannschen Auffassung gezogen worden. F. Jolly wollte unter Hinweis auf die Solidarität aller Neurosen und Psychosen Morels polymorphe Heredität für die Huntingtonsche Chorea gelten lassen. Trowbridge verwischte den Unterschied zwischen Chorea und Epilepsie gar noch vollständig und behauptete, beide Erkrankungsformen beruhten auf Störungen in den motorischen und intellektuellen Gehirnzentren; sie unterschieden sich nur der Intensität nach. Von einer derartigen Verwässerung des Erblichkeitsbegriffes, wie sie Hoffmann inaugurierte, ist m. E. nimmermehr ein Fortschritt zu erhoffen. Sie hilft uns auch nicht aus dem Dilemma. Wollen wir wirklich die Bedeutung erblicher Belastung für die Entstehung Huntingtonscher Chorea ergründen, so bleibt uns kein anderer Weg als der gewissenhafter Prüfung und sorgfältiger Sichtung aller bisher veröffentlichten Fälle.

1. Huntingtonsche Chorea und Epilepsie.

Im Bemühen, die Bedeutung klar zu erkennen, welche der erblichen Belastung ganz allgemein, d. h. gleichartiger und „ungleichartiger", für die Entstehung der Huntingtonschen Chorea zukommt, wird man als Vorfrage die Möglichkeit oder Wahrscheinlichkeit eines inneren Zusammenhanges zwischen Epilepsie und Huntingtonscher Chorea behandeln können. Dabei hat man zu unterscheiden: 1. Gleichzeitiges Vorkommen von Huntingtonscher Chorea und Epilepsie beim selben Individuum; 2. die Häufigkeit epileptischer Erkrankung unter den Blutsverwandten von Huntington-Choreatikern. Unter Epilepsie soll zunächst nur die genuine Epilepsie verstanden werden.

Es ist von vornherein mit der Möglichkeit zu rechnen, daß gelegentlich einmal genuine Epilepsie und Huntingtonsche Chorea gleichzeitig, aber genetisch völlig unabhängig bei einer Person bestehen. Dem zufälligen Zusammentreffen dieser beiden Krankheitsformen ließe sich hypothetisch die Vermutung eines inneren ursächlichen Zusammenhanges entgegenstellen. Zahlreiche Autoren erblicken in Epilepsie und Huntingtonscher Chorea den Ausfluß progressiver Familienentartung. Gleichzeitiges Vorkommen beider Leiden beim selben Individuum erklärt sich für sie spielend, denn nach ihrer Auffassung wird nur die allgemeine, nicht näher bestimmte Anlage, d. h. Disposition, zur Entartung vererbt. Welche klinische Formen die Degeneration schließlich annimmt, bleibt dem Zufall überlassen bzw. hängt von nicht erblichen exogenen Einflüssen ab. Diese rein theoretische Auffassung läßt sich objektiv nicht begründen. Insolange wir über die Genese und die Bedeutung der Vererbung bei der genuinen Epilepsie noch nicht besser unterrichtet sind, als gegenwärtig, mag sie als gänzlich unbewiesene Vermutung ein zweifelhaftes Dasein fristen. Sie wird aber demjenigen, der tiefer in die wirklichen Verhältnisse eindringen will, nicht genügen.

Bevor man daran gehen kann, die bisher bekannt gewordenen Fälle von Huntingtonscher Chorea mit epileptiformen Anfällen für die hier aufgeworfene Frage auszuwerten, sind alle irrtümlich mit der Etikette „Huntingtonsche Chorea“ versehenen Beobachtungen kritisch auszuscheiden. Zuerst stößt man da auf die von Unverricht als „Myoklonie“, von Lundborg treffender als „Myoklonus-Epilepsie“ bezeichnete Erkrankung. Namhafte Autoren wie J. P. Möbius, Böttiger und F. Schultze wollten auch dieses Krankheitsbild in die Huntingtonsche Chorea aufgehen lassen. Sehr zu Unrecht! Lundborg hat den dahin gehenden Bestrebungen endgültig jegliche Berechtigung entzogen. In umfangreichen Untersuchungen entwickelte er das Krankheitsbild der Myoklonus-Epilepsie scharf und eindeutig. Er stellte als die entscheidenden Kriterien der Trennung zwischen Myoklonus-Epilepsie und Huntingtonscher Chorea folgende Gesichtspunkte auf: 1. Den verschiedenartigen Vererbungsmodus beider Krankheiten — bei Myoklonus-Epilepsie Rezessivität der Krankheit, direkte Vererbung von Eltern auf Kind verhältnismäßig sehr selten, während bei der Huntingtonschen Chorea direkte Vererbung die Regel ist —; 2. die Myoklonus-Epilepsie beginnt akut in der Kindheit mit Anfällen; Muskelzuckungen treten gewöhnlich erst viel später auf und stehen in deutlicher Wechselwirkung mit den Anfällen. Im Gegensatz dazu setzt die Huntingtonsche Chorea vorwiegend zwischen dem 30. und 40. Lebensjahr mit Muskelzuckungen schleichend ein. Die Muskelzuckungen nehmen langsam an Stärke zu, sie werden chronisch. Anfälle gehören streng genommen nicht zum Krankheitsbild. Eine Wechselwirkung zwischen Anfällen und Zukkungen ist nicht vorhanden; 3. Bei Myoklonus-Epilepsie beobachtet man ausgesprochene Periodizität, die bei Huntingtonscher Chorea fehlt. Etwaige aus Art und Verlauf der Muskelzuckungen sich ergebende Unterschiede zwischen beiden Krankheiten läßt man besser unberücksichtigt, da sie bis jetzt weder unbestritten, noch zwingend für eine der beiden Krankheiten als kennzeichnend gelten. Man könnte den Behauptungen Lundborgs nur das eine entgegenhalten, daß seine Fälle wegen des frühen Auftretens der Erkrankung (lange vor der geschlechtlichen Reife) nicht zur Fortpflanzung kamen, wodurch eine direkte Vererbung des Leidens ausgeschlossen war. Damit wäre das erste Unterscheidungsmerkmal beider Krankheitsformen entkräftet. Es handelte sich dann bei der Myoklonus-Epilepsie nicht nur um eine familiäre, d. h. nur möglicherweise hereditäre, sondern um eine streng genommen direkt hereditäre Erkrankung. Obiger Einwand hält aber, wie ich glaube, der Kritik nicht stand. Direkte Vererbung des Leidens von einem Elter auf die Kinder, wie sie bei Huntingtonscher Chorea als Regel besteht, ist eben durch eine fiktive Annahme noch lange nicht erwiesen. Im Gegenteil, Lundborg hat für die Myoklonus-Epilepsie den rezessiven Charakter des Erbganges glatt festgestellt, auch durch den Nachweis der erforderlichen Proportionen von Gesunden zu Kranken mittels der Weinbergschen Geschwister-Methode. Und somit schließt sich ein dominanter Vererbungsmodus von selbst aus.

Hat man alle Fälle von Myoklonus-Epilepsie aus dem erwachsenen Material ausgesondert — ich halte dafür, daß auch der von Bechterew als Epilepsia choreica veröffentlichte dazu gehört —, so bleiben unter den von mir durchgesehenen Fällen aus der Literatur ganze 13 Fälle übrig, in denen gleichzeitig mit der Chorea oder vor Auftreten derselben ärztlich oder sonstwie einwandfrei festgestellte, anfallsartige Störungen bestanden, die eventuell als epileptische gedeutet werden können. Nachdem ich insgesamt 516 Fälle (sie sind weiter unten, in Tabelle III, näher bezeichnet) von Huntingtonscher Chorea, wozu die nicht in Tabelle III aufgeführten 3 Fälle von J. Hoffmann (Kärcher), Jäger und Bruhn treten, auf das gleichzeitige Vorkommen epileptiformer bzw. anfallsartiger Störungen hin genau nachprüfte, kamen anfallsartige Erscheinungen nur in 2,5% aller meiner Untersuchung zugänglichen Fälle von Huntingtonscher Chorea zur Beobachtung. Nachstehende Zusammenstellung (Tabelle II) gibt eine Übersicht über die von mir ausgelesenen Literaturfälle.

Der Tabelle wären noch 2 Fälle von Huét (nach Bechterew, 1898) anzufügen, bei denen monate- bzw. jahrelang vor Ausbruch der chronischen Chorea epileptische Anfälle aufgetreten waren, ferner je 1 Fall von Ravenna, Daddi, Du Mesnil de Rochemont. Weil ich die betreffenden Arbeiten im Original nicht nachlesen konnte, muß ich sie leider hier unberücksichtigt lassen. Den Fall Althaus übergehe ich hier ebenfalls. Er ist offenbar nicht als Huntingtonsche Chorea zu bezeichnen.

Unter den Fällen der Tabelle II stellten sich die anfallsartigen Erscheinungen 7mal (Fall 2, 5, 8, 10, 11, 12 und 13) erst mit oder nach Ausbruch der Chorea ein. In den 6 anderen Fällen bestanden sie schon seit mehr oder minder langer Zeit vor Beginn der choreatischen Erkrankung. Dabei blieben sie in dreien von letzteren 6 Fällen verhältnismäßig lange vor dem Eintritt der Chorea ganz aus bzw. sistierten wenigstens über 1 Jahrzehnt, falls man die bei Nr. 1 der Tabelle II nach Ausbruch der Chorea beobachtete anfallsartige Störung mit den „krampfähnlichen" Anfällen im 12. Lebensjahr identifizieren will. Nur 3mal können wir die Tatsache feststellen, daß vorher bestandene anfallsartige

Tabelle II.

Zusammenstellung der veröffentlichten Fälle von Huntingtonscher Chorea mit Anfällen.

Nr.	Fall und Autor	Art der Anfälle	Bes. Bemerkungen
1	Fall beschrieben von Kurella als Athetosis bilateralis	Mit 12 Jahren an „krampfähnlichen" Anfällen erkrankt, später frei davon. Mindestens 5 Jahre nach Beginn der Chorea ein Anfall mit heftigen Krämpfen, die den früheren Bewegungen ähnelten, aber viel stärker waren; dabei Zähneknirschen. Dauer der Bewußtlosigkeit 3 Stunden. Der Anfall wird von Kurella als nicht epileptisch bezeichnet. Beginn der Chorea im 30. Lebensjahr.	Im Tode, etwa $1/2$ Jahr nach dem Anfall, wurden alte und frische Pachymeningitis haemorrhagica festgestellt.
2	Fall Jos. Kärcher von J. Hoffmann	Beginn der Chorea mit 40 Jahren, der Epilepsie mit 50 Jahren. Fällt bewußtlos um, atmet hörbar tief; Schaum vor dem Mund; auffallend blaß; Pupillen eng, lichtstarr; Cornealreflex erloschen; choreatische Zuckungen sistieren; keine Krämpfe; Dauer 5—8 Minuten, danach 15—20 Minuten benommen.	
3	Fall Felizitas Wipfler von J. Hoffmann	Im 2. und 3. Lebensjahr, nach Sturz, Bewußtlosigkeit. Seitdem epileptische Anfälle. Beginn der Chorea im 12.—13. Lebensjahr.	NB! Trauma?
4	Fall I von F. Jolly und E. Remak	Seit Militärzeit bis zum 31. Lebensjahr epileptische Krampfanfälle. Anfangs bis zu 10 Anfälle im Tag. Zungenbisse. Später in größeren Zwischenräumen. Vom 28.—31. Lebensjahr noch 2 Anfälle. Chorea seit dem 44. Lebensjahr.	
5	Tochter einer choreatischen Nichte von Nr. 4	Erst 11 Jahre alt; seit dem 9. Lebensjahr choreatisch und epileptisch.	
6	Fall W. von M. Goldstein	Vom 31.—51. Lebensjahr Herzkrämpfe begleitet von Ohnmachtsanfällen. Dabei Gesicht bleich, keine Krämpfe. Dauer bis 10 Minuten. Beginn der Chorea im 39. Lebensjahr. Tod im 57. Lebensjahr an Coronararterienthrombose.	Alkoholismus. 1 Bruder an Epilepsie gestorben.
7	Fall II von M. Goldstein, Tochter von Nr. 6	Seit frühester Kindheit epileptisch. Anfälle oft von stundenlanger Dauer; dabei tiefes Erblassen, Bewußtlosigkeit, keine Krämpfe, d. h. tonisches Stadium nur wenig ausgesprochen. In den Anfällen hören die choreatischen Zuckungen auf. Beginn der Chorea im 22.—23. Lebensjahr.	
8	Fall I von P. Matthies	Schon beim Militär Zuckungen in den Daumen. Beginn der Chorea also wahrscheinlich in den 20er Jahren. Hatte wiederholt Krämpfe mit Bewußtlosigkeit; letztesmal im 41. Lebensjahr; zurzeit 44 Jahre.	Erblichkeit wahrscheinl. vorhanden. Nach P. Matthies allerdings nicht festgestellt.

Tabelle II (Fortsetzung).

Nr.	Fall und Autor	Art der Anfälle	Bes. Bemerkungen
9	Fall IV von Hermann Etter	Mit 42 Jahren 3 schlagartige Anfälle von mehrstündiger Bewußtlosigkeit. Beginn der Chorea im 47. Lebensjahr.	Erblichkeit fraglich.
10	Fall Hayot von Kattwinkel	Beginn der Chorea im 20. Lebensjahr. Mit 25—26 Jahren apoplektischer Anfall von 4—5stündiger Bewußtlosigkeit. Danach keine Lähmung.	
11	Fall H. L. von Christian Jäger	Beginn der Chorea im 45.—46. Lebensjahr. Im 46. Lebensjahr Schwindelanfall mit halbstündiger Bewußtlosigkeit.	Erblichkeit fraglich. Pupillen oval, verzogen, Lichtreaktion erhalten.
12	Fall H. von Wolfgang Bruhn	Beginn der Chorea im 43. Lebensjahr mit Zuckungen im Gesicht und Schwindelanfällen.	Keine Erblichkeit. Einmal vorübergehend die eine Pupille erheblich weiter als die andere.
13	Fall L. St. von M. Dost	Beginn der Chorea im 33. Lebensjahr unmittelbar nach Fall auf den Hinterkopf mit Bewußtlosigkeit. 3 Jahre später mehrere Anfälle von Bewußtlosigkeit; im Jahr darauf 1 Anfall; im folgenden Jahr 2 Anfälle. 6 Jahre später Exitus nach starker Erregung und Parese der rechten Körperhälfte.	Eltern angeblich gesund; eine Schwester choreatisch. Pachymeningitis haemorrhagica und alte pachymeningitische Membran beiderseits. NB. Trauma?

Erscheinungen auch nach Ausbruch der chronischen Chorea noch auftraten. Nach ihrer Erscheinungsform lassen sich die bei Huntington-Chorea-Kranken beobachteten anfallsartigen Störungen schwer unter einen Hut bringen. Mit typischen epileptischen Anfällen haben sie, insoferne sie genauer beschrieben worden sind, zum größten Teil offensichtlich wenig Ähnlichkeit. Einmal (Fall 12), handelte es sich überhaupt nur um Schwindelanfälle; ein andermal war ein einziger Schwindelanfall aufgetreten, an den sich halbstündige Bewußtlosigkeit angeschlossen hatte. Dies darf man unmöglich als genuine Epilepsie deuten. Einfache, plötzlich eintretende Bewußtlosigkeit von 5 Minuten bis 5 Stunden Dauer, ohne Krämpfe, charakterisierte in den Fällen 2, 6, 7, 9, 10, 13 die anfallsartigen Erscheinungen. Nr. 1 der Tabelle II litt mit 12 Jahren an „krampfähnlichen“ Anfällen, die später ausblieben. 5 Jahre nach Ausbruch der Chorea stellte sich ein Anfall mit heftigen Krämpfen, die den früheren Bewegungen (doch wohl den choreatischen) ähnelten, aber viel stärker waren, ein. Die gleichzeitig auftretende Bewußtlosigkeit währte 3 Stunden. Sowohl in diesem Falle, wie bei Nr. 13 der Tabelle II, wo ebenfalls mehrere Anfälle von Bewußtlosigkeit vorgekommen waren, fand man bei der Leichenöffnung die Residuen einer früheren Pachymeningitis haemorrhagica. Ein ursächlicher Zusammenhang der Pachymeningitis mit den anfallsartigen Störungen liegt da wohl im Bereiche des Möglichen. Die lange Dauer einiger der eben erwähnten anfallsartigen Erscheinungen spricht m. E. auch gegen die Annahme einer genuinen Epilepsie. Dazu fehlen die übrigen Kennzeichen des typischen epileptischen Anfalls in den Fällen 1, 6, 7, 9, 10, 11, 12 und 13 gänzlich. Am ehesten könnten die Anfälle des Falles II als epileptische gedeutet werden, obwohl auch hier Krämpfe nicht vorkamen; doch war im Anfall Pupillenstarre vorhanden, Schaum trat vor den Mund, das Gesicht war auffallend blaß. Gerade dieser Fall bietet aber sonst große diagnostische Schwierigkeiten. Er war ursprünglich von Friedreich als eine umschriebene anatomische Störung (Cysticercus) im Opticusgebiet aufgefaßt worden. Später wurde er für einen schweren Fall von Chorea angesehen, der durch „Übergreifen des Reizzustandes auf das vasomotorische Zentrum" mit epileptischen Störungen kompliziert worden sei. Nach Jahren hatte sich das Krankheitsbild noch mehr verwirrt. Die Obduktion ergab Pachymeningitis tuberculosa caseosa im Lendenteil der Wirbelsäule, Gliose und Syringomyelie von der oberen Hälfte des Dorsalmarkes bis in den Beginn der Medulla oblongata. Nach Hoffmann hätte es sich um eine Kombination von chronischer Chorea mit Syringomyelie und Epilepsie gehandelt. Bezieht man dazu die schwere erbliche Belastung für Epilepsie — die Mutter und 2 Geschwister des Kranken waren epileptisch — und das Fehlen choreatischer Heredität in den Kreis der Erwägungen ein, so steigern sich die Schwierigkeiten einer unanfechtbaren Diagnosenstellung nochmals ganz erheblich. Syringomyelie als Nebenbefund bei Huntingtonscher Chorea ist zwar selten, aber doch einige Male beobachtet worden, zuletzt von O. Ranke, früher von Duchenne und Facklam (Beobachtung II). Ähnliche, vielleicht auch hierher gehörige Fälle wurden von H. Simons — schwere, allgemeine Chorea, die sich bei der Obduktion als Syringomyelie erwies — und Landsteiner — 1 Fall von akuter, schwerer Chorea ergab bei der Autopsie ausgedehnte Höhlenbildung im Rückenmark — beschrieben. Schlesinger, der über große Erfahrung auf dem Gebiete der Syringomyelieforschung verfügt, hält eine Kombination von Syringomyelie mit schwerer Chorea für möglich, wenngleich er anderseits darauf hinweist, daß bei Syringomyelie öfters zuckende, an Chorea erinnernde Bewegungen der Gliedmaßen vorkommen. Gerade im Falle von J. Hoffmann glaubt er eine Kombination dieser beiden Krankheiten annehmen zu müssen, nicht zuletzt, weil hier Demenz eingetreten war, was bei reiner Syringomyelie selten zutrifft. Lannois hingegen schloß mit Rücksicht auf den klonischen Charakter der Zuckungen Hoffmanns Fall aus der Gruppe der choreatischen Störungen aus. Ich selbst möchte seiner Anschauung beipflichten und nicht nur im Hinblick auf den komplizierten Obduktionsbefund, sondern vor allem auch mit Rücksicht auf das Fehlen choreatischer Heredität diesen Fall lieber ganz aus meinen Untersuchungen ausscheiden.

Bleiben noch die Fälle 3, 4 und 5 der Tabelle II zu besprechen. Im Fall 3 handelt es sich der Erscheinungsform nach um echte epileptische Anfälle. Eine genuine Epilepsie hat aber wahrscheinlich doch nicht vorgelegen, sondern dieser Fall dürfte als posttraumatische Epilepsie anzusprechen sein. Die Anfälle traten etwa 10 Jahre vor dem Ausbruch der chronisch-progressiven Chorea erstmals auf; sie sind durch die choreatische Erkrankung nicht im geringsten beeinflußt worden. Ein gewisser innerer Zusammenhang beider Leiden ist nur insofern denkbar, als das Trauma und die bei den Anfällen auftretenden Störungen im Gehirn den Boden für den außergewöhnlich frühzeitigen Beginn (schon im 12. bis 13. Lebensjahr) der Chorea geschaffen haben könnten. Im Fall 4 unserer Tabelle waren zur Militärzeit erstmals echte epileptische Anfälle aufgetreten. Seit dem 31. Lebensjahr sind sie, nachdem sie in den vorhergegangenen Jahren immer seltener geworden waren, vollständig ausgeblieben. Die choreatische Erkrankung begann erst viel später, im 44. Lebensjahr. Auch da läßt sich ein direkter Zusammenhang zwischen Chorea und Epilepsie nicht konstruieren. Es wäre müßig, darüber zu streiten, ob hier beide Krankheiten aus derselben krankhaften Erbanlage ihren Ausgang genommen haben, schon um dessentwillen, weil die Anfälle nicht ohne weiteres als genuine Epilepsie gedeutet werden dürfen. Zum Wesen der genuinen Epilepsie gehört doch unzertrennlich das Fortschreiten des krankhaften Hirnprozesses, der aus einer abnormen Anlage seinen Ursprung nahm. Die passageren, wenn auch hier über einen 10jährigen Zeitraum verteilten Anfälle gestatten beim Fehlen der für die genuine Epilepsie kennzeichnenden psychischen Veränderungen nur den Schluß auf eine, wohl in der Gehirnanlage begründete, epileptische Reaktionsfähigkeit (Redlich) des Gehirns, die m. E. mit der genuinen Epilepsie nicht notwendig identisch sein muß. Doch ist zuzugestehen, daß das Vorkommen epileptischer Anfälle sowohl bei Fall 4 als auch bei dem zu ihm in naher verwandtschaftlicher Beziehung stehenden Fall 5 der Tabelle II den Verdacht rege machen kann, daß in dieser Familie neben der Anlage zu Huntingtonscher Chorea auch genuine Epilepsie vererbt wird. Fall 5, in dem sich möglicherweise Huntingtonsche Chorea und genuine Epilepsie vereinigten, ist leider weder untersucht, noch beobachtet worden. Ähnlich wie bei den Fällen 4 und 5 liegen die Verhältnisse in den Fällen 6 und 7. Fall 7 ist direkter Abkömmling von 6. Bei 6 bestanden 20 Jahre hindurch Herzkrämpfe, begleitet von Ohnmachtsanfällen. Da später der Tod infolge von Coronararterienthrombose erfolgte, wird man einen ursächlichen Zusammenhang zwischen den anfallsartigen Erscheinungen und Herzkompensationsstörungen für wahrscheinlich annehmen dürfen. Immerhin ist es auffallend, daß bei Fall 7 von frühester Kindheit an anfallsartige Störungen bestanden. Ihre äußere Erscheinungsweise (stundenlange Dauer, tiefes Erblassen, Bewußtlosigkeit, keine Krämpfe) weicht ja wesentlich vom gewohnten Bilde des genuinen epileptischen Anfalles ab. Nun hat aber ein Onkel des Falles 7 an Epilepsie gelitten. Leider erfahren wir darüber nichts Näheres, ebensowenig wie über die Lebensdauer dieses indirekten Verwandten. Die Kenntnis der Tatsache allein läßt nur vermuten, daß im Fall 7 gleich wie bei 5 neben der erblichen Belastung für Huntingtonsche Chorea eine solche für genuine Epilepsie vorlag, beide natürlich unabhängig voneinander, was auch daraus hervorgeht, daß in einigen anderen Familien, in denen Epilepsie und Huntingtonsche Chorea zugleich vorkamen, sich diese Krankheiten getrennt vererbten.

Die ganze Ausbeute, die uns Literatur und eigene Beobachtung lieferte, beschränkt sich also auf 13 Fälle, von denen wiederum höchstens 4 mit einiger Wahrscheinlichkeit als genuine Epilepsie zu deuten wären. Angesichts dieses minimalen Ergebnisses von nicht einmal 1% aller an Huntingtonscher Chorea Erkrankten ist es nicht erlaubt, von einer gemeinsamen Wurzel (degenerative Anlage) beider Krankheiten, der Huntingtonschen Chorea und der genuinen Epilepsie, zu sprechen. Wir müssen vielmehr vom Standpunkt unseres heutigen Wissens aus eine engere Erbgemeinschaft zwischen Huntingtonscher Chorea und genuiner Epilepsie verneinen.

Die im weitesten Sinne organische Bedingtheit beider Krankheiten hatte die Vermutung aufkommen lassen, derselbe organische Hirnprozeß könne je nach der Lokalisation das eine Mal Huntingtonsche Chorea, das andere Mal genuine Epilepsie erzeugen, unter Umständen sogar beides zugleich. Pathologisch-anatomische Betrachtungsweise führte damit im Effekt zu dem gleichen Resultat wie gewisse unklare Vorstellungen von einer allgemeinen Verwandtschaft degenerativer Erbkrankheiten, die wir soeben zu widerlegen uns bemüht haben. Die im großen ganzen doch ziemlich klar umschriebenen und grundverschiedenen klinischen Bilder der besagten Krankheitsformen muntern nicht gerade zu widerspruchsloser Hinnahme jener pathologisch-anatomisch begründeten Theorie auf. Wir glauben auch nicht, daß der Histopathologe jemals einer solchen Auffassung beipflichten kann. Zwar besitzen wir heute weder für die Huntingtonsche Chorea, noch für die genuine Epilepsie völlig charakteristische, eindeutige, scharf von andersartigen krankhaften Hirnprozessen zu unterscheidende histopathologische Befunde. Das was für die Huntingtonsche Chorea bisher als wesentliche histologische Veränderung festgestellt wurde, bietet jedoch fast keine Vergleichspunkte mit den verschiedenen histologischen Befunden bei genuiner Epilepsie. Im übrigen muß darauf hingewiesen werden, daß der Krankheitsprozeß bei der Huntingtonschen Chorea sich regelmäßig über das ganze Gehirn erstreckt, eine strenge Lokalisation desselben nicht erweisbar ist.

Einige Autoren wollten ursächliche Beziehungen zwischen Huntingtonscher Chorea und genuiner Epilepsie dadurch herstellen, daß sie annahmen, das eine der beiden Leiden setze sekundäre Veränderungen im Gehirn, die die Grundlage für das andere Leiden abgeben. Bechterew beschrieb einen Fall als Epilepsia choreica, in dem dauernde gewebliche Veränderungen, hervorgebracht durch die mit den epileptischen Anfällen einhergehende sekundäre, aktive Gehirnhyperämie, den Boden zur Entwicklung choreatischer Konvulsionen angeblich bereitet hatten. Der Fall Bechterews hat aber keinerlei Beziehung zur Huntingtonschen Chorea, weshalb wohl auch diese Theorie ruhig ad acta gelegt werden kann.

Wenn wir eine Wesens- und Erbgemeinschaft zwischen Huntingtonscher Chorea und genuiner Epilepsie ablehnen zu müssen glaubten, so verneinten wir damit noch lange nicht die Möglichkeit der Entstehung epileptiformer Anfälle, d. h. einer symptomatischen Epilepsie, auf der Grundlage des der Huntingtonschen Chorea eigentümlichen pathologischen Hirnprozesses. In dieser Richtung suchen wir die Erklärung für die mancherlei bei der Huntingtonschen Chorea zu beobachtenden anfallsartigen Erscheinungen, die bald mehr epileptiformen, bald apoplektiformen Adspekt haben. Der Weg, auf dem die anfallsartigen Störungen zustande kommen, braucht nicht notwendig jedesmal derselbe zu sein. Es wäre denkbar, daß die destruktiven Vorgänge im Gehirn, so wie sie der Huntingtonschen Chorea eigentümlich sind, entweder ein hypothetisches Krampfzentrum reizen und so die Anfälle direkt auslösen oder daß sie dieses Zentrum in eine latente Krampfbereitschaft versetzen, die sich auf exogene Reize hin in anfallsartigen Erscheinungen entlädt. Die Anfälle könnten aber auch als rindenepileptische von dem der Huntingtonschen Chorea zukommenden pathologischen Prozeß in der Hirnrinde unmittelbar ausgehen, insoweit sich letzterer auf die motorische Rindenregion erstreckt. Und ein Teil der Anfälle wird sicherlich in zufälligen Komplikationen (Leptomeningitis, Pachymeningitis haemorrhagica, Arteriosklerose) während des langen Krankheitsverlaufes seine ausreichende Erklärung finden. Ob anfallsartige Erscheinungen, wie solche gelegentlich lange vor dem Auftreten der choreatischen Bewegungsstörung, vorwiegend in den Pubertätsjahren, vorkommen, als Frühsymptome gedeutet werden dürfen, ist schwer zu entscheiden. Doch kann man annehmen, daß der organische Krankheitsprozeß im Gehirn in seinen Anfängen weit über das Manifestwerden der Bewegungsstörung zurückliegt. Die Fälle sind nicht selten, in denen die Kranken selbst schon in den Schuljahren eine gewisse Muskelunsicherheit und gelegentliche unwillkürliche Zuckungen (zumeist bei affektbetonten Erlebnissen) an sich verspürt haben wollen. Objektiven Konstatierungen nach hat man bei solchen Kranken da und dort eine ziemlich erhebliche Zeitspanne vor dem Deutlichwerden und der Generalisierung des choreatischen Phänomens zeitweise vorhandene isolierte Zuckungen, wie z. B. Achselzucken beim Aufgerufenwerden in der Schule, Muskelungeschicklichkeit (Aus-der-Hand-fallen-lassen von Gegenständen), starrer Gesichtsausdruck, steifer, unsicherer Gang, schwerfällige Sprache und ähnliches als auffällig befunden. Wenn sich aber der organische Hirnprozeß der Huntingtonschen Chorea offensichtlich schon in sehr frühem Alter zu entwickeln beginnt, so wäre es nicht ausgeschlossen, daß die Schädigung der extrapyramidalen Bahnen — mit letzteren wird die Chorea ja allgemein in Zusammenhang gebracht — nur sehr langsam die zur Auslösung des choreatischen Bewegungseffektes notwendige Stärke erreicht, während eine Krampfbereitschaft des Gehirnes schon viel früher bestehen könnte.

Als Ergebnis unserer Überlegungen dürfen wir damit buchen: Ein innerer erbgenetischer Zusammenhang zwischen genuiner Epilepsie und Huntingtonscher Chorea besteht mit an Sicherheit grenzender Wahrscheinlichkeit nicht. Die sehr seltene Möglichkeit eines gleichzeitigen, aber rein zufälligen Vorkommens von genuiner Epilepsie und Huntingtonscher Chorea beim selben Individuum ist zuzugestehen. Beide Leiden haben dann eine gesonderte Entstehungsursache. Im Verlaufe der Huntingtonschen Chorea können anfallsartige Zustände auftreten. Sie sind entweder der symptomatischen Epilepsie zuzuzählen oder unterscheiden sich schon in ihrer Verlaufsform ganz wesentlich vom typischen epileptiformen Anfall.

Die Frage des Vorkommens epileptischer Erkrankungen unter den Verwandten von Choreakranken wird im nächsten Abschnitt mitbehandelt werden.

2. Huntingtonsche Chorea und polymorphe Vererbung.

Die Idee von der polymorphen Vererbung der Geisteskrankheiten wird heute noch mit Erfolg propagiert. Vorsichtig ausgedrückt darf man jedoch sagen, daß die Bedeutung der polymorphen Heredität zum mindesten stark überschätzt wird. Für den psychiatrischen Erblichkeitsforscher ist jedenfalls die

Zeit noch nicht gekommen, der inneren Verwandtschaft der unterschiedlichen Formen psychischer und nervöser Erkrankung nachzugehen. Zunächst ist vielmehr eine reinliche Scheidung dringend vonnnöten. Die unklaren Vorstellungen früherer Zeiten über erbliche Belastung und Übertragung waren in Unkenntnis der Mendelschen Lehre entstanden. Man wußte noch nichts von einer gesetzmäßigen Spaltung in Erbeinheiten. Darum mußten die Anschauungen sich um so eher zur Annahme polymorpher Heredität verdichten, als sie zumeist an Familien gewonnen wurden, in denen die Häufung von Geisteskrankheiten aller Art durch fortgesetzte Inzucht die seltensten Kombinationen und Spaltungen hervorbrachte. Wo wir aber jetzt die Täuschungen fehlerhafter Auslese durchschauen gelernt haben, werden wir die Frage der polymorphen Heredität mit mehr Kritik behandeln.

Huntington, desgleichen sein Vater und Großvater, konnten beobachten, daß auch bei den von der Krankheit verschont gebliebenen Verwandten ihrer Choreakranken während aller Leiden, die sie befallen hatten, nervöse Reizbarkeit regelmäßig stark hervortrat, obgleich diese Leute in gesunden Tagen nicht eben besonders nervös waren. Er hat auch die Erfahrung gemacht, daß verschiedene seiner Choreatiker und auch deren nichtchoreatischen Verwandten Selbstmord begingen. Solche Beobachtungen ließen an unvollkommene Dominanz, intermediäre Vererbung, Verlust eines Konditional- bzw. Auftreten eines Hemmungsfaktors bei den von Chorea freigebliebenen Gliedern der Familie denken. Vielleicht verfällt man sogar darauf, die neuro- und psychopathische Konstitution, die Selbstmorde und ähnliches bei den betreffenden Nichtchoreatischen als den sichtbaren Ausdruck heterozygotischer Beschaffenheit bei Rezessivität der Krankheit (Huntingtonsche Chorea) zu deuten. Eine andere Erklärung gibt Curschmann. Das Vorkommen von Epilepsie, Hysterie, Schwachsinn, Alkoholismus u. dgl. in Choreatikerfamilien ist nach ihm auf eine zufällige, mit der Chorea in keinem Zusammenhang stehende, hereditäre, nervöse Minderwertigkeit zurückzuführen.

Hinsichtlich der genuinen Epilepsie haben wir unsern Standpunkt in dieser Sache bereits präzisiert. Wir sind da zu einer Auffassung gelangt, die sich mit derjenigen Curschmanns deckt. Eine nachdenkliche Betrachtung und Durchforschung des gesamten Huntington-Chorea-Materials kann uns wohl neue Fingerzeige geben, ob innere, verwandtschaftliche Beziehungen zwischen der Huntingtonschen Chorea und der einen oder anderen Kategorie aus dem großen Formenkreis der Neurosen und Psychosen mit einiger Wahrscheinlichkeit anzunehmen sind.

Lassen wir die nackten Tatsachen sprechen, so müssen wir feststellen, daß in nicht wenigen Huntington-Chorea-Familien neurotische und psychopathische Persönlichkeiten, sowie Fälle von ausgesprochener Psychose gänzlich fehlen. Die Familie Petronius bietet dafür einen Musterfall. Ausdrücklich sei erwähnt, daß alle Glieder dieser Familie, insbesondere auch die ganze Nachkommenschaft der von der Chorea verschont Gebliebenen, sorgsamst auf das Vorkommen neuro- und psychopathischer Merkmale oder echter psychotischer Erscheinungen hin durchforscht wurde. Ähnlich wie bei der Familie Petronius verliefen die Nachforschungen in den Familien Maxentius, Caesar, Augustus, Antonius, Regulus, Gracchus, Cinna nach dieser Richtung ergebnislos, denn es geht doch nicht an, etwa die 2 Fälle von Nervosität unter den Nachkommen des Falles V oder den einen unter den Nachkommen des Falles X im Sinne polymorpher Heredität aufzufassen. Gerade diese Personen stehen mitten im gefährdeten Alter für den Ausbruch der Huntingtonschen Chorea; die Nervosität wäre bei ihnen vielleicht als erstes Anzeichen der ausbrechenden Chorea zu deuten; wird doch Nervosität mancherseits geradezu als Vorbote der Chorea betrachtet. Wer vermag hier klar zu sehen! Muß übrigens die Nervosität immer anlagemäßig begründet sein? Sicherlich nicht! Wir haben also ohne genaue Beobachtung und Untersuchung dieser Fälle, und dazu fehlen von vornherein Zeit und Möglichkeit, gar nicht das Recht, sie als mendelnde, ererbte Anomalien zu buchen. In der Familie Caligula kam ein Fall von geistiger Störung vor, der nachträglich nicht mehr diagnostiziert werden kann, weil die Belege vernichtet sind. Man wird Verdacht auf progressive Paralyse oder Huntingtonsche Chorea hegen, aber verwerten darf man diesen Fall nicht. Ein Sohn des Falles Atilius (Familie Quintilius), zurzeit 13 Jahre alt, ist schwachbegabt, wenn nicht schwachsinnig. Über die Vererbung des angeborenen, jugendlichen Schwachsinnes wird weiter unten noch einiges auszuführen sein. Für den Sohn der Probandin Atilius kommt noch in Betracht, daß seine Mutter 2 Frühgeburten (totfaule Früchte) gehabt zu haben scheint und daß bei ihr im Blut schwach positive Wassermannsche Reaktion festgestellt wurde. Der Schwachsinn des Sohnes könnte also hier auf dem Boden kongenitaler Lues erwachsen sein.

In der Familie Gracchus litten 2 Brüder des Probanden vom 18. Lebensjahr an durch Jahre an „epileptischen“ Anfällen. Auf Luminaltherapie hin sistieren die Anfälle nunmehr schon seit über 2 Jahren. Der eine dieser Anfallskranken ist selbst Arzt. Wir haben keinen Anlaß, seine Angaben irgendwie anzuzweifeln. Psychische Folgeerscheinungen zogen die Anfälle nicht nach sich. Aber bei dem einen dieser 2 Brüder macht sich schon ein verdächtiges „Jucken“ bemerkbar, das wohl als der Beginn einer Huntingtonschen Chorea aufgefaßt werden muß. Was im vorhergehenden Kapitel über das Verhältnis der Huntingtonschen Chorea zur genuinen Epilepsie bzw. zu den epileptiformen Störungen ausgeführt wurde, findet hier sinngemäße Anwendung. Beachtenswert ist hier außerdem noch der Umstand, daß die beiden anfallskranken Brüder einen Onkel mütterlicherseits hatten, der sich in jungen Jahren zu Tode getrunken hat, somit besteht wenigstens die Möglichkeit einer Ererbung krankhafter Anlagen von Mutterseite her.

Schwierigere Fragestellungen ergibt die Betrachtung der Familienstammbäume Manlius und Flaccus. Unter den 14 Nachkommen einer Choreatischen IV. Generation der Familie Manlius stoßen wir auf ein „körperlich und geistig beschränktes“ Mädchen. Es ist das letzte Kind seiner Eltern. Die Mutter war zur Zeit seiner Erzeugung bereits 44 Jahre alt. Der Vater dürfte kaum jünger gewesen sein. Wir wissen, daß nach einer sehr vulgären, wissenschaftlich allerdings nicht ausreichend fundierten Anschauung Überalterung der Eltern infolge Schwächung oder Erschöpfung der Zeugungskraft nachteilig auf das Zeugungsprodukt wirken soll, z. B. wird von den mongoloiden Idioten behauptet, sie seien letzt- oder spätgeborene Kinder. Wollten wir uns diese Theorie zu eigen machen, so müßten wir den Boden erwiesener Tatsachen verlassen. Wir können uns das um so eher versagen, als unser Wissen von der in Rede stehenden Persönlichkeit auch die Vermutung einer endokrinen Störung („körperlich etwas beschränkt“ = Infantilismus) nahelegt. Dabei sind wir nicht einmal in der Lage, exogene Momente, wie körperliche Erkrankungen in früher Kindheit (Fraisen, Hirnhautentzündung, rhachitischer Wasserkopf und ähnliches) als mögliche Ursachen mit einiger Sicherheit auszuschließen. Andererseits wäre es ein rein willkürlicher und gewiß unerlaubter Versuch, wegen der Unmöglichkeit bestimmte andere Ursachen für die Entstehung dieses Falles von Beschränktheit namhaft zu machen, nun die Imbezillität mit der Huntingtonschen Chorea in ursächlichen Zusammenhang zu bringen oder darin gewissermaßen eine Abwandlung der Huntingtonschen Chorea zu erblicken.

Noch verwickelter werden die Probleme in der V. Generation der Familie Manlius, wo die Nachkommenschaft einer choreatischen Frau aus 2 Choreakranken, einer Epileptischen und einer ganz ungewöhnlichen Kombination von Dementia praecox mit nachfolgender progressiver Paralyse (Hirnlues?) besteht. Die „epileptische“ Erkrankung begann nach dem 18. Lebensjahr. Die Kranke fiel aber schon in der Jugend durch ihr verstimmtes, trauriges Gemüt auf. Mit den Jahren nahmen die Anfälle an Dauer und Häufigkeit zu, hochgradige Erregung und Selbstmordideen stellten sich ein. Zuletzt war die Kranke „geistig sehr schwach“. Der Tod trat interkurrent infolge eines Magenleidens ein. Man wird diesen Fall wohl als genuine Epilepsie gelten lassen müssen, d. h. es fehlt uns bei ihm, der in einer von Laien geleiteten Anstalt untergebracht war, die Möglichkeit, das Krankheitsbild nachträglich anders zu diagnostizieren als aus den unkritischen Angaben von Laien. Bleiben wir bei der Annahme stehen, daß es sich in der Tat um einen Fall von genuiner Epilepsie gehandelt hat, so ist zunächst der Nachweis hereditärer Belastung in der engeren oder weiteren Verwandtschaft der Erkrankten zu versuchen. In der mütterlichen Linie sind epilepsieähnliche Erkrankungen sicherlich nie vorgekommen. Der Vater der Kranken war ein unsinnig roher Trunkenbold. Seine Vorfahren väterlicherseits waren frei von Epilepsie. Mütterlicherseits konnten seine Ahnen noch nicht durchforscht werden. Soweit sich die Ahnenreihe unseres Falles überblicken läßt, fehlt also gleichartige Belastung. Nun besitzen wir überhaupt noch keine grundlegenden, eindeutigen Untersuchungen über die Rolle, welche der Heredität für die Entstehung der genuinen Epilepsie unter Umständen zukommt. Strohmeyer denkt an Rezessivität dieses Leidens. Seine Vermutung harrt noch des Beweises. Letzterer wird um so schwieriger zu erbringen sein. als der Sammelbegriff genuine Epilepsie sicher auch heute noch ätiologisch verschiedenartige Krankheitsformen in sich vereinigt.

Dem Alkoholabusus der Erzeuger hat man seit langem eine ausschlaggebende Bedeutung für die Entstehung genuiner Epilepsie bei der Nachkommenschaft zuerkannt. Untersuchungen, die Snell in der genealogischen Abteilung der deutschen Forschungsanstalt für Psychiatrie anstellte, zeigten, daß die erbliche Belastung mit Trunksucht bei den Genuin-Epileptischen nicht unerheblich höher war als bei Gesunden oder Geisteskranken (Koller-Diemsche Zahlen). Dieser Unterschied wurde geradezu frappant, sobald man nur die direkte Belastung mit Trunksucht berücksichtigte. Man würde darin einen neuen Beweis für die keimvergiftende Wirkung des Alkohols sehen dürfen, wenn diese Zahlen eine eindeutige Erklärung zuließen. Davon sind sie aber weit entfernt. Somit beweisen sie auch nichts für einen ursächlichen Zusammenhang genuiner Epilepsie bei Kindern mit dem Alkoholabusus eines Elters. Für unseren Fall ist daraus zu folgern, daß wir nicht in der Lage sind, die Ätiologie der Epilepsie zu klären.

Ein jüngerer Bruder dieser Epileptika wurde mit 23 Jahren psychotisch. Ziemlich akut trat er mit zerfahrenen und ziemlich ungereimten Größenideen und wahnhaften Konfabulationen hervor. Er verkannte seine Umgebung, erschien auch nicht frei von Sinnestäuschungen. Die weitere Entwicklung dieser Psychose ließ ausgesprochen schizophrene Züge mit eindringlicher Schärfe hervortreten. Die Größenideen wurden in höchst unkritischer Weise fortgesponnen. Das Gemütsleben verlor rasch an Qualität und Intensität. Äußerlich unmotivierte Wutausbrüche und massenhafte Sinnestäuschungen traten auf. Pathognostisch besonders wichtig sind folgende Symptome hervorzuheben, die der Kranke oft und deutlich darbot: Gefühl der Beeinflussung, des Gedankeneingegebenwerdens, des Gedankenlautwerdens, Andeutungen von Katalepsie und stuporösen Zuständen. Schließlich war die Persönlichkeit des Kranken so verändert, daß ihr eine halbwegs vernünftige Stellungnahme zur Umwelt, ein leidliches Einfügen in die realen Verhältnisse unmöglich wurde. Stunden- und tagelang offenbarte der Kranke in wütendem Schreien und Schelten seine konfusen Wahnideen. Ohne Kenntnis der weiteren Entwicklung würde niemand Anstoß nehmen, diese Psychose als einen reinen Fall von Dementia praecox zu bezeichnen. Tatsächlich wurde sie auch immer dafür gehalten.

Es darf aber nicht übersehen werden, daß schon beim ersten Klinikaufenthalt des Kranken gewisse Anomalien auf nervösem Gebiet (sehr lebhafte Kniesehnenreflexe, Patellar-Klonus, Fußklonus, Rombergsches Zeichen, etwas unbeholfener Gang, die Hacken wurden zuerst aufgesetzt, die Zehen dorsalflektiert) zu verzeichnen waren.

Nachdem die oben geschilderte Psychose 9 Jahre hindurch den gewöhnlichen Verlauf der Dementia praecox genommen hatte, wurde zum erstenmal eine auffallende Schwäche in den Beinen am Kranken wahrgenommen. Bald darauf konstatierte der behandelnde Arzt immer deutlicher werdende Ataxie der Beine, unsicheren Gang, Steigerung der Kniesehnenreflexe, Fußklonus beiderseits. Die Pupillenreaktion war zu dieser Zeit völlig intakt, doch wurde über Sehschwäche geklagt. Im Blutserum fiel die Wassermannsche Reaktion positiv aus. $2^1/_2$ Jahre später hatten sich Ataxie und Schwäche der Beine hochgradig gesteigert; es bestanden „seit langem“ eine sehr deutliche Sprachstörung, ferner Augenmuskellähmungen und Schluckbeschwerden. Wenige Monate später trat der Tod infolge fortgeschrittener Lungen- und Darmtuberkulose ein.

Somit hätten wir folgende Tatsachen zu berücksichtigen: Nach jahrelangem Bestehen einer klinisch als Dementia praecox imponierenden Psychose entwickelt sich eine organische Hirnkrankheit, die von den behandelnden Ärzten als progressive Paralyse (Hirnlues?) aufgefaßt wird. Es läge also der ungewöhnliche Fall vor, daß zwei genetisch und klinisch wohlunterschiedene Krankheitsformen sich aneinander gekoppelt hätten. Für unsere wissenschaftliche Erkenntnis wäre das immerhin von einiger Bedeutung, zumal im Hinblick auf die Bratzsche Theorie von den Vererbungskreisen, die den Polymorphismus der Vererbung in gewisse Krankheitsgruppen (Vererbungskreise) zu bannen sucht. Es könnte auch Licht auf die Frage werfen, inwieweit die einzelnen Krankheitsformen sich gegenseitig ausschließen oder nicht.

Die Diagnose Dementia praecox betrachten wir zunächst einmal als gesichert. Bei dem ausgesprochen schizophrenen Krankheitsbild würde es auch wenig Sinn haben, die Richtigkeit dieser Diagnose von vornherein anzuzweifeln. Einen erbgenetischen Zusammenhang zwischen Dementia praecox und Huntingtonscher Chorea aus dem Vorkommen dieses einzigen Fa'les von Dementia praecox in den von uns untersuchten Choreafamilien zu konstruieren, ist nicht erlaubt. Nach den grundlegenden Untersuchungen von Rüdin darf die Dementia praecox als rezessiv gehende, mendelnde Krankheit angesehen werden. Dem widerspräche nicht, daß weder in der väterlichen noch in der mütterlichen Linie unseres Falles Dementia-praecox-Kranke eruiert worden sind. Eine rezessive Krankheit kann theoretisch durch unzählige Generationen latent vererbt werden, insolange die Ehepartner der keimkranken, aber äußerlich gesunden Heterozygoten nur immer keimgesunde Homozygoten sind. Also würden uns erbbiologische Überlegungen nicht hindern, die auf Grund des klinischen Bildes gewonnene Diagnose auch nach Betrachtung der Ahnenreihe gelten zu lassen.

Doch gibt uns dieser Fall noch andere Rätsel zu lösen auf. Die nachfolgende organische Erkrankung wird von den behandelnden Ärzten als progressive Paralyse (Hirnlues) aufgefaßt. Der positive Befund im Blutserum mag an sich für die Sicherung dieser Diagnose wertlos sein. Im Zusammenhalt mit den Hirnsymptomen (Sprachstörung, Schlucklähmung, Augenmuskellähmung) gewinnt er etwas an diagnostischem Wert. Man muß zugestehen, daß die Diagnose progressive Paralyse bzw. Hirnlues von allen möglichen als die am besten fundierte erscheint. Ist dann etwa die voraufgegangene Psychose als Vorstadium bzw. schleichender Verlauf der progressiven Paralyse und nicht als Dementia praecox anzusehen? Nervöse Störungen sind ja schon im Beginn der Psychose konstatiert worden. Aber abgesehen davon, daß ein so lange sich hinziehender paralytischer Prozeß doch, wie man meinen möchte, sehr prägnante Ausfallserscheinungen gleich in den ersten Jahren hätte machen müssen, spricht auch der charakteristisch schizophrene Verlaufstypus der primären Psychose gegen die Bejahung obiger Frage. A potiori fit denominatio; die fast ausschließlich das Krankheitsbild beherrschenden pathopsychischen Erscheinungen allein werden hier die Diagnose bestimmen. Andernfalls wären wir zur Annahme gezwungen, daß eine latente Anlage zu Schizophrenie in diesem Falle das paralytische Krankheitsbild pathoplastisch enorm beeinflußt hätte.

Eine andere nicht zu weit abliegende Deutung dieses seltsamen Krankheitsbildes mit seiner ungewöhnlichen Mischung und Abfolge funktioneller und organischer Symptome muß kurz gestreift werden. Die eigenartigen Störungen auf nervösem Gebiete, die schon im Beginn der primären Psychose zu verzeichnen waren, stimmen getreu mit den ersten Erscheinungen beim Ausbruch so mancher Huntingtonschen Chorea überein. Hinter diesem merkwürdig heterogenen Komplex nervöser und psychischer Krankheitserscheinungen könnte sich also eine atypisch verlaufende Huntingtonsche Chorea verbergen, eine von jenen Formen, bei denen die psychischen Erscheinungen um Jahre den Störungen auf motorischem Gebiete vorausgehen oder doch so prägnant in Erscheinung treten, daß sie die in ihren Anfängen unmerklichen Bewegungsanomalien lange Zeit überlagern. Die später sich einstellende Ataxie würde das langsame Aufkommen der motorischen Komponente der Huntingtonschen Chorea bedeuten. Nach unseren Erfahrungen kann man Unsicherheit des Ganges, ausfahrende Bewegungen der Beine, Stolpern über die eigenen Füße geradezu als motorisches Frühsymptom der Huntingtonschen Chorea ansehen. Sprachstörung und Schluckbeschwerden sind auch noch zwanglos mit der Annahme einer Huntingtonschen Chorea zu vereinbaren, desgleichen die dem Ausbruch der Psychose voraufgegangenen epileptoiden Anfälle. Daß unzweifelhafte choreatische Zuckungen nach den bestimmten Angaben der behandelnden Ärzte bis zum Tode bei dem Kranken nicht beobachtet worden sind, brauchte die Diagnose Huntingtonsche Chorea nicht zu erschüttern, wenn wir erwägen, daß der Kranke sich noch im Anfang der Gefährdungszone für den Ausbruch dieses Leidens befand, also noch Zeit genug vor sich hatte, den vollen Symptomenkomplex der erblichen progressiven Chorea in seiner ganzen Schwere zu entwickeln. Wie läßt sich dann aber die ausgesprochen Dementia-praecoxartige Geistesstörung in die Huntingtonsche Chorea einfügen? Ganz ähnliche Bilder sind bei echten Fällen von Huntingtonscher Chorea von mehr als einem Autor beschrieben worden. Sie fordern eigentlich zu vergleichenden Untersuchungen heraus über die Psychopathologie der Huntingtonschen Chorea einerseits, der Dementia praecox und des manisch-depressiven Irreseins andererseits und zu Untersuchungen, wie manisch-depressive oder Dementia praecox-Erbeinschläge das psychische Bild der Huntingtonschen Chorea möglicherweise beeinflussen können. In den Rahmen dieser Arbeit läßt sich das nicht mehr hineinzwängen. Wir begnügen uns also damit, festzustellen, daß die Art der Psychose in unserem Falle der Diagnose Huntingtonsche Chorea nicht im Wege stünde.

Hingegen sind Augenmuskellähmungen an und für sich der Huntingtonschen Chorea fremd. Aus der Huntington - Chorea - Literatur ist uns kein derartiger Fall erinnerlich, es sei denn der zweite von H. Etter beschriebene. Bei diesem fehlt der Nachweis der erblichen Belastung; die Chorea begann im 30. Lebensjahr, im 39. Lebensjahr erlitt die betreffende Patientin einen Schlaganfall. Die Pupillen waren lichtstarr; es bestand Abduzenslähmung. Hier muß man, wenn überhaupt es sich um eine Huntingtonsche Chorea gehandelt hat, eine Kombination mit Hirnlues annehmen. Diese Annahme wird unterstützt durch die Tatsache, daß die Kranke in erster Ehe 1 Frühgeburt, 2 Totgeburten und 1 Fehlgeburt hatte; in zweiter Ehe blieb sie kinderlos. — Der Obduktionsbefund in unserem Falle, vorab die „hochgradige Hirnatrophie“, stimmt auch nicht recht mit der Diagnose Huntingtonsche Chorea zusammen. Wie in einem kurzen Überblick über den pathologisch-anatomischen und histopathologischen Befund bei der Huntingtonschen Chorea gezeigt werden wird, gehört eine ausgesprochene Hirnatrophie nicht zu den eigentümlichen Folgen dieses Krankheitsprozesses.

Ein Wort wäre noch über die anfallsartigen Störungen zu sagen, von denen der Kranke bei seiner ersten Klinikaufnahme berichtet hat. Er gab an, mit 22 Jahren herzleidend geworden zu sein, seitdem in verschiedenen Zwischenräumen (im ganzen 6 mal) Anfälle gehabt zu haben. Das Herannahen der Anfälle habe er vorher gefühlt, er habe aufgeschrien, dann nichts mehr von sich gewußt. Von Krämpfen im Anfall war ihm nichts bewußt. Jedesmal will er sich in die Zunge gebissen haben. Späterhin ist weder in der Klinik noch in der

Anstalt Gabersee während des vieljährigen dortigen Aufenthaltes etwas Anfallsartiges bei ihm beobachtet worden. Genuine Epilepsie kommt differentialdiagnostisch wohl nicht in Frage, nachdem die Anfälle nur episodisch aufgetreten sind und die nach Kraepelin für die genuine Epilepsie unerläßliche eigenartige Veränderung der seelischen Gesamtpersönlichkeit ausgeblieben ist. Die Möglichkeit, diese Anfälle als Prodromi einer Huntingtonschen Chorea zu deuten, haben wir schon erwähnt. Sie ließen sich aber auch als initiale epileptiforme Anfälle im Verlauf eines jugendlichen Verblödungsprozesses auffassen. Schließlich wäre daran zu denken, daß sie außer jedem Zusammenhang mit der nachfolgenden Psychose aufgetreten sind, ähnlich wie wir gelegentlich einmal bei Individuen in den 20er Jahren episodisch Anfälle beobachten können, für die wir sonst keine Erklärung finden, wenn nicht die, daß die psychischnervöse Labilität der Pubertät eine latente Krampfneigung (Anlage noch ungeklärter Genese) vorübergehend manifest machte.

In der Familie Flaccus begegnen wir der Tatsache, daß ein von Haus aus schwachsinniger, später in Trunksucht verfallener und an Huntingtonscher Chorea erkrankter Mann den Schwachsinn auf 3 Kinder vererbte, von denen nachmals eins an Chorea erkrankte. Nach den Untersuchungen vorwiegend amerikanischer Autoren (Goddard, Peters) scheint der Imbezillität die Eigenschaft eines mendelnden Merkmales zuzukommen. Wir dürfen aber nicht übersehen, daß alle diese Untersuchungen eigentlich nur Tatsachen anführen, in eine kritische Verarbeitung derselben jedoch nicht eintreten. Dabei ist das Tatsachenmaterial nicht ganz einwandfrei, leidet unter entschiedenen Mängeln. So z. B. wird nicht einmal der Begriff „feeblemindedness“ definiert, der Einfluß exogener Faktoren kaum in Rechnung gestellt; direkte Vererbung und Überspringen einer Generation werden nebeneinander gestellt ohne den leisesten Versuch, in das Wesen des Vererbungsvorganges tiefer einzudringen. Wir können also die Ergebnisse jener Erhebungen unter den Verwandten Schwachsinniger nur mit Vorbehalt verwerten und müssen das Problem der Vererbung des angeborenen Schwachsinns für noch ungelöst ansehen. Wollten wir versuchsweise mit allen Vorbehalten uns auf den Standpunkt stellen, der angeborene Schwachsinn sei im gegebenen Falle rein als mendelndes Merkmal anzusprechen, so wären wir weiterhin zu der Folgerung gezwungen, diese Erbanlage sei von außen her durch Einheirat in die Familie Flaccus hineingetragen worden, vielleicht durch die Großmutter väterlicherseits des Probanden Flaccus (Fall XIV denn es wäre sonst nicht verständlich, warum die anderen Äste der Familie Flaccus von Imbezillität freigeblieben sind. Leider lagen hier die Verhältnisse für eine vollständige Klärung des Tatbestandes sehr ungünstig. Gerade dieser Zweig der Familie Flaccus hat abgewirtschaftet, ist verschollen oder abgewandert, das Namensverzeichnis des in Betracht kommenden Kirchenbuches ist zu Verlust gegangen, die Einträge des Buches kaum zu entziffern. Direkt widersinnig müßte man den Versuch bezeichnen, einen inneren, erbgenetischen Zusammenhang zwischen Imbezillität und Huntingtonscher Chorea in die Verhältnisse hineinzugeheimnissen. Auch dabei käme man um die Frage nicht herum, warum gerade nur der eine Zweig der Familie Flaccus diese hypothetische transformative Heredität zeigt. Man müßte also, falls man eine Mauserung der Huntingtonschen in Imbezillität während des Erbganges als gesicherte Tatsache gelten ließe, letzten Endes noch ein außerhalb der Huntingtonschen Chorea liegendes Moment als Anstoßursache für diese Wandlung annehmen, denn sonst bliebe es unaufgeklärt, wieso ganze Linien von Huntington - Chorea - Familien keinen Fall von Imbezillität aufweisen und nur ein Seitenzweig diese Anomalie anscheinend vererbt. Übrigens wird dieses Theorem schon dadurch zu Fall gebracht, daß Imbezillität und Huntingtonsche Chorea beim selben Individuum nebeneinander bestehen können (siehe den Vater des Falles XIV), ferner durch die aus der Betrachtung zahlreicher in der Literatur bekannt gewordener Huntington - Chorea - Stammbäume sich ergebenden Tatsache, daß, natürlich unter der vorerst unbewiesenen Voraussetzung, der angeborene Schwachsinn sei wenigstens in gewissen ätiologisch gleichheitlichen Fällen ein mendelndes Merkmal, Imbezillität und Chorea sich häufig getrennt vererben.

Der Prüfung der hier neu veröffentlichten Familienstammbäume muß die Durchsicht früherer Publikationen auf dem Fuße folgen. Auch da ist das Ergebnis nicht überwältigend, vielleicht sogar dürftiger als in unserem eigenen Material. Das hängt wohl damit zusammen, daß bei der Durchforschung unserer Familien alle Möglichkeiten erschöpft worden sind, die psychische und nervöse Beschaffenheit jeder einzelnen Persönlichkeit genauestens kennenzulernen, während in früheren Veröffentlichungen die erbliche Belastung in der Familie oft flüchtig, summarisch, zum Teil nur auf Grund einmaliger anamnestischer Angaben festgestellt wurde. Immerhin konnten wir in 12 Familien unter 102 das Vorkommen anderweitiger Psychosen oder Neurosen neben der Huntingtonschen Chorea nachweisen.

Ladame beschrieb eine Choreatikerfamilie, bei der in der I. Generation 1 Fall von Imbezillität, in der II. Generation 2 Imbezille als Nachkommen eines choreatischen Vaters, in der III. Generation 1 Epileptiker als Nachkomme einer imbezillen Mutter und je 1 epileptischer und gelähmter idiotischer Abkömmling von derselben choreatischen Mutter zu verzeichnen waren. Die choreatische Stammutter dieser drei Generationen hatte in ihrer Verwandtschaft mehrere Epileptische. Es ist danach höchst wahrscheinlich, daß sich in dieser Familie mehrere Krankheitsanlagen mischten.

In Lannois' Familie Vey . . . hatte eine choreatische Frau einen Idioten, der mit 30 Jahren starb, und einen mit 46 Jahren choreatisch gewordenen Sohn zu Nachkommen. Vom Vater dieses Kindes wird nichts berichtet.

Greppins Veröffentlichung betrifft eine Huntington - Chorea - Familie, bei der ein choreakranker Mann 4 Kinder erzeugte. Davon machte 1 Tochter eine hysterische Psychose durch, 1 Sohn wurde mit 45 Jahren durch Apoplexie hemiparetisch und hemiathetotisch, 1 Sohn erkrankte an Paranoia, 1 Sohn an Huntingtonscher Chorea. Letzterer hatte eine Tochter, die im Alter von 20 Jahren an einem „Rückenmarksleiden" starb. Man wird sich hier von vornherein sagen müssen, daß es zuviel verlangt wäre, sollte man diese Auswahl von Krankheitsformen mit der Anlage zur Huntingtonschen Chorea in irgendwelche innere Abhängigkeit bringen.

M. Goldstein hat uns im Jahre 1897 mit einer Familie bekanntgemacht, in der sich unter der Nachkommenschaft eines choreatischen Vaters je 1 Epileptiker und 1 Choreatiker befanden. Letzterer litt vom 31.—51. Lebensjahr an Herzkrämpfen, begleitet von Ohnmachtsanfällen; die Chorea brach bei ihm im 39. Lebensjahr aus. Seine Tochter erkrankte um das 22. Lebensjahr an

Chorea, seit frühester Kindheit litt sie an „epileptischen“ Anfällen von stundenlanger Dauer (tiefes Erblassen, Bewußtlosigkeit, keine Krämpfe, d. h. tonisches Stadium wenig ausgesprochen).

1913 veröffentlichte M. Goldstein einen anderen Fall von Huntingtonscher Chorea. In dessen Familie waren von den Nachkommen eines Choreatikers 2 choreatisch, 1 Tochter seit Jahren „epileptisch“.

Aus einer Veröffentlichung Leo Müllers entnehmen wir, daß ein choreakranker Vater unter 8 Kindern einen choreatischen Sohn hatte und einen anderen Sohn, der vom 16. Lebensjahr an mehrere Jahre hindurch an „epileptischen“ Anfällen litt. Diese Generation steht noch am Anfange des für den Ausbruch der Huntingtonschen Chorea kritischen Alters.

Greve-Schuppius berichten von einer Familie, in der aus der Ehe einer Choreakranken mit einem blutsverwandten, aber nicht choreatisch gewordenen Manne (Vetter) unter 9 Abkömmlingen 1 Sohn seit seinem 39. Lebensjahr an Huntingtonscher Chorea litt, 1 Kind mit 3 Jahren an Wasserkopf, 1 anderes mit 20 Jahren an Epilepsie starb.

Unter den Fällen von Huét befindet sich eine Familie, in der eine choreatische Mutter 3 Kinder gebar, deren eines mit 14 Jahren an Huntingtonscher Chorea erkrankte (später traten bei ihm auch hysterische Anfälle auf), ein anderes litt in der Kindheit an Krämpfen, eines war imbezill.

Jolly untersuchte eine Huntington-Chorea-Familie und konstatierte, daß von den 2 Töchtern einer choreatischen Mutter die eine mit 27 Jahren choreatisch wurde, die andere — zur Zeit der Untersuchung 25 Jahre alt — an Migräneanfällen litt.

H. Schlesingers Fall II hat ein epileptisches Kind. Der Fall III wird in anderem Zusammenhange besprochen werden.

In v. Sölders Familie stammten von einem choreatischen Vater 2 choreatische und 2 psychopathische Kinder ab.

Weyrauchs und E. A. Meyers Familie weist in der II. Generation unter 7 Kindern 2 choreatische und 1 auf, das seit seinem 27. Lebensjahre wegen „Melancholie“ in einer Anstalt untergebracht war.

Von 102 Familien, in denen Huntingtonsche Chorea erblich ist, fanden wir 12, d. h. nahezu 12%, mit Geistes- oder Nervenkrankheiten (ausschließlich der Huntingtonschen Chorea) belastet. In unserem eigenen Material war das Verhältnis 13 : 4, d. h. rund 31% der Familien waren belastet. Ein Vergleich, etwa mit den Diemschen Zahlen, ist undurchführbar, einmal weil wir aus den verschiedenen Veröffentlichungen nur zum Teil die Probanden feststellen können; anderseits handelt es sich bei den neurotisch oder psychotisch Erkrankten des öfteren um Personen, die zu den Probanden in Graden verwandt sind, welche die Diemsche Arbeit nicht berücksichtigt hat. Es fehlt uns also vorerst die Basis für einen direkten Vergleich mit den Verhältnissen bei Normalen. Läßt das Ergebnis unserer Untersuchung vielleicht nicht trotzdem gewisse Schlüsse ziehen? Auf jeden Fall bleibt es beachtenswert, daß einige Huntington-Chorea-Familien und darunter gerade solche, die im weitesten Ausmaße durchforscht worden sind, sich bei strengster Prüfung gänzlich frei von anderweitigen geistigen oder nervösen Anomalien erwiesen haben. In einem Hunderte von Personen umfassenden Familienverband, sollte man denken, müßte die degenerative Anlage, wenn sie nur allgemein determiniert und nicht bestimmt und ausschließlich als Anlage zur Huntingtonschen Chorea vererbt würde, doch einmal auch andere Blüten treiben als gerade nur choreatische Störungen.

Für die Dementia praecox haben wir mit gutem Recht jegliche erbgenetische Beziehung zur Huntingtonschen Chorea abgelehnt, da ein einziger Fall in 115 Familien gar nichts dafür, aber alles dagegen beweist. Paranoia, Melancholie und wohl auch die Hysterie sind unter dem gleichen Gesichtswinkel als zufällige Vorkommnisse in Huntington-Chorea-Familien anzusehen, d. h. sie hängen mit der Anlage zur Huntingtonschen Chorea zweifelsohne in keiner Weise zusammen.

Das verhältnismäßig häufige Vorkommen „epileptischer" Störungen in der Verwandtschaft Huntington-Chorea-Kranker — es überwiegt weit alle anderen Psychosen oder Neurosen — möchte einem verdächtig erscheinen. Unter 115 Familien wurde von 9 berichtet, daß neben Huntingtonscher Chorea auch Fälle von Epilepsie in ihnen beobachtet worden seien. Wir müssen uns aber klar sein, daß die Krankheitsprozesse, die hier als „Epilepsie" und „epileptische" Anfälle notiert werden, sicher keine einheitliche Genese haben. Es befinden sich Fälle darunter, bei denen nur episodisch in der Kindheit oder im Beginn der Pubertät „epileptische" Anfälle bzw. Krämpfe bestanden haben (Leo Müller, Huét). Bei den Kindern müßte man an tetanoide Spasmophilie, aber auch, ebenso wie bei den nur episodisch anfälligen Erwachsenen, an eine sei es angeborene, sei es erworbene Anlage zu Krämpfen denken, die nichts mit der genuinen Epilepsie gemein hat außer der Erscheinungsform des Anfalles. Solchen epilepsieähnlichen, epileptoiden Anfällen begegnen wir bei fast allen Formen der Psychopathie, bei Nervösen, vielleicht auch bei körperlichen Erkrankungen. Wir haben schon davon gesprochen, daß sie in der Vorgeschichte von Huntington - Chorea-Kranken und im Verlauf dieser Krankheit selbst dann und wann zu beobachten sind, und wie ihr Zustandekommen erklärt werden kann. Bei den Verwandten von Huntington-Chorea-Kranken, die dauernd von der Chorea verschont bleiben, aber an epileptiformen Anfällen leiden, mag mit gewisser Berechtigung eine anlagemäßig begründete Krampfneigung vermutet werden; eine genetische Verknüpfung dieser Anfälle mit der Huntingtonschen Chorea behaupten zu wollen, hieße den Boden der durch Tatsachen gesicherten Erkenntnis verlassen. Bei dem heute noch relativ unvollkommenen Einblick in Wesen und Mechanik der Vererbung epileptischer Phänomene erscheint eine solche Hypothese für uns unverständlich, es sei denn, wir nähmen aufs Geratewohl an, die Anlage zur Huntingtonschen Chorea könne die Metamorphose in die Anlage zur „Epilepsie" durchmachen. Noch eine letzte Möglichkeit bliebe denkbar. Atypische Lokalisation des der Huntingtonschen Chorea zugrunde liegenden histopathologischen Prozesses — etwa ein Aussparen oder verhältnismäßiges Verschontbleiben der Stammganglien — wäre imstande, die Chorea unter der Erscheinungsform einer symptomatischen Epilepsie zu verbergen. Daß es solche Spielarten der Huntingtonschen Chorea wirklich gibt, dafür hat die Histopathologie bis jetzt freilich keinen Beweis erbracht.

Endlich beobachten wir, wie in einigen Familien Epilepsie und Huntingtonsche Chorea getrennt vererbt werden. Läßt das nicht, vorausgesetzt, die genuine Epilepsie sei wenigstens zum Teil eine genetisch einheitliche, mendelnde Krankheitsform, den Rückschluß zu, daß zwei gesonderte Erbanlagen vorliegen müssen?

9 Familien mit „Epileptikern" unter 115 Huntington-Chorea-Familien ist ein sehr geringes Vorkommen. Nimmt man dabei noch eine Teilung in vermutlich selbständige Unterformen vor, dann erhält man so kleine Teilzahlen, daß sie mit Recht als unerheblich außer acht gelassen werden dürfen. Damit fallen alle Theorien, die einen erbgenetischen Zusammenhang zwischen Epilepsie und Huntingtonscher Chorea oder eine transformative Vererbung auf der Linie Huntingtonsche Chorea—Epilepsie verteidigen, in sich zusammen.

Über die Beurteilung der Fälle von Imbezillität in der Verwandtschaft Huntington-Chorea-Kranker wurde schon einiges ausgeführt. Im Begriff angeborener Schwachsinn oder Blödsinn wird zu Vielerlei, ätiologisch Grundverschiedenes, auch ätiologisch ganz Unklares zusammengefaßt. Dies und das seltene Vorkommen der Imbezillität in den Choreafamilien enthebt uns der Möglichkeit und Notwendigkeit, inneren Berührungspunkten zwischen angeborenem Schwachsinn und Huntingtonscher Chorea nachzuforschen.

Die angestellten peinlichen Untersuchungen lassen also eher alles andere denn eine gemeinsame erbliche Wurzel der Huntingtonschen Chorea und des übrigen Formenkreises der Psychosen und Neurosen sowohl im ganzen wie im einzelnen annehmen. Bei gleichzeitigem Vorkommen von Huntingtonscher Chorea und einer anderen Anomalie deutet vielmehr manches darauf hin, daß hier zwei gesonderte Anlagen je für eines der beiden Übel zufällig und ohne innere Notwendigkeit in derselben Familie vererbt werden. Davenports Erfahrungen bestärken uns in dieser Annahme, zumal sie aus viel größerem Material gewonnen sind. Davenport hat unter 3000 Verwandten seiner 962 Choreatiker verschiedenerlei nervöse Affektionen festgestellt, z. B. 39 mal Epilepsie, 19 mal Krämpfe in der Kindheit, 51 mal Hirnhaut- und Gehirnentzündung, 41 mal Wasserkopf, 73 mal angeborenen Schwachsinn, 11 mal Sydenhamsche Chorea, 9 mal Tiks. Wenn wir Davenport richtig verstehen, sind alle diese Anomalien zumeist in einer kleinen Familie (mostly in one small family) angetroffen worden. Allerdings fügt Davenport bei, dieses Vorkommen lege die Vermutung nahe, die Chorea befalle solche Familien, welche im allgemeinen nervösen und psychischen Störungen ausgesetzt seien. Der Sinn dieser Bemerkung ist aber nach dem Vorhergegangenen nicht recht verständlich. Es müßte denn sein, daß Davenport das „mostly ..." nur auf 9 mal Tiks bezogen wissen will.

Je genauer man die Wirklichkeit prüfend erfaßt, um so weniger hält man sich hinsichtlich der Anlage zur Erbchorea für berechtigt, von polymorpher Vererbung, transmutativer Heredität oder Vererbungskreisen zu reden. Gewiß! Manchmal zu beobachtende Kombinationen „erblich-degenerativer" Nervenkrankheiten, die relativ häufige Vergesellschaftung gewisser Neurosen und Psychosen mit äußeren und inneren Entartungsstigmen deuten auf zur Zeit unserer Erkenntnis noch nicht zugängliche, geheimnisvolle Affinitäten dieser Anomalien untereinander hin. Aber wir halten es für wenig nutzbringend, auf unserem Gebiet der Erbchorea Theorien mitzuschleppen, wenn sie mit dem gegenwärtigen Stand unseres Wissens nicht mehr vereinbar sind und uns die Rätsel des Lebens doch nicht lösen helfen. Darum zogen wir es vor, auf Tatsachen fußend nicht mehr zu behaupten, als die Tatsachen erlauben.

3. Häufigkeit der Erkrankung an Huntingtonscher Chorea bei beiden Geschlechtern.

Tabelle III.

Fälle von Huntingtonscher Chorea aus 115 Familien.

Autor		Fälle insgesamt	männlich	weiblich
1. Landouzy	1873	4	1	3
2. Macleod	1881	5	3	2
3. Ewald	1884	13	6	7
4. King	1885	1	1	—
5. Peretti	1885	12	5	7
6. Huber, A.	1887	11	8	3
7. Kurella	1887	2	2	—
8. Lannois	1888	23	12	11
9. Hoffmann, J.	1888	11	5	6
10. Zacher	1888	8	6	2
11. Bastionelli	1888	8	4	4
12. Suckling	1889	4	1	3
13. Huét (Esser)	1889	10	7	3
14. Biernacki	1890	5	4	1
15. Jolly u. Remak	1891	5	2	3
16. Dreves	1891	12	1	11
17. Esser	1891	3	1	2
18. Hay, Ch.	1891	4	3	1
19. Schlesinger	1892	13	9	4
20. Greppin	1892	4	4	—
21. Kronthal	1892	9	1	8
22. Sinkler	1892	6	4	2
23. Oppenheim	1893	2	1	1
24. Costa	1894	4	3	1
25. Kast	1895	3	—	3
26. Hofmann, A.	1895	2	2	—
27. v. Sölder	1895	9	6	3
28. Grimm	1896	6	3	3
29. Goldstein, M.	1897	4	2	2
30. Mayer, J.	1897	2	1	1
31. Matthies	1897	4	2	2
32. Facklam	1898	16	9	7
33. Schultze, F.	1898	2	2	—
34. Clarke	1897	5	5	—
35. Meyer, E. A.	1899	12	6	6
36. Etter	1899	5	3	2
37. Kattwinkel	1899	6	4	2
38. Krause	1899			
u. Stier	1903	4	4	—
39. Kattwinkel	1900	2	1	1
40. Keraval	1900	3	3	—
41. Ladame	1900	9	5	4
42. Minkowski	1900	2	2	—
43. Amdohr	1901	2	1	1
44. Skoszynski	1901	1	—	1
45. Eliassow	1901	9	1	8
Summe		287	156	131

Autor		Fälle insgesamt	männlich	weiblich
46. Grawitz	1901	4	1	3
47. Jollye	1901	3	2	1
48. Tumpowski	1901	2	—	2
49. Berry	1901	4	2	2
50. Riggs	1901	3	1	2
51. Kampsmeyer	1902	2	2	—
52. Westphal	1902	1	—	1
53. Erdt	1902	2	1	1
54. Schinke	1903	2	1	1
55. Meltzer	1903	5	2	3
56. Müller, Leo	1903	5	4	1
57. Pratt	1903	2	—	2
58. Ruppel	1905	2	2	—
59. Liebers	1905	2	—	2
60. Busk	1905	2	—	2
61. Jones	1905	3	1	2
62. Heß	1906	8	5	3
63. Lange	1906	2	2	—
64. Kruse	1907	3	1	2
65. Clemens	1907	1	—	1
66. Engelen	1907	4	2	2
67. Kölpin	1908	4	1	3
68. Curschmann	1908	14	11	3
69. Schulz	1908	8	4	4
70. Beyer	1908	3	—	3
71. Friedenthal	1908	4	4	—
72. Raab	1908	3	3	—
73. Ulmer	1908	2	—	2
74. Stadler	1909	3	3	—
75. Schultze, E.	1910	5	3	2
76. Frotscher	1910	6	3	3
77. Ennen	1911	2	1	1
78. Lorenz	1911	8	5	3
79. Nathan	1912	5	3	2
80. Bahr	1912	3	—	3
81. Wergilessow	1912	3	3	—
82. Schuppius	1913	3	1	2
83. Kalkhof	1913	5	3	2
84. Goldstein, M.	1913	8	6	2
85. D'Antona	1914	1	1	—
86. Stahl	1914	2	1	1
87. Margulies	1914	6	3	3
88. Entres		69	40	29
Summe		229	128	101
Übertrag		287	156	131
Insgesamt		516	284	232

Ein flüchtiger Blick auf die Tabelle III lehrt uns, daß unter der Voraussetzung gleich starken Vertretenseins beider Geschlechter in dem für die Erkrankung in Betracht kommenden Lebensalter die Huntingtonsche Chorea mit ungefähr gleicher Häufigkeit beide Geschlechter befällt. Den geringen Unterschied von 55% Männern zu 45% Frauen darf man nicht hoch anschlagen, da unserer Zählung ein verhältnismäßig sehr kleines Material zugrunde liegt, so daß Zufälligkeiten das Ergebnis ernstlich beeinflussen mußten. Bei allen anhaftenden Fehlern ist die gefundene Relation nach zwei Richtungen bedeutungsvoll. Einmal schließt sie die Annahme einer geschlechtsbegrenzten Vererbung für die Huntingtonsche Chorea aus. Zweitens gestattet sie einen Vergleich mit der Sydenhamschen Chorea minor, von der wir wissen, daß die Beteiligung des weiblichen Geschlechtes an dieser Krankheit bei weitem diejenige des männlichen überwiegt. Das Verhältnis der männlichen zu den weiblichen Kranken bei der Sydenhamschen Chorea wird im allgemeinen auf 1 : 2 bis 1 : 3, ja sogar auf 1:4,2 (Gallineck) angegeben. Dieser erhebliche Unterschied gegenüber den Verhältniszahlen für die Huntingtonsche Chorea ist nicht ganz belanglos, wenn man an die mancherlei Versuche denkt, welche offen oder unter unverfänglicher Maske unternommen wurden, Sydenhamsche und Huntingtonsche Chorea in einen Topf zu werfen.

Setzt man die Zahl der weiblichen Huntington-Chorea-Kranken = 100, so steht ihr für die männlichen 122 gegenüber. Die normale Geschlechtsrelation bei der Geburt (100 : 106) stimmt damit schlecht zusammen. Es war aber bei einem im Vergleich zur Gesamtbevölkerung verschwindend kleinen Material überhaupt nicht zu erwarten, daß die normale Geschlechtsrelation, die übrigens auch nur über die Verhältnisse bei der Geburt Aufschluß gibt, herauskommen würde.

4. Gleichartige Vererbung bei der Huntingtonschen Chorea.

An anderer Stelle wurde aus den Tatsachen geschlossen, weder die genuine Epilepsie noch irgendeine andere Neurose oder Psychose der Ahnen könnten als ursächliches Moment für die Entstehung der Huntingtonschen Chorea mit in Betracht kommen. Dabei hatten wir absichtlich die Belastung mit Huntingtonscher Chorea selbst, d. h. gleichartige Belastung, nicht in den Kreis unserer Erwägungen einbezogen. Huntington ließ die direkte und gleichartige Heredität ungeschmälert als einzige Entstehungsursache der chronischen progressiven Chorea gelten. Die nach ihm kamen, haben die Rolle der Heredität wesentlich eingeschränkt. Heutzutage werden bald mehr Fälle ohne gleichartige erbliche Belastung im weitesten Sinne (direkte, atavistische, indirekte, kollaterale) veröffentlicht als solche mit Heredität. Man tröstet sich dann mit der Ausflucht, es handle sich hier um neu entstandene Fälle, welche die Stammväter und -mütter für künftige Geschlechter abgeben werden, oder leugnet einfach, daß direkte erbliche Übertragung für die Entstehung dieser Krankheit ursächlich von Belang sei. Andere suchen unentschlossen zu vermitteln. Sie lassen die direkte gleichartige erbliche Belastung als Entstehungsursache nicht ganz fallen, glauben daneben noch an die Bedeutung polymorpher oder transmutativer Heredität und sind selbst der doch reichlich willkürlichen Annahme einer exogenen Verursachung der Huntingtonschen Chorea nicht abgeneigt. Ulmer schreibt, angesichts der Tatsache, daß die drei von ihm beschriebenen Krankheitsfälle aus der gleichen Ortschaft stammten, dürfe man den Gedanken nicht ganz brüsk abweisen, daß bei der Huntingtonschen Chorea eine äußere Schädlichkeit im Spiele sei. Diese Schädlichkeit brauche ja nicht infektiöser Natur zu sein. Ulmer zitiert auch Jolly, der der Ansicht war, die Annahme infektiöser Einflüsse bei der Entstehung der Huntingtonschen Chorea bilde kein Hindernis für die erbliche Übertragung der Krankheit. Man könne sich vorstellen, daß nur die Disposition des Nervensystems, in einem gewissen Lebensalter seine Widerstandskraft gegen eine bestimmte Art von Infektion einzubüßen, übertragen werde.

Bisher war allerdings die Suche nach exogenen Ursachen der Huntingtonschen Chorea völlig ergebnislos. Ihre Annahme wäre nicht mehr wie eine vage Mutmaßung ohne tatsächlichen Untergrund. Bei diesem Stand der Sache hat es wirklich keinen Zweck, der Theorie einer exogenen Bedingtheit der Huntingtonschen Chorea weiter nachzugrübeln. Wir wollen uns lieber eingestehen, daß Ulmer den Wald vor lauter Bäumen und damit die nächstliegende Erklärung übersah. Wenn aus einem Bauerndorf mit vorwiegend seßhafter Bevölkerung gleich 3 Fälle von Huntingtonscher Chorea bekannt werden, liegt da nicht die Vermutung zwingend nahe, die 3 Fälle seien untereinander blutsverwandt? Aber es werden doch heutzutage so viele anscheinend echte Fälle von Huntingtonscher Chorea veröffentlicht, bei denen direkte, gleichartige Heredität entweder nicht nachzuweisen ist oder angeblich sicher nicht vorhanden ist. Hier gibt es keine mittlere Linie. Die Huntingtonsche Chorea ist entweder eine Erbkrankheit, dann muß in jedem Falle gleichartige Belastung unter den Verwandten nachzuweisen sein, oder sie wird durch äußere, nichterbliche Ursachen hervorgerufen. Früher war die Entstehung der Huntingtonschen Chorea durch erbliche Übertragung weniger umstritten. Die älteren Publikationen weisen auch regelmäßig gleichartige und direkte erbliche Belastung nach. Man ist versucht, anzunehmen, daß früher nur solche Fälle beschrieben wurden, welche durch gehäuftes familiäres Vorkommen die Aufmerksamkeit der Ärzte besonders auf sich zogen. Auf diese Weise könnte unabsichtlich die Erblichkeitsstatistik einseitig zugunsten der Annahme einer erblichen Übertragung der Krankheit gefälscht worden sein. Die Sache läßt sich aber auch von einem anderen Standpunkt aus erklären. Vielleicht trifft letztere Erklärung sogar eher das Richtige.

Ein Hauptgrund für die vielfach sich widersprechenden Ergebnisse der Familienforschung bei der Huntingtonschen Chorea liegt ohne Zweifel in den oft geradezu unüberwindlichen Schwierigkeiten der exakten Erblichkeitsforschung überhaupt. Stammbaumerhebungen haben ganz ausnehmend unter der Unzulänglichkeit zu leiden, die allem menschlichen Tun anhaftet. Dem Zufall ist dabei ein großer Spielraum gewährt. Er läßt emsigster Beharrlichkeit oft nur kümmerliche Früchte reifen. Das frivole Wort: Pater semper incertus findet leider gar manchmal seine Anwendung. Ständig muß man gegen ungerechtfertigtes Mißtrauen, falsche Scham, Indolenz, Verständnislosigkeit und Vergessen der Angehörigen der Probanden kämpfen. Unglaublich leicht entschwinden ernsthafte Erkrankungsfälle dem Gedächtnis selbst der allernächsten Familienangehörigen. Falsche Betrachtungsweise verschleiert die tatsächlichen Verhältnisse, laienhafte Auffassung übersieht für den Arzt eindeutige und höchst wichtige Symptome als nebensächlich, hebt dagegen Unwichtiges aufdringlich hervor. Begehrungsvorstellungen und falschverstandene Interessen beeinflussen bewußt oder unbewußt alle Aussagen. Die Fluktuation der Bevölkerung tut noch ein übriges, die Nachforschungen zu erschweren. Alle diese erschwerenden Umstände empfindet man bei der Huntingtonschen Chorea doppelt hart, weil man nur wenige Fälle zur Verfügung hat und jeder Versager einen unersetzlichen Verlust bedeutet.

Gerade darum muß man in allen Fällen von Huntingtonscher Chorea, bei welchen die lückenlose Aufklärung der erblichen Beziehungen nicht möglich war oder das Fehlen einer gleichartigen erblichen Belastung durch völlig einwandfreie Angaben nicht erhärtet werden konnte, mit dem Urteil vorsichtig zurückhalten. Wir haben im Bereiche des Möglichen alles versucht, um für die in dieser Arbeit neu veröffentlichten Fälle von Huntingtonscher Chorea das Dunkel der erblichen Verhältnisse vollständig aufzuhellen. Das nicht allwegs befriedigende Ergebnis ist in den hier folgenden Nachkommentafeln zusammengestellt. Die jeder Nachkommentafel beigefügten Anmerkungen geben die Quintessenz dessen, was über die einzelnen Personen in Erfahrung gebracht werden konnte. Körperlich und geistig Gesunde sind in den Anmerkungen nicht immer eigens erwähnt. An das eigene Material schließt sich die Wiedergabe einiger gut durchforschter Stammbäume aus früheren Publikationen.

Anmerkungen zur Nachkommentafel der Familie **Petronius** von M. bei Würzburg.

ad 1 Andreas Petronius, geb. zu M. bei Würzburg am 18. Mai 1778, gest. daselbst am 20. Sept. 1843. Er wurde am 19. Febr. 1805 mit Dispens vom 3. Grade der Blutsverwandtschaft getraut. Todesursache „Schlagfluß, als Folge einer Hirnwassersucht". Er hatte die Krankheit „sehr arg", hat nur so gewackelt beim Gehen. 4 Geschwister von ihm sollen gesund gewesen sein.

ad 2 Ursula Curia, geb. am 18. Sept. 1782 zu H., gest. am 5. Okt. 1847 zu M. an Unterleibsleiden laut ärztlicher Angabe. Sie war mit Nr. 1 verheiratet.

ad 3 Maria Barbara Petronius, verh. Faux, geb. am 15. Dez. 1805, gest. am 10. Nov. 1872 zu M. an Wassersucht.

ad 4 Georg Petronius, geb. am 20. Dez. 1807, gest. am 24. Jan. 1808 zu M. an . . .

ad 5 weibl. totgeboren am 13. Okt. 1808.

ad 6 Kilian Petronius, geb. 1. Okt. 1809, gest. am 3. Jan. 1886 zu M. an Altersschwäche mit Schlagfluß nach ärztlicher Angabe. Er litt nie an Chorea.

ad 7 Lorenz Petronius, geb. am 3. Juli 1812, gest. am 28. April 1874 zu M. an „Entkräftung" — seit Jahren konvulsivische Krämpfe des ganzen Körpers — 62 Jahre — ohne Arzt (laut Pfarrmatrikel). Nach Angabe einer Enkelin soll er in einem Anfall in der Pl. ertrunken sein. Verheiratet war er seit 17. Mai 1836 mit Barbara Cella, Tochter des Peter Cella und der Elisabeth R. von E. Hat angeblich insgesamt zwölf Jahre an Chorea gelitten; Beginn der Erkrankung demnach im 50. Lebensjahr.

ad 8 Josef Petronius, geb. am 19. Aug. 1815, gest. am 6. Mai 1898 zu M. an Marasmus senilis, nach Angabe des Arztes. Er war unverheiratet.

ad 9 Johann Michael Petronius, geb. am 2. Okt. 1818, gest. am 15. Aug. 1819 zu M.

ad 10 Johann Andreas Petronius, geb. am 19. Aug. 1822 zu M. Er war in Wien verheiratet, ist dort gestorben. Über ihn und seine Nachkommen liegen weiter keine Angaben vor.

ad 11 unehelich geboren, 1 Jahr alt an Phtisis gestorben.

ad 12 Josefa Barbara verh. Fabius, geb. am 18. März 1837, gest. am 31. Okt. 1910 zu M. an Bauchfellentzündung und Nierenleiden.

ad 13 Margareta verh. Petronius, geb. am 27. Juli 1841 zu M., gest. am 5. Juli 1902 zu Mai an Herzlähmung (plötzlicher Tod).

ad 14 Maria Margareta Petronius, geb. am 8. Febr. 1836 in M., weiteres unbekannt.

ad 15 Josef Petronius, geb. am 21. Mai 1838 zu M., gest. am 10. Mai 1869 durch meuchlerischen Schuß.

ad 16 Johann Kilian Petronius, geb. am 21. Mai 1840 in M., verheiratet in B. Er lebt noch, ist gesund.

ad 17 Georg Michael Petronius, geb. am 21. Mai 1842 in M., verheiratet in Er., lebt noch, ist gesund.

ad 18 Maria Ursula Katharina Petronius, geb. am 2. Juli 1844 zu M., gest. am 28. Sept. 1912 in B. Sie litt nie an Veitstanz, war verheiratet mit Johann F.

ad 19 Georg Johann Petronius, geb. am 1. Juli 1846 zu M. Er war in Er. verheiratet, ist im Zustand der Trunkenheit erfroren; wann? konnte nicht festgestellt werden.

ad 20 Johann Lorenz Petronius, geb. am 28. Mai 1848 zu M. Er ist mit Anna St. verheiratet, lebt, ist gesund.

ad 21 Johann Andr. Petronius, geb. am 12. Juni 1850, gest. am 17. Juni 1850 zu M. an Gefraisch.

ad 22 Anna Magdalena Petronius, geb. am 22. Juli 1851 zu M., verheiratet daselbst mit Valentin Sch.

ad 23 Anna Maria Petronius, geb. am 2. April 1854 zu M., verheiratet daselbst mit Josef R.

ad 24 Lorenz Josef Petronius, geb. am 17. März 1837, gest. am 20. März 1837 zu M. an Convulsionibus.

ad 25 Fall II.

ad 26 Anna Maria Petronius, geb. am 14. Jan. 1840 zu M. Sie war mit Heinrich Kl. in E. verheiratet. In den 30er Jahren, als sie schwächer wurde, fing die Krankheit bei ihr mit Zuckungen an. 20 Jahre vor dem Tode war der Zustand schon ernst. Sie starb zu E. am 28. Sept. 1907 an Nervenleiden und Schleimschlag.

ad 27 Maria Margareta Petronius, verheiratet mit Anton Cajus in E. Sie war am 15. April 1842 zu M. geboren und ist am 13. Juni 1875 im Juliushospital zu Würzburg infolge Fractura complic. cruris gestorben. Veitstanz wurde bei ihr nie beobachtet.

ad 28 Johann Georg Michael Petronius, geb. am 7. April 1844 zu M. Er war in R. mit Christine Z., Tochter des Josef Z. und der Maria Margareta K., verheiratet. Am 25. Febr. 1907 starb er zu R. an Apoplexia cerebri. Nach Angaben glaubwürdiger Personen wackelte er stets mit dem Kopfe und machte den Eindruck eines Tollen.

ad 29 Anna Maria Petronius, geb. am 26. Aug. 1845 zu M., verehelicht mit Andreas Kr. daselbst, gest. am 25. Mai 1914 an chronischer Nierenentzündung.

ad 30 Maria Barbara Petronius, geb. am 18. April 1847, gest. am 10. Mai 1847 zu M. an Gefraisch.

ad 31 Kilian Petronius, geb. am 3. Mai 1848 zu M. Seit 25. Nov. 1875 verheiratet mit Anna Maria G., Tochter des Georg G. und der Anna Maria Kl. von E. Nach Angaben seiner Angehörigen litt er 12 Jahre lang — bis zum Tode — an Veitstanz, war aber nicht geisteskrank im Sprachgebrauch der Laien. Er starb zu E. am 26. Nov. 1892 an „Rückenmarksleiden".

ad 32 Josefa Barbara Petronius, verheiratet mit Peter Ludwig Luzius in U. Sie war zu M. am 23. Aug. 1850 geboren, starb am 7. April 1909 in U. an Morbus Basedowii und Pneumonie. Sie litt nie an Veitstanz.

ad 33 Margareta Elisabeth Petronius, geb. am 28. Nov. 1852 zu M., seit 29. April 1877 mit Nikolaus Tarquinius in E. verheiratet. Sie starb am 2. Sept. 1891 zu E. „wahrscheinlich an Typhus", nachdem sie schon jahrelang an Veitstanz gelitten hatte. Die Chorea begann bei ihr, als sie noch ledig war, also vor dem 25. Lebensjahr. 5 Jahre nach der Verheiratung trat die Krankheit heftig auf.

ad 34 Anna Margareta Petronius, geb. am 8. März 1855 zu M., verheiratet mit Kaspar H. in U. Am 18. Dez. 1916 verstarb sie dortselbst an Vitium cordis und Erschöpfung. Veitstanzähnliche Erscheinungen wurden bei ihr nie wahrgenommen.

ad 35 Kilian Severus, geb. am 30. März 1870 zu Bu. Er hält sich in Nürnberg auf, soll gesund sein.

ad 36 Josefa Barbara Severus, geb. am 2. Mai 1871 zu Bu., ist Krankenschwester und angeblich gesund.

ad 37 Andreas Kl., geb. am 17. Sept. 1870 zu E., verheiratet seit 17. Febr. 1895 mit Anna B. Ist gesund.

ad 38 Anna Kl., verh. mit Andreas Br. in E. Sie ist am 8. Aug. 1872 zu E. geboren, gesund.

ad 39 Maria Barbara Kl., geb. am 8. Mai 1874 zu E., gest. dortselbst am 5. April 1883 an chronischem Leberleiden.

ad 40 Agnes Kl., geb. am 4. Juni 1876 zu E., ist dortselbst mit Stefan L. verheiratet, gesund.

ad 41 Anna Margareta Kl., geb. am 6. April 1879 zu E., dortselbst verheiratet mit Josef G., gesund.

ad 42 Maria Dorothea Kl., verheiratet mit Josef S. in R. Sie ist am 29. April 1885 zu E. geboren, gesund.

ad 43 Franziska Caj., geb. am 6. Okt. 1867, gest. am 24. Okt. 1867 zu E. an Eclampsie.

ad 44 Elisabeth Cajus, geb. am 15. Dez. 1868 zu E., verheiratet in Su., gesund.

ad 45 Michael Cajus, geb. am 15. Febr. 1871 zu E., lernte als Schneider, arbeitete gesundheitshalber nie in diesem Beruf, lebt in Norddeutschland, war mit 34 Jahren noch ledig, seitdem hat man nichts mehr von ihm gehört.

ad 46 Christoph Franz Cajus, geb. am 23. Okt. 1873 zu E. Zeigte seit Frühjahr 1916 Spuren der Krankheit, er fing an zu zittern, arbeitete aber noch in einer Fabrik.

ad 47 Barbara Cornelia Petronius, geb. am 10. April 1877 zu R., verheiratet mit Sebastian W. in Würzburg, ist gesund.

ad 48 Michael Peter Petronius, geb. am 12. Mai 1878 zu R., verheiratet mit Anna Katharina N. Er wackelt mit dem Kopf, wird zuweilen der tolle Peter genannt. Die Krankheit besteht bei ihm seit 2 Jahren, sie hat neuerdings Fortschritte gemacht, Reizbarkeit, Lebensüberdruß und Blödsinn haben sich dazu gesellt. Beginn des Leidens im 38. Jahr.

ad 49 Johann Gregor Petronius, geb. am 16. Nov. 1879, gest. am 25. Febr. 1881 zu R. an Gehirn- und Nervenkrämpfen.

ad 50 Josef Anton Petronius, geb. am 12. Juni 1881, gest. am 10. Dez. 1882 zu R. an Fraisen.

ad 51 Paul Kaspar Petronius, geb. am 15. Jan. 1884 zu R., verheiratet daselbst seit 10. Febr. 1907 mit Margareta Fr. Neigt zu extremen Anschauungen.

ad 52 Johann Josef Kr., geb. am 13. März 1870 zu M., ist etwas schwächlich.

ad 53 Anna Maria Kr., geb. am 25. Juli 1871 zu M., ist ledig, gesund.

ad 54 Georg Andreas Kr., geb. am 30. Sept. 1874, gest. am 6. Dez. 1881 zu M. an der häutigen Bräune.

ad 55 Maria Margareta Kr., geb. am 14. Nov. 1876 zu M., ist Klosterschwester, gesund.

ad 56 Nikolaus Kr., geb. am 17. März 1879 zu M., verheiratet, zur Zeit im Felde.

ad 57 Elisabeth Petronius, verheiratet mit Georg St. in E., geb. am 25. Dez. 1875, ist gesund.

ad 58 Totgeburt am 26. Okt. 1877.

ad 59 Fall I.

ad 60 Maria Barbara Petronius, geb. am 26. Sept. 1880 zu E., verh. F. in Würzburg, ist gesund.

ad 61 Nikolaus Ludwig Luzius, geb. am 14. Juni 1878 zu U., er hat die Witwe Dorothea in Un. geheiratet, keine Kinder, ist gesund, im Felde.

ad 62 Anna Maria Rosa Luzius, geb. am 1. Aug. 1879 zu U., ist ledig, gesund.

ad 63 Margareta Hedwig Luzius, geb. am 19. April 1881 zu U., ist ledig, gesund.

ad 64 Leonhard Ulrich Luzius, geb. am 9. Nov. 1882 zu U., verheiratet mit Rosine A. von H., gesund, im Felde.

ad 65 Sebastian Georg Luzius, geb. am 25. Aug. 1890 zu U., gest. dortselbst am 6. Dez. 1908 an Lungen- und Gehirnhauttuberkulose.

ad 66 Josef Ludwig Tarquinius, geb. am 30. Okt. 1877 zu E. In der Werktagsschule juckte er auffällig mit Schultern und Armen während des Antwortens. Er lernte gut, wird aber im Schulzeugnis als sehr boshaft, tückisch und verschmitzt bezeichnet. Beim 5. Inf.-Regt. in Bamberg diente er 2 Jahre ohne Tadel. Zuckungen wurden bei ihm schon etwa ums Jahr 1907 (30. Lebensjahr) beobachtet. Sie verstärkten sich ganz allmählich. Im Jahre 1910 waren sie schon so heftig, daß p. Tarquinius die Arbeit in einer Würzburger Maschinenfabrik aufgeben mußte. Später nahm er sie wieder auf. Der Werkmeister trug aber große Bedenken, ihn nochmals einzustellen. 1912 wurde die Arbeit in diesem Berufe zu gefahrvoll für ihn. Er machte dann einen Taglöhner. Ab 1914 war er völlig arbeitsunfähig. Um diese Zeit ist er auch deutlich blödsinnig geworden. Im Januar 1904 hat er sich verheiratet. 2 Kinder leben, 1 Kind ist im Alter von 11 Monaten an einem „Schleimschlag" gestorben. Von der Ehefrau wird p. Tarquinius als brav und solid geschildert. Vom 9. Juni 1915 bis 26. Okt.

Additional material from *Studien Über Vererbung und Entstehung geistiger Störungen*,
978-3-662-34207-7 (978-3-662-34207-7_OSFO1),
is available at http://extras.springer.com

1917 war p. Tarquinius in der psychiatrischen Klinik Würzburg untergebracht. Während dieser Zeit bot er hauptsächlich beständige, unwillkürliche Zuckungen im Gebiete der Körpermuskulatur dar, konnte nur breitbeinig und mit Unterstützung stehen. Sein Zustand blieb lange stationär. Die anfänglich starke zerebellare Ataxie wurde eher geringer. Abgesehen von leicht spastischem, linksseitigen Kniesehnenreflex waren alle Reflexe ungestört. Babinski-Phänomen fehlte. Psychisch fiel der Kranke durch Gleichgültigkeit, Fehlen jeglichen Antriebes zu vernünftiger Tätigkeit auf. Zeitweise betrug er sich sehr gereizt, schimpfte, man stehle ihm alles, tue ihm alles mögliche an. Am 26. Okt. 1917 wurde er in die Heil- und Pflegeanstalt Lohr überführt.

Krankengeschichte der Anstalt Lohr.

Vorgeschichte: Pat. ist nach Angabe der Begleiter ausgenommen von den Zuckungen völlig normal gewesen, rückte am 1. Febr. 1915 nach Herxheim zur Landwehr II ein, will sich bei Übungen erkältet und Zuckungen bekommen haben. Wurde Okt. 1915 aus Militärdiensten entlassen und war seit dieser Zeit in der psychiatrischen Klinik Würzburg.

26. Okt. 1917. Pat. geht in Haus 10b zu, weist lebhafte choreatische Zuckungen im Gesichte auf, zuckt insbesondere beim Sprechen sehr heftig mit Armen und Beinen. Ist mit seiner Verbringung in die Anstalt sehr unzufrieden. Körperlicher Status siehe klinische Krankheitsgeschichte. 50 kg.

28. Okt. 1917. Ständig in Bewegung, drängt fort, bekommt angeblich nicht genug zu essen. Ist für seine Umgebung, insbesondere nachts, störend. Nach Haus 9o.

4. Dez. 1917. Pat. soll seine Zustimmung zur Errichtung einer Pflegschaft geben, nachdem er sich geweigert hatte, die Invalidenrente seiner Heimatgemeinde zu überweisen. Ist gegen jede Vorstellung einsichtslos, verweigert auch diesmal seine Zustimmung. Klagt ständig, daß er zu wenig zu essen bekomme, will zu jeder Mahlzeit 12 Kartoffeln, queruliert den ganzen Tag, fällt infolge der choreatischen Zuckungen oft zu Boden, muß deshalb längere Zeit Bettruhe halten.

1918. Jan.: 43 kg; Febr.: 42 kg; März: 39 kg.

8. März 1918. In letzter Zeit ziemlich abgemagert; wird heute morgen ziemlich verfallen angetroffen; verweigert die Annahme des Morgenkaffees. Referent wird kurz vor 8 Uhr früh gerufen, trifft Pat. benommen und mit schlechter Herztätigkeit an. Die Mundmuskulatur zeigt schnauzkrampfähnliche Bewegungen. Der rechte Bulbus ist nach außen rotiert. Nach Haus 13, wo Pat. 3 Uhr 30 Min. nachmittags verschied.

Sektionsbefund: Beginnende kroupöse Lungenentzündung im l. Unterlappen; chronische Endokarditis. Aorta weist kleine, fettige Usuren auf. Hydrocephalus externus, Verdickung und Trübung der Pia. Knochendefekt im Hinterhauptbein (Planum nuchae), der durch eine Zyste ausgefüllt ist und durch eine Spange von dem Foramen occipitale magnum getrennt ist. Schädeldach stark verdickt, Diploe fast geschwunden.

Todesursache: Kroupöse Pneumonie.

ad 67 Barbara Katharina Tarquinius, geb. am 4. Juni 1879 zu E., verheiratet mit Johann Sch. in Ro. Ist reizbar, „Nervosität vorhanden“, sonst gesund.

ad 68 Elisabeth Tarquinius, geb. am 12. Dez. 1884 zu E., gest. am 30. Aug. 1889 an Masern.

ad 69 Margareta Tarquinius, geb. am 21. Sept. 1887 zu E. Sie fing in ihren 20er Jahren an, mit den Schultern zu zucken. Ein Bewerber zog sich deshalb zurück. Lebt jetzt in E., zuckt etwas. Ihr früherer Dienstherr in Würzburg hat nichts Veitstanzähnliches an ihr bemerkt.

ad 70 Johann Nikolaus H., geb. am 9. Febr. 1883 zu U., ist gesund, im Felde.

ad 71 Adolf Michael H., geb. am 21. Sept. 1884, gest. am 8. Juli 1885 zu U. an Pneumonia crouposa duplex.

ad 72 Guido Josef H., geb. am 25. Mai 1886, gest. am 24. Nov. 1887 zu U. an Bronchitis und Eklampsie.

ad 73 Andreas H., geb. am 4. Nov. 1887 zu U., gesund, im Felde.

ad 74 Johanna Franziska H., geb. am 17. Sept. 1890 zu U., ist gesund.

ad 75 Cornelia Dorothea H., geb. am 16. Sept. 1892 zu U., ist gesund.

ad 76 Eva H., geb. am 3. Juli 1895 zu U., ist gesund.

ad 77 Nikolaus H., geb. am 3. Mai 1899, gest. am 5. Mai 1899 zu U. an Herzaffektion.

ad 78 Paulina Hedwig H., geb. am 31. Dez. 1901, gest. am 1. März 1906 zu U. an Pneumonia duplex.

Nachkommentafel der Familie Maxentius von B.

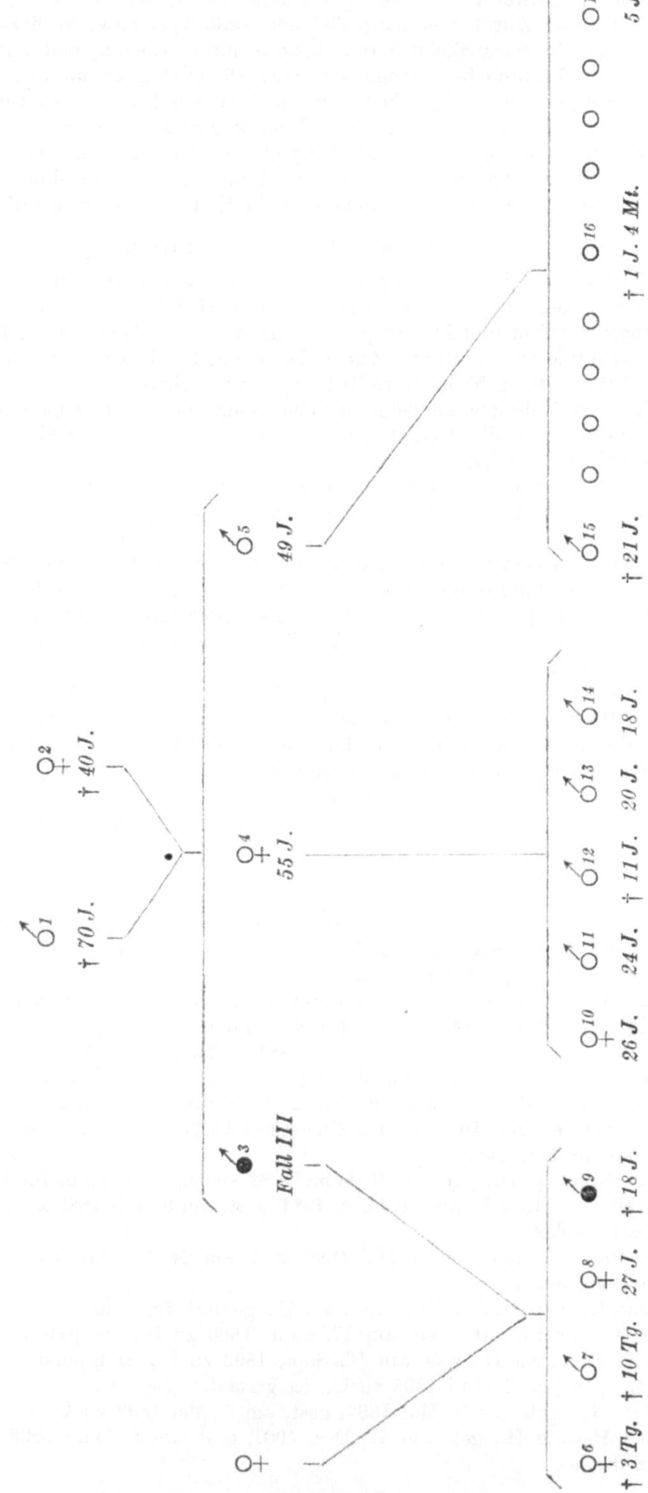

Anmerkungen zur Nachkommentafel der Familie **Maxentius** von B.

ad 1 Leonhard Maxentius, geb. den 3. Nov. 1827 in La., gest. am 4. Sept. 1898 an Altersschwäche in Aufkirchen.

ad 2 Wallburga Maxentius, geb. Scipio, uneheliche Tochter der Gütlerstochter Maria Scipio von Si. Walburga W. war am 21. März 1843 zu Si. geboren. Sie starb am 7. März 1883 zu Nymphenburg an Phtisis pulmonum.

ad 3 Fall III.

ad 4 Veronika M., verh. F., geb. 10. April 1865 in B., ist nicht choreatisch, lebt gesund in Bach.

ad 5 Leonhard M., verheirateter Metzgermeister in München, geb. im Jahre 1871, lebt, ist gesund.

ad 6 Franziska M., geb. im Dez. 1888, hat nur 3 Tage gelebt.

ad 7 Mathias M., geb. im Oktober 1889, hatte Wasserkopf, ist nach 10 Tagen gestorben.

ad 8 Franziska M., geb. am 23. Okt. 1893 in München, sieht gesund aus, zeigt nichts Choreatisches. Hat gut gelernt. 8 Tage vor Eintritt der Menstruation stellen sich regelmäßig einschießende Schmerzen im Kreuz, im Genick und in den Armen ein. Es ist dabei so, als ob augenblicklich eine Bewegung unmöglich sei. 1 Tag vor der Menstruation verschwinden diese Beschwerden wieder.

ad 9 Franz Xaver M., geb. den 24. Juni 1896 zu München. Hat sich als Kind gut entwickelt, rechtzeitig Gehen und Sprechen gelernt; litt an Masern, „Fleckerln", Keuchhusten, Scharlach, ferner mit 2 und 7 Jahren an Lungenentzündung. Mittelmäßiger Schüler, alkoholabstinent. Wurde Metzger. Am 24. April 1913 erkrankte er neuerdings an Lungenentzündung. Kam am 25. April 1913 deswegen ins Krankenhaus l. d. Isar. Dort wurde er am 1. Mai 1913 sehr aufgeregt, erkannte zwar noch die Mutter, sah aber Wasser von den Wänden rinnen, roch Rauch im Zimmer, glaubte, er und sein Vater hätten bald jemand erschossen, klagte über furchtbare Schmerzen bald in der Schulter, bald im Rücken. Gleichzeitig wurden zuckende Bewegungen in den Beinen und Herumwälzen bei ihm beobachtet. Vom 1. Mai bis 25. Mai 1913 befand sich p. M. in der psychiatrischen Klinik München. Die klinische Diagnose lautete: Pneumoniedelirium, Huntingtonsche Chorea. Temperatur 37,1. Puls 80 bei der Aufnahme; choreaähnliche Bewegungen hauptsächlich in den unteren Extremitäten; besonders langsame Kontraktionen des Musc. quadriceps und tibialis, Dorsal- und Plantarflexion des Fußes, Spreizen der Zehen, dazwischen unregelmäßige Pausen. An den oberen Extremitäten waren solche Bewegungen weniger stark, ganz vereinzelt im Fazialisgebiet. Besonnenheit und Orientierung waren erhalten. Über die Bewegungen äußerte M., daß er sie schon von Kindheit auf habe, es sei jetzt etwas schlimmer geworden, er sei immer quecksilbrig gewesen. Über seine Erlebnisse im Krankenhaus berichtete p. M. Unglaubliches (Indianergefechte u. a.). Vom 4. Mai 1913 ab ließen die choreatischen Bewegungen in ihrer Stärke allmählich nach, die Erinnerungsfälschungen wurden korrigiert. Am 25. Mai 1913 wurde der Kranke gebessert und arbeitsfähig nach Hause entlassen.

Nach Berichten seiner Angehörigen sind die choreatischen Bewegungsstörungen später völlig geschwunden. Mit Kriegsausbruch trat p. M. in den Heeresdienst. Er fiel im Spätherbst 1914 in Frankreich.

ad 10 Veronika F., geb. 1894.

ad 11 Alois F., geb. 1896.

ad 12 Leonhard F., geb. 1898, gest. 1909 an Hirnhautentzündung.

ad 13 Josef F., geb. 1900.

ad 14 Franz F., geb. 1902.

ad 15 21 Jahre alt, gesund gewesen, im Feld gefallen.

ad 16 Mit 1 Jahr 4 Monaten gestorben.

ad 17 5 Jahre alt.

In der Familie Maxentius gelingt es nicht, die Krankheit bei einem der Eltern nachzuweisen. Der Vater des Probanden blieb, obwohl er das 70. Lebensjahr vollendete, frei von veitstanzähnlichen Erscheinungen. Die Mutter des Probanden starb vorzeitig (im 39. Lebensjahr). Über den illegitimen Vater der Mutter waren Angaben nicht zu erlangen. Es konnte auch nicht festgestellt werden, wann und woran die Großmutter mütterlicherseits des Probanden gestorben ist.

Nachkommentafel der Familie Pontius von Dinkelsbühl.

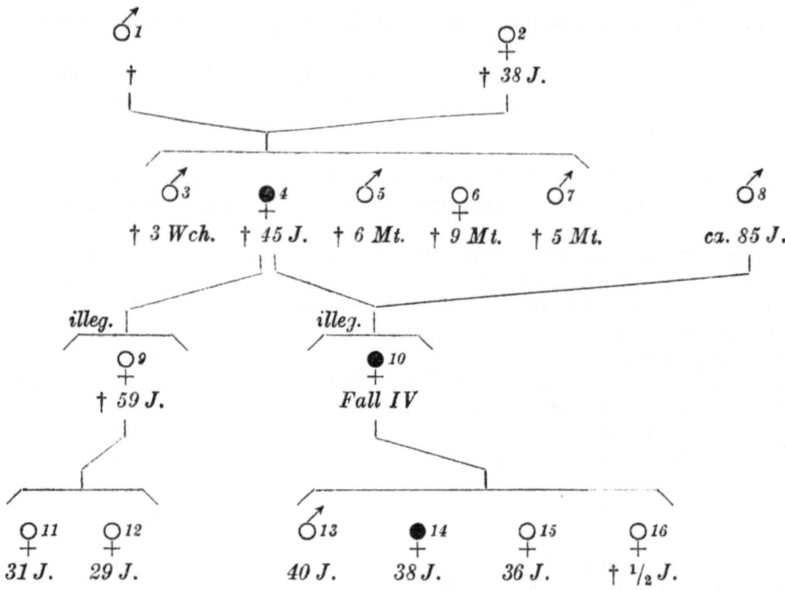

Anmerkungen zur Nachkommentafel der Familie **Pontius** von Dinkelsbühl.

ad 1 Karl Friedrich Pontius, gest. 21. Dez. 1866 zu Dinkelsbühl an allgemeiner Wassersucht. Er war Siebmacher. Weiteres konnte nicht über ihn festgestellt werden.

ad 2 Rosina Barbara Pontius, geb. Leyh von Schopfloch, gest. den 12. Sept. 1838 zu Dinkelsbühl an Blutverlust nach der Geburt im Alter von 38 Jahren.

ad 3 Karl Christoph Wilhelm P., geb. den 7. Juli 1832, gest. den 1. Aug. 1832 zu Dinkelsbühl an Konvulsionen.

ad 4 Luise Rosine P., geb. den 6. Jan. 1834 zu Dinkelsbühl, gest. dortselbst den 19. April 1879 an Mutterkrebs. Nach den Behauptungen ihrer (verstorbenen) älteren Tochter hätte sie das Leiden (Zuckungen) „a grad so“ wie ihre Tochter (Fall IV) gehabt. Von anderer Seite wird dies bestritten. Sie war später kinderlos verheiratet.

ad 5 Christof Friedrich P., geb. den 29. Nov. 1835, gest. den 10. Juni 1836 zu Dinkelsbühl an Zehrfieber.

ad 6 Eva Maria Karolina P., geb. den 22. Juni 1837, gest. den 12. April 1838 zu Dinkelsbühl an Abzehrung.

ad 7 Karl Christian P., geb. den 11. Sept. 1838, gest. den 12. Febr. 1839 zu Dinkelsbühl an Abzehrung.

ad 8 Friedrich Han., pens. Rentamtsdiener, steht Mitte der 80er Jahre. War bis vor 2 Jahren immer gesund, dann Schlaganfall. Hat gesunde Kinder. Kein Veitstanz.

ad 9 Elise P., verw. Schl., verh. Br., geb. den 5. Jan. 1857, gest. den 24. Dez. 1916 zu Dinkelsbühl an Magen- und Leberkrebs. Litt nie an veitstanzartigen Erscheinungen.

ad 10 Fall IV.

ad 11 Pauline Schl., geb. den 4. Sept. 1889 zu Dinkelsbühl, ledig, gesund, kein Veitstanz.

ad 12 Frieda Schl., verh. Gart., geb. den 5. Juli 1891 zu Dinkelsbühl. Gesund, frei von Veitstanz.

ad 13 Anton Gei., geb. 10. Sept. 1880 zu München, kinderlos verheiratet, Tapezier, angeblich frei von Veitstanz (cf. Angaben in der Krankengeschichte der psych. Klinik).

ad 14 Elise Gei., geb. den 14. Nov. 1882 zu München, ledige Zugeherin. Nach Angabe ihres Stiefvaters ist sie ungemein aufgeregt, kann sich nicht ruhig halten, ruckt und zuckt beständig, hat schon die Krankheit von ihrer Mutter. Bei einer Unterredung findet man die Angaben des Stiefvaters bestätigt. Elise G. kann die Hände kaum einige Sekunden ruhig halten. Sie verbirgt sie gewöhnlich, um die zuckenden, unwillkür-

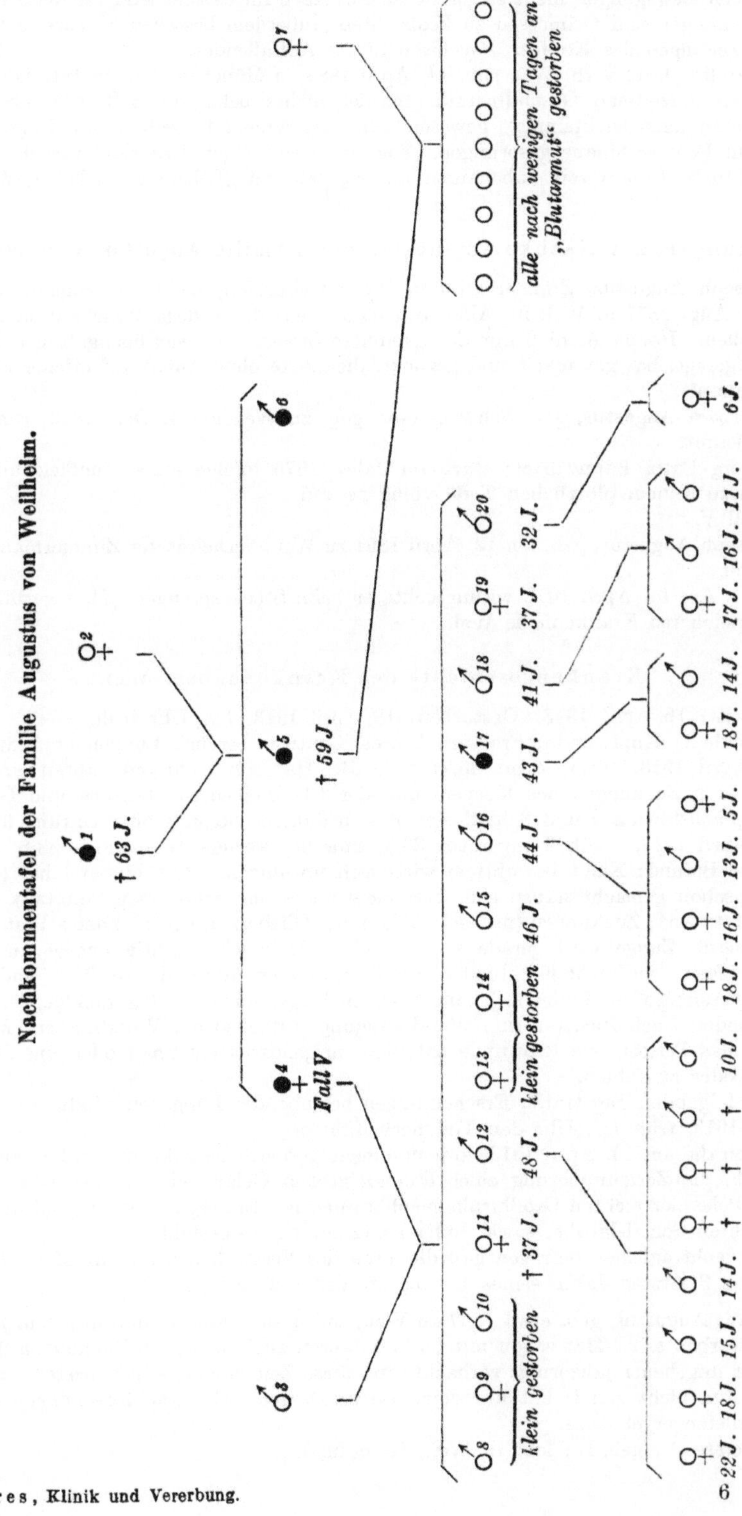
Nachkommentafel der Familie Augustus von Weilheim.
† 63 J.
Fall V
† 59 J.
klein gestorben
† 37 J.
48 J.
klein gestorben
46 J.
44 J.
43 J.
41 J.
37 J.
32 J.
alle nach wenigen Tagen an „Blutarmut" gestorben

lichen Bewegungen nicht sehen zu lassen. Auch im Gesicht sind zeitweise ruckartige Zuckungen und Grimassen zu beobachten, außerdem bestehen ruckartige Seitwärtsbewegungen des Kopfes. Psychisch nichts Auffallendes.

ad 15 Karolina Gei., verh. We., geb. 14. April 1884 zu München; lebt in Interlaken. Über ihren derzeitigen Gesundheitszustand ist nichts bekannt. Soll in ihren jüngeren Jahren „gut leichtsinnig" gewesen sein. Ist einmal in selbstmörderischer Absicht zum Fenster hinaus gesprungen. Zog sich dabei einen Unterkieferbruch zu.

ad 16 Viktoria, Geburtszeit unbekannt; mit $^1/_2$ Jahr an „Lebensschwäche" gestorben.

Anmerkungen zur Nachkommentafel der Familie **Augustus** von Weilheim.

ad 1 Joseph Augustus, Zimmermann in Wei.; Geburtstag nicht zu eruieren; starb am 24. Aug. 1877 in Wei. im Alter von 63 Jahren; die Todesursache war nicht festzustellen. Joseph A. hieß nur der „spinnete Stoaga"; er war hochgradig reizbar und aufgeregt, hat gewackelt und gezuckt, die Leute ohne Anlaß auf offener Straße beschimpft.

ad 2 Barbara Augustus, geb. Schwaighofer, geb. zu Wei. am 4. Dez. 1823; sonst nichts bekannt.

ad 3 Georg Cato, Bahnwärter; starb im Jahre 1876 infolge eines Unglücksfalles. War bis zu seinem plötzlichen Tode völlig gesund.

ad 4 Fall V.

ad 5 Joseph Augustus, geb. am 12. April 1854 zu Wei., verheirateter Zimmermann, katholisch.

Am 14. April 1913 verunglückte er beim Stöckesprengen. Man verbrachte ihn sogleich ins Krankenhaus Wei.

Krankengeschichte des Krankenhauses Wei.

Eintritt: 16. April 1913. Gestorben: 18. April 1913, $7^1/_4$ Uhr früh.

Krankheit: Kopfwunde; Fractura baseos, Contusio cerebri, Lungenentzündung.

16. April 1913. Temperatur 36,7; Puls 54. Hat seit mehreren Jahren ein Nervenleiden, das in Zuckungen des Körpers und der Gliedmaßen, in Jähzorn und Gereiztheit und in Sprachstörungen und Schlaflosigkeit sich äußert und in großer Unruhe überhaupt.

17. April 1913. Früh Temperatur 36,8, Puls 96; abends Temperatur 38,6, Puls 120. Objektiver Befund: Nicht bewußtlos; wirft sich unruhig im Bett hin und her (so wie er es früher schon gemacht haben soll, besonders auch am verflossenen Sonntag). Puls 72, später nur 48—54; Zuckungen (unregelmäßige) der Glieder. Eingetrocknetes Blut in beiden Nasenlöchern. Zunge wird gerade vorgestreckt. Alter wird richtig angegeben. An der linken Kopfseite, vielleicht handbreit oberhalb des linken Auges, da wo Stirn- und Scheitelbein aneinanderstoßen, findet sich eine 2—3 cm lange, unregelmäßig zackige, längsverlaufende Wunde. Nach Rasieren und Wundreinigung Aufheben der Wundränder. Man sieht, daß auch das Periost eine Rißwunde hat; aber nirgends ist ein Spalt oder eine Depression zu sehen oder zu fühlen.

Den folgenden Tag traten Erscheinungen beginnender Lungenentzündung auf, die am 18. April 1913, früh $7^1/_4$ Uhr den Tod herbeiführte.

Durch die am 19. April 1913 vorgenommene gerichtliche Sektion wurden ein Schädelbasisbruch, die Zertrümmerung eines hühnereigroßen Gehirnteiles an der Oberfläche des hinteren Poles der rechten Großhirnhemisphäre und ein Bluterguß, vorwiegend in der mittleren, rechten Schädelgrube, sowie Lungenentzündung festgestellt.

Auf nachträgliches Befragen gab die Frau des Verstorbenen an, ihr Mann habe mindestens die 3 letzten Jahre seines Lebens an Veitstanz gelitten.

ad 6 Hans Augustus, geb. etwa 1857 zu Wei., soll in den 90er Jahren in einem Zuchthaus gestorben sein. Hat schon mit 28—30 Jahren an Veitstanz („Zuckungen") gelitten; war ungeheuer jähzornig; zerhackte um diese Zeit einmal seinen besten Anzug, weil er ihm nicht gefiel; hat nur zeitweise gearbeitet. Alle Nachforschungen nach ihm verliefen ergebnislos.

ad 7 Therese A., geb. L.; lebt in Wei., ist gesund.

Nachkommentafel der Familie Antonius von Schaching.

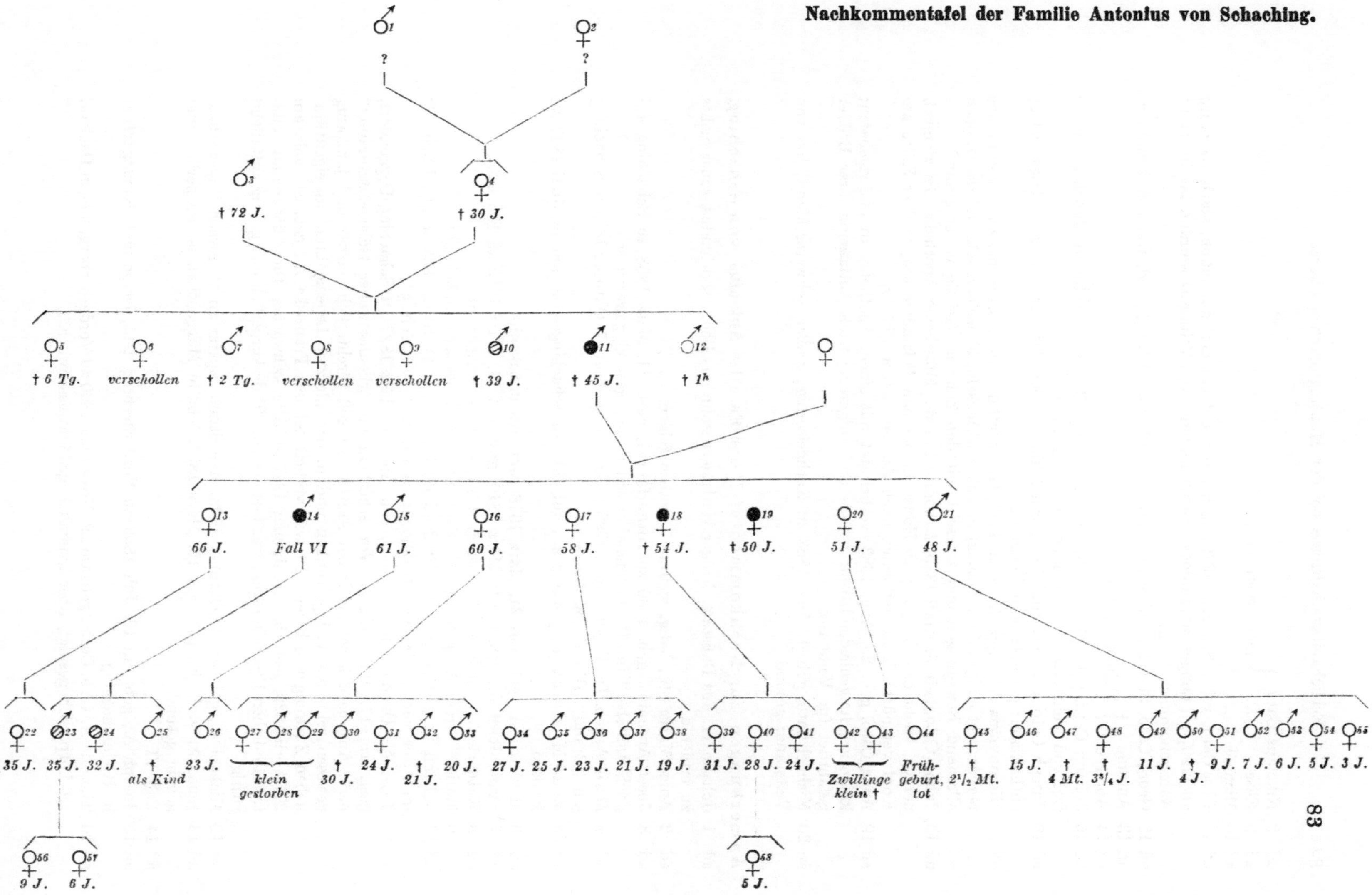

♂ 1 ? — ♀ 2 ?

♂ 3 † 72 J. — ♀ 4 † 30 J.

♀ 5 † 6 Tg. · ♀ 6 verschollen · ♂ 7 † 2 Tg. · ♀ 8 verschollen · ♀ 9 verschollen · ♂ 10 † 39 J. · ♂ 11 † 45 J. · ♂ 12 † 1h · ♀

♀ 13 66 J. · ♂ 14 Fall VI · ♂ 15 61 J. · ♀ 16 60 J. · ♀ 17 58 J. · ♀ 18 † 54 J. · ♀ 19 † 50 J. · ♀ 20 51 J. · ♂ 21 48 J.

♀ 22 35 J. · ♂ 23 35 J. · ♀ 24 32 J. · ♂ 25 † als Kind · ♂ 26 23 J. · ♀ 27, ♂ 28, ♂ 29 klein gestorben · ♂ 30 † 30 J. · ♀ 31 24 J. · ♂ 32 † 21 J. · ♂ 33 20 J. · ♀ 34 27 J. · ♂ 35 25 J. · ♂ 36 23 J. · ♂ 37 21 J. · ♂ 38 19 J. · ♀ 39 31 J. · ♀ 40 28 J. · ♀ 41 24 J. · ♀ 42, ♀ 43 Zwillinge klein † · 44 Frühgeburt, tot · ♀ 45 † 2½ Mt. · ♂ 46 15 J. · ♂ 47 † 4 Mt. · ♀ 48 † 3¾ J. · ♂ 49 11 J. · ♂ 50 † 4 J. · ♀ 51 9 J. · ♂ 52 7 J. · ♂ 53 6 J. · ♀ 54 5 J. · ♀ 55 3 J.

♀ 56 9 J. · ♀ 57 6 J. · ♀ 58 5 J.

ad 8 Nikolaus Cato
ad 9 Elise „ } klein gestorben.
ad 10 Michael „
ad 11 Elise Cato, verh. Br., geb. 1870, verheiratet mit einem Schutzmann, starb, 37 Jahre alt, 1907 an Lungentuberkulose. Erscheinungen von Veitstanz wurden bei ihr nicht wahrgenommen.
ad 12 Georg Cato, Stationsgehilfe in Laim, geb. 12. Mai 1872; gesund, frei von Veitstanz.
ad 13 Antonie
ad 14 Anonyma } klein gestorben.
ad 15 Johann Cato, geb. 15. Mai 1874 in Kaufering, Bahnvorarbeiter in München; sicher frei von Veitstanz, gesund, kinderlos verheiratet.
ad 16 Joseph Cato, geb. 17. Juni 1876; war früher starker Trinker; seit dem Kriege ist er enthaltsam; gesund; kein Veitstanz.
ad 17 Hieronymus Cato, geb. 31. Dez. 1877, Oberzugführer in Rosenheim; war schon immer nervös; seit einigen Jahren zuckt er mit den Achseln, blinzelt, macht mit den Lippen allerhand Bewegungen und knirscht mit den Zähnen. Geistig ist er gesund.
ad 18 Jakob Cato, geb. 3. April 1879, Laborant in einer Münchener Apotheke. Ist ziemlich nervös, leicht erregbar; hat zu Hause immer eine Pelzmütze auf, weil er Kälte am Kopf verspürt. Kein Veitstanz, nach Aussage seiner Brüder.
ad 19 Anna Cato, geb. 25. Aug. 1883, verheiratet mit einem Apotheker in Ludwigshafen; kinderlos, lungenleidend, sehr nervös und aufgeregt; nach Auffassung ihrer Brüder gefährdet für Veitstanz.
ad 20 Michael Cato, geb. 1. Aug. 1888 zu Kothgeisering; großer, schwerer Mann; frei von Veitstanz; gesund.

Anmerkungen zur Nachkommentafel der Familie **Antonius** von Schaching.

ad 1 Johann Tr. aus Daßstatt, lediger Halbauernssohn aus Böhmen oriundus, sonst nichts zu eruieren.
ad 2 Anna Maria Sti., ledig, weitere Angaben fehlen.
ad 3 Josef Antonius, geb. 1786 zu Altnurfahrt?, gest. 11. März 1858 zu Schaching am „Schleimfieber“ im 72. Lebensjahr; soll immer gesund gewesen sein.
ad 4 Maria A. geb. Tr., illegitim geb. 1798 zu Loham, gest. am 7. Oktober 1828 zu Schaching am „Brand“. Wurde 30 Jahre alt.
ad 5 Maria Magdalena A., geb. am 9. Juni 1817 zu Schaching, gest. am 15. Juni 1817 an Fraisen.
ad 6 M. Anna A., geb. am 24. März 1818, weiteres unbekannt.
ad 7 Franz Josef A., geb. am 9. März 1819, gest. am 11. März 1819 an Fraisen.
ad 8 Katharina A., geb. am 7. Januar 1821, weiteres unbekannt.
ad 9 Maria Therese A., geb. am 21. September 1822, weiteres unbekannt.
ad 10 Johann Baptist A., geb. am 19. Juni 1824, gest. am 14. Sept. 1863 an „Gichtleiden“ im Alter von 39 Jahren. Kopfgicht = Chorea?; verdächtig!
ad 11 Josef A., Ökonom und Gärtner, geb. am 20. März 1827 zu Schaching-Deggendorf, gest. am 17. Mai 1872 zu Vorderherberg an „rheumatischer Gehirnentzündung“ nach Angabe des behandelnden Arztes. Er soll fürchterlich reizbar und jähzornig gewesen sein, hat viel getrunken und in den „letzten Lebensjahren“ an eigentümlichen Zuckungen gelitten. Er war verheiratet mit Franziska A., geb. Si., geb. am 27. April 1829, gestorben im Januar 1917 an Altersschwäche. Diese litt nie an veitstanzähnlichen Erscheinungen, war fast bis zum Tode körperlich und geistig auffallend rüstig.
ad 12 Michael A., geb. am 1. Oktober 1828, eine Stunde später an „Schwäche“ gestorben.
ad 13 Luise A. verh. E., geb. am 15. März 1854, lebt in Muggenthal, ist körperlich und geistig gesund.
ad 14 Fall VI.
ad 15 Joseph A., geb. am 16. Juli 1859 zu Vorderherberg, lebt, ist gesund, Kunstgärtner in Kleinschaching.
ad 16 Theresia A. verh. Gsch., geb. am 29. November 1860 zu Vorderherberg, lebt in Dachau. Ist körperlich gesund, aber „ziemlich gedächtnisschwach“.

ad 17 Franziska A. verh. Dr., geb. am 5. August 1862 zu Vorderherberg, ist gesund, wohnt in Schäftlarn.

ad 18 Maria A., geb. am 8. Januar 1864 zu Vorderherberg, war verheiratet mit dem Fabrikanten K. in München; gest. am 2. Jan. 1918 in München. Nach Angaben ihres Ehemannes scheint sie zum mindesten in den letzten 6 Jahren ihres Lebens an Huntingtonscher Chorea gelitten zu haben. Früher war sie sehr gesprächig; auf einmal, etwa 6 Jahre vor dem Tode, wurde sie auffallend ruhig, gleichzeitig zunehmend reizbar. Etwa 1 Jahr später bekam sie einen Anfall von 2 Minuten Dauer, verlor die Besinnung, verdrehte die Augen, verzog den Mund nach links. 3 Jahre vor dem Ableben war sie über Nacht linksseitig gelähmt. Die Lähmung verlor sich nie mehr ganz. Der linke Fuß wurde seitdem immer nachgezogen. Die letzten 2 Jahre wurden fast täglich 2—3 Schwindelanfälle beobachtet. Gleichzeitig allgemeiner geistiger Rückgang; Sprache lallend, schließlich ganz unverständlich, taumelnd-unsicherer Gang, dabei ständig Bewegungen hin und her („reißende Bewegungen"), Gesichterschneiden, Kopf vornüberhängend. Todesursache, nach Angabe des Hausarztes, der „Gehirnerweiterung" festgestellt haben soll, Lungenlähmung.

ad 19 Amalie A., geb. am 10. Juni 1866 zu Vorderherberg. Als Kind gut entwickelt. In der Schule mittelmäßige Leistungen; wenig Talent; faul. Mit 4—5 Jahren Keuchhusten; sonst angeblich keine Kinderkrankheiten. Von Haus aus gutmütig und willig; später dem Müßiggang verfallen. Wurde leichtsinnig, arbeitsscheu; trieb Gewerbsunzucht. 34 mal vorbestraft. Fast 2 Jahre in Arbeitshäusern verbracht. Um 1903 wegen syphilitischer Erkrankung 2 mal in ärztlicher Behandlung. Seit der 2. syphilitischen Erkrankung (1903) an Geistesschwäche leidend. Zuletzt monatelang ziellos herumgestreunt.

Wird am 20. November 1911 aus der Untersuchungshaft in die Heil- und Pflegeanstalt Deggendorf eingewiesen.

Krankheitsgeschichte der Heil- und Pflegeanstalt Deggendorf.
Diagnose: Paralyse.

Körperlicher Befund: Kleine, mittelkräftig gebaute Person von genügendem Ernährungszustande und blassem Aussehen. Muskulatur schlaff, Fettpolster mäßig entwickelt.

Kopf regelmäßig geformt, nicht druckempfindlich, ohne Narben.

Schädelmaße: Größter Längsdurchmesser 17 cm, größter Breitedurchmesser 14 cm, Abstand der Jochbeinfortsätze 11 cm, Abstand der Por. acust. 11 cm, Horizontalumfang 53 cm, Sagitalumfang 33,5 cm.

Haare dunkelbraun, an den Schläfengegenden grau meliert. Rechte Gesichtshälfte etwas voluminöser als linke. Nase spitz. Keine Innervationsstörung der Gesichtsmuskulatur. Augenbewegung und Lidschlag frei. Iris blaugrün. Pupillen gleich, mittelweit; reagieren prompt in jeder Hinsicht. Zunge gerade, ohne Tremor vorgestreckt. Hintere Rachenwand leicht gerötet. Brust- und Unterleibseingeweide ohne krankhaften Befund. Temperatur nicht erhöht. Puls regelmäßig, mittelkräftig, nicht beschleunigt.

Kniesehnenreflexe träge. Übrige Haut- und Muskelreflexerregbarkeit ohne gröbere Störung. Sensibilität gehörig. Kein Tremor; kein Romberg; keine Sprachstörung. Keine Druckempfindlichkeit peripherer Nervenstämme. Kubitaldrüsen nicht palpabel. Genitalien o. B. Körpergewicht 98 Pfund.

Psychischer Befund: Pat. liegt zusammengekrümmt unter der Decke und scheint sich um ihre Umgebung nicht im geringsten zu kümmern. Auf Verlangen setzt sie sich auf und antwortet auf die an sie gerichteten Fragen. Sie sieht dabei stets nach der Ref. entgegengesetzten Seite auf ein und denselben Fleck, auch, als sie aufgefordert wird, Ref. anzusehen. Die Hände sind in ständiger Unruhe. Sie zupft und nestelt an der Decke, zieht sie bald höher über sich, bald schlägt sie sie zurück, dreht sich nach dieser und jener Seite, immer mit möglichst abgewendetem Gesicht, wischt am Mund und Gesicht herum, schneidet alle möglichen Grimassen. Ihre Personalien gibt sie richtig an. Örtlich und über ihre Umgebung ist sie orientiert, nicht genau orientiert aber über die Zeit. Im Datum ist sie um 6 Tage voraus. Den Monat nennt sie richtig, als Jahr zuerst 1902, dann 1901 und zuletzt, aufmerksam gemacht, daß das nicht sein könne, 1911. Die Aufmerksamkeit ist vom Anfang der Unterredung an erheblich gestört. Jedes Geräusch im Nebensaale stört sie. „Da kann ich nicht nachdenken, wenn die immer schwätzen.“ Sie sitzt einige Minuten, wie in Nachsinnen versunken, weiß dann aber nicht mehr, was sie gefragt wurde und muß erst eindringlich zur Aufmerksamkeit ermahnt werden.

Davon, daß ihr Lebenswandel einer Besserung fähig ist, ist sie nicht überzeugt. Sie sei „so ganz ordentlich“ gewesen. In die Strafen sei sie ganz ungerecht hineingekommen. Auch diesmal habe sie nicht gestohlen. Mit einer gewissen Raffiniertheit, die Schwachsinnigen ihrer Sorte eigen ist, verteidigt sie sich. Sie habe die in Frage stehende Wäsche von einer Frauensperson gekauft. Diese Frauensperson beschreibt sie ganz ausführlich nach Alter, Aussehen usw., aber gekannt habe sie sie nicht „und überhaupt“, meint sie zuletzt, „hat mich niemand g'sehen, also kann's mir nicht nachg'wiesen werden“. Sie lügt einfach kritiklos und stereotyp, indem sie glaubt, so über die ihr mangelnde Urteilsfähigkeit der ihr entgegengehaltenen Einwände am besten hinwegzukommen.

25. Nov. 1911. Über ihre Lage ist sie sich gänzlich im unklaren. Sie meint, mit der Anstaltsbeobachtung sei es abgetan, dann werde sie entlassen und gehe zu ihren Geschwistern nach Mü., die „sehr reich“ seien. Diese nähmen sie sehr gerne zu sich; es würde sich ihr dann dort ein sehr genußreiches Leben bieten. An ihre kümmerliche Existenz, an die Not und Entbehrungen vor ihrer Festnahme scheint sie sich überhaupt nicht mehr zu erinnern. Alles erscheint ihr in rosigem Licht. Mit besonderer Vorliebe spricht sie von ihren „reichen“ Verwandten. Ihre eigenen minimalen Leistungen, z. B. Bettenmachen, Reinigen des Waschgeschirrs und ähnliche tägliche Verrichtungen schätzt sie sehr hoch ein, macht besonders darauf aufmerksam, meint: „Gelt, das hab' ich schön gemacht! “ Rühmt sich ihrer Reinlichkeit anderen Kranken gegenüber. Vergißt ganz, daß sie selbst mit massenhaft Läusen in die Anstalt gekommen ist.

Nahrungsaufnahme regelmäßig; Schlaf nicht gestört.

30. Nov. 1911. Sie faßt im ganzen richtig, aber meist erheblich verlangsamt auf. Etwas rascher aufeinanderfolgende Fragen machen sie ganz verwirrt. Sie meint: „Da werd' ich so aufg'regt, daß ich gar nichts mehr sagen kann.“ Entsprechend der Auffassung ist der Gedankenablauf verlangsamt. Auch bei Dingen, die sie nach längerem Befragen und Nachdenken ganz gut weiß, versagt sie, wenn sie rasch gefragt wird. Die Intelligenzprüfung gestaltet sich dementsprechend ziemlich umständlich. Das Ergebnis ist ziemlich dürftig. Mit ein- und zweistelligen Zahlen rechnet sie noch leidlich, aber sehr langsam. Mit mehrstelligen Zahlen gelingt es ihr nicht mehr; fast regelmäßig hat sie, über dem Versuch, zu rechnen, die Zahlen vergessen. Die Berechnung von Zinsen und andere einfache Berechnungen gelingen ihr überhaupt nicht. Die einfachsten elementaren Kenntnisse und Begriffe sind ihr so ziemlich geläufig. Sie nennt die Monate, Wochentage, Weltteile richtig, weiß, daß Bayern ein Königreich ist, daß der König Otto heißt, daß Prinzregent Luitpold regiert, daß Papst Pius im Rom lebt. Als deutschen Kaiser nennt sie „Josef“. Die Hauptstadt des Reiches ist „Mü.“. Vom Deutschen Reich weiß sie fast nichts, auch nicht, wo Rom liegt usw. Mü. liegt an der Isar, Deggendorf an der Donau. Die weiteren Kenntnisse, die bereits eine gewisse Urteilsfähigkeit voraussetzen, sind sehr gering. Raumbegriffe kennt sie nur die allerdürftigsten; die religiösen Begriffe sind minimal. Sie leiert zwar die bekannten Gebete gedankenlos herunter, nennt die Gebote Gottes und der Kirche, hat aber eine mehr wie kindliche Vorstellung von dem, was sie enthalten. Ethische Begriffe und Urteile sind ihr absolut fremd. Sie weiß zwar, daß man nicht stehlen darf und aus der Erfahrung, daß man deshalb eingesperrt wird, sowie daß der Aufenthalt im Gefängnis und namentlich im Arbeitshaus unangenehm ist, aber von Schande und Reue scheint sie keine Ahnung zu haben.

20. Dez. 1911. Auf der Abteilung benimmt sie sich recht linkisch und tölpelig. Sie blättert den ganzen Tag in einer illustrierten Zeitschrift, sagt, sie lese, liest aber nicht wirklich, faßt wenigstens von dem Gelesenen nichts auf. Meint beim Gesandten in Paris („Woche“), die Bezeichnung „Vertreter des Deutschen Reiches“ bedeute: „Der steht noch über die König und Kaiser; dem müssen's alle folgen.“ Einen Strumpf richtig zu stricken, ist sie nicht imstande. Sie strickt den Vorfuß endlos fort, ohne Maschen abzunehmen, obwohl ihr Machwerk wiederholt aufgetrennt wird und ihr eingehend erklärt wird, wie sie es zu machen hat. Läßt sich dabei die spitzige Kritik der etwas vorlauten Pat. Kr. stumpfsinnig gefallen und hört erst nach öfterem Auftrennen des Strumpfes zu stricken auf.

28. Dez. 1911. Sitzt immer, über ihr Buch gebeugt, am gleichen Platz, kümmert sich kaum um ihre Umgebung, gestikuliert, wischt und zupft mit den Händen, schneidet Gesichter. Die Augenlider sind stets halb geschlossen. (Keine Ptosis!). Hie und da erzählt sie von ihren Münchner Erlebnissen recht lebhaft. Spricht dabei eindringlich auf stumpfsinnig neben ihr sitzende, blöde Kranke ein, die auch nicht im mindesten Notiz von dem Gesagten nehmen. Flicht nach jedem Satz, den sie Ref. beantwortet, stereotyp die Bemerkung ein, „ich dank' vielmals Herr Doktor!" Nahrungsaufnahme regelmäßig. Schlaf nicht gestört. Tritt immer mehr mit Förderungs- und Größenideen hervor. Spricht gelegentlich von ihrem nicht unbeträchtlichen Vermögen, das sie vor den Behörden geheimhalten will, erzählt von schönen seidenen Kleidern; meint, sie werde in Mü. wieder auf feinem Porzellan und Silber speisen. Wenn sie ihre schönen Kleider anhabe, sei sie auch so eine Dame, wie jene, die sie in den illustrierten Zeitschriften abgebildet sieht usw. Sehr übel hat sie es genommen, daß sie in einer gerichtlichen Zustellung als Tagelöhnerin apostrophiert wird.

15. Jan. 1912. Körperlicher Befund weicht heute von früheren ab. Pat. ist in letzter Zeit viel schwerbeweglicher und unbeholfener geworden. Der Gang ist zeitweise recht unsicher. Fiel unlängst zu Boden und schlug sich ein Auge blau. Pupillen reagieren träge auf Lichteinfall. Zunge weicht nach l. ab, zittert nicht. Die Gesichtszüge werden schlaffer. Kniesehnenreflexe sind nahezu erloschen. Romberg leicht +; Schmerzempfindlichkeit an den Extremitäten herabgesetzt. Leichtes Silbenstolpern.

30. Jan. 1912. Gerät heute bei der Verhandlung vor dem L.-G. Deggendorf über Ref. während dessen Gutachtensabgabe in Erregung, beschimpft ihn unflätig, so daß sie, bis nach Erstattung des Gutachtens, abgeführt werden muß. Wird auf Antrag des Staatsanwalts unter Zubilligung des § 51 freigesprochen.

Febr. 1912. Lebt im ganzen stumpfsinnig in den Tag hinein, drängt nur regelmäßig bei der Visite hinaus. Spricht ab und zu von ihren hohen Verwandten. Verspricht den Wärterinnen allerlei Geschenke, wenn sie ihr nach Mü. verhelfen.

März 1912. Ist nicht zu beschäftigen. Als sie mit Mühe zum Stricken gebracht wurde, machte sie alles verkehrt. Sitzt auf ihrem gewohnten Platz, schaut in ein Buch, ohne zu lesen. Körperlich ohne Zwischenfälle.

April 1912. Versucht über die Mauer zu klettern, was ihr bei ihrer Unbeholfenheit nicht gelingt. Stumpf, apathisch; zeigt lediglich sinnlosen Freiheitsdrang.

Mai 1912. Recht schwachsinnig. Erzählt oft und gern von ihren reichen Verwandten, ihrem Reichtum, den schönen Kleidern. Schwätzt fort, auch, wenn sie keine Zuhörer hat.

Juni 1912. Sucht in den illustrierten Zeitschriften Abbildungen von Fürstlichkeiten heraus; meint: „Schauen's her, H. Dr., so eine feine Dame bin ich auch, wenn ich in Mü. bin." Vom Kaiser meint sie: „Grad' so nobel ist mein Bruder." Körperlich ohne Zwischenfälle.

Juli 1912. Lebt stumpfsinnig in den Tag hinein. Betrachtet wochenlang immer ein und dasselbe Bild, das in einer Zeitschrift aufgeschlagen, vor ihr liegt. Drängt einsichtslos hinaus. Körperlich wohl.

August 1912. Das gleiche stumpfsinnige Dahinvegetieren bei äußerlich leidlich geordnetem Verhalten. Kommt ab und zu vorübergehend in Erregung. Hat neulich W. Graßl geohrfeigt.

Sept. 1912. Stumpf, einsichtslos. Zeigt gelegentlich Andeutungen von Größenideen. Körperlich ohne Zwischenfälle.

Juni 1913. Verspricht H. Dir. 100 Mark, wenn er sie hinausläßt. Meint, „meine Schwester ist so reich, die ham so viel Geld und Sach', die kennen keine 100 Mark gar nicht." Hier will sie keinen Tag länger bleiben, denn hier sind lauter Zuchthausmenscherl, die draußen nur Schlechtigkeit aufgeführt haben, aber da herinnen bekommen sie nichts dafür. „Ich bin eine feine Dame, wenn ich meine schönen Kleider anhab'; da g'hör ich nicht r'ein". Recht streitsüchtig und unverträglich. Körperlich ohne Zwischenfälle.

Sept. 13. Versteckt sich meist vor den Ärzten, weil sie sich „in dem G'wand net sehen lassen kann". Zeigt das Bild der Kronprinzessin, meint „„so schau' ich aus, wenn ich mein eignes G'wand anhab'". Namentlich auf Ref. schlecht zu sprechen, der sie bei ihren Angehörigen in Mü. „so stark verkauft" habe, sonst hätten sie diese schon längst „mit dem Automobil abgeholt". Körperlich befriedigend.

Dez. 1913. Lebt in ihren schwachsinnigen Größenideen, erzählt von ihren reichen Verwandten, feinen Kleidern usw. usw. Sehr unverträglich; schimpft über Gott und die Welt.

Das Essen ist ihr zu schlecht; wirft gelegentlich die Speisen samt Teller mitten in den Saal hinein, drängt sinnlos hinaus. Körperlich ohne Zwischenfälle.

März 1914. Glaubt, sie komme jetzt bald hinaus, wenn es warm werde. H. Med.-Rat habe es ihr schon versprochen und dann müsse sie Ref. doch auch gehen lassen. Sie habe schon alles gepackt, daß sie gleich abreisen könne, sie habe jetzt genug vor diesen „spinnenden Leuten". „Ich hab' selber das schönste Sach' und schöne Kleider und ein gutes Essen in Mü., da werd's schauen, wie ich da elegant daher komm." Das gleiche schwachsinnig-reizbare, einsichtslose Verhalten. Körperlich befriedigend.

Aug. 14. Liegt immer am Boden herum, ist dem Arzte gegenüber abweisend, eine Aussprache mit ihr ist nicht möglich. Augenscheinlich voll von Wahnideen.

Nov. 14. Vegetiert schwachsinnig dahin, drängt häufig auf Entlassung, „will nach Mü.", liegt sonst am Boden herum.

März 1915. Zeigt immer das gleiche schwachsinnige Verhalten. Liegt oder sitzt in einer Ecke des Zimmers, verhüllt sich das Gesicht; ist auf Anreden meist völlig unzugänglich, verläßt unter verworrenem Schimpfen das Zimmer.

Juli 1915. Unverändert.

Oktober 1915. Schimpft und gestikuliert oft vor sich hin; eine Aussprache mit ihr ist nicht möglich.

Dez. 1915. Unzugänglich; augenscheinlich voll von verworrenen Wahnideen.

März 1916. Keine wesentliche Veränderung.

Juli 1916. Hockt beständig am Boden; fängt auf Anreden verworren zu schimpfen an.

20. Sept. 1916. Erkrankt an Schweratmigkeit, Hustenreiz. Atmung angestrengt, Cyanose der Lippen. Untersuchung wegen Widerstrebens fast nicht möglich. (Systolisches Geräusch an der Herzspitze.) Puls schwach, beschleunigt. Bekommt Digalen; nimmt nach einem einmaligen Versuch keine Medikamente mehr zu sich.

15. Okt. 1916. Zunehmender Verfall; Medikamente werden nicht genommen.

23. Okt. 1916. Abends 6 Uhr 15 Min. Exitus letalis.

24. Okt. 1916. 11 Uhr p. m. Sektion. Dura und Längssinus o. B. Weiche Häute injiziert, Windungen atrophisch. Seitenventrikel nicht erweitert, keine Granulationen, Basalquerschnitt o. B.

Herz bedeutend vergrößert, schlaff, mit Blutgerinnsel gefüllt; Klappen intakt; immerhin kann bei der Weite der l. Herzkammer eine relative Insuffizienz der Mitralis angenommen werden. Aorta stark runzelig, mit stellenweise verdünnten, durchscheinenden Wandungen.

Lungen: Überall gut lufthaltig. Aus den Bronchien des r. Unterlappens entleert sich schleimig-eitriges Sekret.

Leber: o. B.

Milz: o. B.

Nieren: o. B.

Todesursache: Vitium cordis.

ad 20 Katharina A. verheiratete He. Bäckerswitwe geb. am 4. Mai 1869 zu Vorderherberg, wohnt noch dort, ist körperlich und geistig gesund.

ad 21 Franz Xaver A., geb. am 24. Januar 1872 zu Vorderherberg, lebt dort als Bauer, ist körperlich und geistig normal, besitzt individuell scharf ausgeprägten, etwas rechthaberischen Charakter.

ad 23 Luise Ed., geb. 1885, gesund.

ad 23 Kajetan A., geb. am 10. Juli 1885, Kaffeehausbesitzer in F., war im Felde, ist ungemein nervös, hochgradig reizbar. Erscheint für Huntingtonsche Chorea gefährdet. Verheiratet seit Januar 1914.

ad 24 Anna A., ledig, geb. am 28. Sept. 1888, lebt bei ihrem Bruder. Ist ebenfalls sehr reizbar, hat manchmal ganz verschrobene Ansichten, an denen sie eigensinnig festhält. Notorisch sehr verdächtig, hastige, fahrige Bewegungen, ständige Unruhe. Anna A. kann sich angeblich nicht richtig waschen, sie streckt dabei immer die Finger von sich.

ad 25 Klein an einer Kinderkrankheit gestorben.

ad 26 geboren 1897, gesund.

ad 27 Ida, geb. 1882
ad 28 Josef, geb. 1884 } Klein an „Gedärmschleiß" gestorben.
ad 29 Alfons, geb. 1885

ad 30 Josef, geb. 1889, kam nierenleidend aus dem Felde, starb am 16. April 1919.
ad 31 Margarete, geb. 12. Mai 1896, lebt, ist gesund.
ad 32 Wilhelm, geb. 10. März 1897, am 21. Mai 1918 gefallen.
ad 33 Alfons, geb. 7. März 1900, lebt, ist gesund.
ad 34 Franziska Dr., geb. 8. Dezember 1893, lebt, ist gesund.
ad 35 Alfons Dr., geb. am 4. Mai 1895, lebt, ist gesund.
ad 36 Ludwig Dr., geb. am 6. Juni 1897, lebt, ist gesund.
ad 37 Otto Dr., geb. am 24. April 1899, lebt, ist gesund.
ad 38 Georg Dr., geb. am 29. Febr. 1901, lebt, ist gesund.
ad 39 geb. 1889, verh, bisher kinderlos, gesund.
ad 40 geb. 1892, verh., gesund.
ad 41 geb. 1896, ledig, gesund.
ad 42 und 43. Kreszentia und Katharina, Zwillinge, geb. am 9. Juni 1901, gest. am 30. Aug. 1901 und am 25. März 1902.
ad 44 künstliche Frühgeburt am 28. März 1903, erfolgt wegen Nierenentzündung, Kind tot.
ad 45 Franziska A., geb. am 4. Sept. 1904, gest. am 27. Nov. 1904 an Fraisen.
ad 46 Franz Xaver A., geb. am 24. Okt 1905, lebt, ist gesund.
ad 47 Josef E., geb. am 21. Okt. 1906, gest. am 13. März 1907 an Keuchhusten.
ad 48 Maria A., geb. am 6. Nov. 1907, gest. am 6. August 1911 an Diphtherie.
ad 49 Josef A., geb. am 3. Sept. 1909, lebt, ist gesund.
ad 50 Friedrich A., geb. am 22. Sept. 1910, gest. am 29. Aug. 1914 an Fraisen.
ad 51 Maria A., geb. am 18. Dez. 1911, lebt, ist gesund.
ad 52 Kajetan A., geb. am 12. Jan. 1913, lebt, ist gesund.
ad 53 Ferdinand A., geb. am 29. Jan. 1914, lebt, ist gesund.
ad 54 Franziska A., geb. am 25. Dez. 1915, lebt, ist gesund.
ad 55 Elisabeth A., geb. am 18. Juli 1917, lebt, ist gesund.
ad 56 geb. am 11. Mai 1911, lebt, ist gesund.
ad 57 geb. am 6. Sept. 1914, lebt, ist gesund.
ad 58 geb. 1915, lebt, ist gesund.

Anmerkungen zur Nachkommentafel der Familie **Manlius** von Kirchstätt.

ad 1 Josef Manlius, Großmaierbauer in Kirchstätt, geb. um 1734; „fiel Ende 1760 oder Anfang 1761 über eine Stiege herunter und zog sich dadurch ein auffälliges Zucken und Reißen, eine veitstanzähnliche Krankheit zu, die ihm das ganze Leben verblieb".
ad 2 Wolfgang Manlius, geb. den 10. Sept. 1760; er und alle seine Nachkommen blieben bis heute frei von veitstanzartiger Krankheit. „Dies kommt daher, weil Wolfgang bereits am Leben war, als seinem Vater das Unglück passierte."
ad 3 Josef Manlius, geb. den 10. Jan. 1763, hatte die Krankheit von seinem Vater geerbt. Weiter war nichts zu eruieren.
ad 4 Anton M., geb. den 16. Jan. 1793, gest. den 14. Mai 1860 an „Altersschwund" ohne Arzt. Nach Angaben seiner Angehörigen hat er 35—40 Jahre lang arg an Veitstanz gelitten.
ad 5 Sebastian M., geb. den 11. Juli 1816 in Schilling, gest. dortselbst am 7. Juli 1877. Er litt nach Angaben seiner Angehörigen nur in geringem Grade an Veitstanz; in mittleren Jahren fing er an ständig mit den Achseln zu zucken und Gesichter zu schneiden. Geistig war er bis zu seinem Tode sehr rüstig, versah Ehrenstellen in der Gemeinde.
ad 6 und 7. Zwillinge Anton und Josef, geb. den 9. Sept. 1817 zu Schilling, gest. den 9. bzw. 10. Sept. 1817 an Schwäche infolge zu früher Geburt.
ad 8 Ursula M. verehelichte Cornelius, geb. den 21. Okt. 1819 zu Schilling, gest. den 1. Nov. 1900 zu Waltlham an Phlegmone und hypostatischer Pneumonie. Nach Angabe ihrer Angehörigen hatte sie „die Krankheit" so stark, daß sie schließlich die ganze Straße zum Gehen brauchte und in der Kirche niemand bei ihr im Betstuhl bleiben konnte, weil sie so zu „schieben" anfing.
ad 9 Elisabeth M., geb. den 27. März 1822 zu Schilling, gest. ebenda am gleichen Tag. Todesursache: Schwäche.
ad 10 Anonyma, geb. den 11. Januar 1824 zu Schilling, bei der Geburt gestorben.

ad 11 Anton M., geb. den 9. Dez. 1824 zu Schilling, gest. den 10. Aug. 1871 zu Reichenhall an Pneumothorax. Er war bei seinem Tode noch unverheiratet, Dienstknecht. Nach den Angaben von Verwandten war er „auch nicht frei von Anzeichen des Veitstanzes". Die Verwandten haben ihn später, als er nach Reichenhall verzogen war, nicht mehr gesehen.

ad 12 Anonymus, am 6. Januar 1829 in Schilling totgeboren.

ad 13 Josef M., geb. den 5. März 1830 zu Schilling, gest. den 10. Nov. 1874 zu Schilling an Veitstanz. Er hat etwa 20 Jahre lang stark an Veitstanz gelitten.

ad 14 Maria M. verh. B., geb. den 20. März 1836 zu Schilling, gest. in Nordamerika im Jahre 1899 an „offenem Fuß". Hat angeblich nicht an Veitstanz gelitten.

ad 15 Elisabeth M. verh. Kl., geb. den 10. März 1837 zu Schilling, gest. um das Jahr 1894 in der Nähe Rosenheims. Kein Veitstanz. Todesursache: Magenleiden?

ad 16 Rosina M., geb. den 2. März 1838, gest. den 17. April 1838 zu Schilling an Fraisen.

ad 17 Josef M., geb. den 20. Febr. 1839, gest. 1895 an Schlaganfall. Frei von Chorea.

ad 18 Sebastian M., geb. den 31. Jan. 1840, gest. 1891 in Kirchensur an Schlaganfall. Frei von Chorea.

ad 19 Johann M., geb. den 1. Mai 1841, gest. den 15. Okt. 1907 zu Schnaitsee an Schlaganfall. Litt nie an Veitstanz.

ad 20 Alois M., geb. den 19. Juni 1842, gest. den 20. Okt. 1842 zu Schilling an Keuchhusten.

ad 21 Alois M., geb. den 29. Aug. 1843, gest. den 1. Okt. 1843 zu Schilling an Darrsucht.

ad 22 Katharina M., geb. den 6. Okt. 1844, gest. den 6. Febr. 1849 zu Schilling an Blutbrechen.

ad 23 Franz X. M., geb. den 12. Nov. 1845, gest. den 28. Juni 1846 zu Schilling an Fraisen.

ad 24 Franz X. M., geb. den 6. Okt. 1848, gest. im Mai 1901 an den Folgen eines Unglücksfalles in Schlicht bei Wasserburg. Hat nie veitstanzartige Bewegungen dargeboten.

ad 25 Agathe M., verh. Gu., geb. den 1. Jan. 1850 zu Schilling, gest. um das Jahr 1899 in Texas. Ob sie an Veitstanz erkrankt war, ist nicht festzustellen.

ad 26 Therese M. verh. Wi., geb. den 4. Febr. 1851 zu Schilling, gest. etwa im Jahre 1893 in Texas im Kindbett. Über etwaige Erkrankung an Chorea war nichts festzustellen.

ad 27 Anton M., geb. den 29. Okt. 1853 zu Schilling, gest. zu Schnaitsee am 15. Febr. 1912. Todesursache: Pneumonia crouposa. Litt nie an Chorea.

ad 28 Gottfried M., geb. den 28. Nov. 1855 zu Schilling, gest. dortselbst am 6. Dez. 1855 an Gelbsucht.

ad 29 Alois M., geb. den 30. Jan. 1857, gest. den 1. Juli 1857 zu Schilling an Fraisen.

ad 30 Ursula Cornelius verh. Hu., geb. den 24. Mai 1844 zu Stetten; lebt noch. Leider konnte bisher ihr Aufenthaltsort nicht eruiert, also auch nichts über ihre Nachkommenschaft in Erfahrung gebracht werden. Sie soll bis in die letzte Zeit geistig ganz normal gewesen sein, aber in geringem Grade das „Reißen" wie ihre Mutter haben.

ad 31 Johann Cornelius, geb. den 21. Juni 1845, gest. den 15. Juli 1845 zu Stetten. Todesursache: Fraisen.

ad 32 Anna C. verh. Ed., geb. den 21. Juli 1846 in Stetten, gest. den 3. Mai 1913 in Manzing an Pneumonia crouposa. Hatte „Reißen und Zucken".

ad 33 Simon Cornelius, geb. den 26. Sept. 1847 zu Stetten, lebt noch, ist geistig und körperlich gesund.

ad 34 Katharina Cornelius, geb. den 16. Nov. 1848 in Stetten, gest. den 14. Jan. 1917 zu Waltlham an Carcinoma intestini. War sehr nervös und ängstlich.

ad 35 Magdalena Cornelius, geb. den 11. Juli 1851 zu Stetten, gest. den 23. März 1859 zu Waltlham an gastrischem Fieber.

ad 36 Maria C. verh. Ob., geb. den 30. Jan. 1853 zu Waltlham, lebt noch in S., ist frei von Veitstanzerscheinungen.

ad 37 Philipp Cornelius, geb. den 24. Mai 1850 in Stetten, gest. den 25. Okt. 1915 in Waltlham an Phlegmone Brachii sin., Sepsis. Litt nicht an Chorea.

ad 38 Anton Cornelius, geb. den 11. Juli 1854 zu Waltlham, gest. um das Jahr 1896; Todesursache und Sterbeort waren bis jetzt nicht zu eruieren. Veitstanzartige Erscheinungen haben angeblich nicht bestanden.

ad 39 Anonyma, geb. den 30. Jan. 1856, gest. während der Geburt.

ad 40 Elisabeth C. verh. Pe., geb. den 24. Sept. 1858 zu Waltlham, lebt, ist geistig normal, hat aber auffälliges Zucken an Händen, Armen und Oberkörper.

ad 41 Johann Bap. Cornelius, geb. den 15. Juni 1860 in Waltlham. Lebt, ist geistig und körperlich normal.

ad 42 Alois Cornelius, geb. den 5. Mai 1862, gest. den 4. Mai 1863 zu Waltlham an Skrophelsucht.

ad 43 Magdalena Cornelius, geb. den 14. Aug. 1864 zu Waltlham. Lebt, ist geistig und körperlich etwas beschränkt.

ad 44 Josef Manlius, geb. den 1. Sept. 1851, gest. den 6. Sept. 1851 zu Parting an Fraisen.

ad 45 Josef Manlius, geb. den 13. Dez. 1852 zu Parting, lebt, ist gesund, sicher frei von Chorea.

ad 46 Anna M. verh. Scaevola, geb. den 26. April 1855 zu Parting, gest. den 5. Febr. 1885 zu Ober. im Wochenbett an Gebärmutterentzündung. Zuletzt konnte sie sich mehrere Jahre nicht mehr ruhig halten, hatte ein nervöses Zucken, schlenkerte beständig mit den Füßen, wenn sie stand.

ad 47 Maria Manlius, geb. den 3. Juli 1857, gest. den 29. Dez. 1857 zu Parting an Fraisen.

ad 48 Rosina Manlius, geb. den 27. April 1859, gest. den 29. Dez. 1859 zu Parting an Fraisen.

ad 49 Maria M. verh. K., geb. den 3. Sept. 1863 zu Parting, lebt in München, ist sicher frei von choreatischen Erscheinungen.

ad 50 Josef Scaevola, geb. den 22. Febr. 1850, gest. den 23. Juli 1886 zu Ober. an Gedärmentzündung und Wassersucht. War ein fürchterlicher Alkoholiker, schlug seine Frau, warf die Kinder im Zorn wie ein Tobsüchtiger umher. Hat schon vor der Verheiratung schwer getrunken. Von seinem Vater, der 70 Jahre alt wurde, wird behauptet, er habe ständig gezittert, sich nie stille halten können; seine Mutter starb mit 49 Jahren an Schlagfluß. Unter den Vorfahren väterlicherseits ist kein Fall von Epilepsie, Geistes- oder sonstigen Nervenkrankheiten festzustellen gewesen. Die Vorfahren mütterlicherseits sind noch nicht erforscht.

ad 51 Anna Scaevola, geb. den 23. Aug. 1876, gest. den 12. Sept. 1876 zu Ober. an Fraisen.

ad 52 Anna Scaevola, geb. den 7. Jan. 1878 zu Ober., gest. den 23. Mai 1909 zu Ursberg an einem „Magenleiden“. Mit 18 Jahren gebar sie außerehelich; hernach kam sie in Dienst. Es stellten sich aber bald bei ihr „epileptische“ Anfälle ein. Schließlich wurde sie im Juli 1899 in die Anstalt Ursberg überführt. Nach Mitteilung der dortigen Anstaltsleitung litt sie „an epileptischen Anfällen, welche an Dauer und Heftigkeit zunahmen, wobei die Kranke sowohl körperlich als geistig immer mehr zurückging. In ihrer Kindheit schon soll sie aufgefallen sein durch ihr verstimmtes und trauriges Gemüt. In der Anstalt war sie oft hochgradig aufgeregt, äußerte Selbstmordideen, war zuletzt geistig sehr schwach“.

ad 53 Josef Scaevola, geb. den 24. Febr. 1879 in Ober., gest. den 17. Aug. 1912 in Waldhausen. Er war ein kräftig gebauter, solider Mensch. Etwa die letzten 4 Jahre seines Lebens war er nervenleidend. Zuletzt hatte er infolge „Rückenmarkleidens“ furchtbare Zuckungen des Körpers. Beim Reden war er fast nicht mehr verständlich. Er hatte einen unsicheren Gang und war immer in Gefahr, nach rückwärts zu fallen. Beim Überschreiten eines Baches fiel er infolge seiner Zuckungen rücklings ins Wasser und mußte ertrinken, da er sich nicht selbst heraushelfen konnte.

ad 54 Johann Scaevola, geb. den 19. Juni 1881 zu Waldh., lediger Dienstknecht.

1. Aufnahme in die psychiatrische Klinik München am 10. Dez. 1904.

Diagnose: Dementia praecox.

Krankengeschichte.

10. Dez. 1904. Wohlgebauter, gut ernährter, junger Mann. Schädel regelmäßig; im Fazialisgebiet keine Störung; Zunge wird gerade hervorgestreckt; kein Tremor. Pupillen sehr weit, =, Reaktion auf Licht und Konvergenz +. Patellarreflexe beiderseits sehr lebhaft, Klonus; Fußklonus. Hautreflexe sehr lebhaft. Grobe Kraft gut; Romberg +, leicht; Gang etwas unbeholfen; die Hacken werden zuerst aufgesetzt und die Zehen dorsal flektiert. Keine Sensibilitätsstörung. Keine Ataxien. Leichter, feinschlägiger Tremor der Hände.

Pat. ist zeitlich und örtlich nicht orientiert; glaubt, er sei in Waldh., Bezirksamt Traunstein. Pat. sitzt ruhig auf dem Stuhle, die Hände zwischen den Knien gefaltet, den Blick zur Erde gerichtet; er spricht mit leiser Stimme, ohne anzustoßen, mit Ausdruck. Gibt Geburtstag und Alter richtig an; er ei geboren in Waldh., seine Eltern leben nicht mehr. Vater gestorben an Gedärmentzündung, 35 Jahre alt, soll viel Bier getrunken haben. Mutter gestorben, 28 Jahre alt, im Wochenbett. 2 Brüder und 2 Schwestern leben; eine Schwester habe solche Krankheit wie Pat. selbst; „der fehlt's im Kopf; wenn sie draußen ist in der Luft, wird sie ganz dumm, im Zimmer ist's besser;" soll auch Krämpfe haben. Als Kind will Pat. immer gesund gewesen sein; mit 22 Jahren sei er herzleidend geworden und seitdem habe er — in verschiedenen Zwischenräumen (Wochen, Monaten) — Anfälle gehabt, ca. 6 mal. Er fühlte, daß ein Anfall kam, schrie noch auf und wußte dann nichts mehr. Ob er Krämpfe gehabt hat, weiß er nicht; doch habe er jedesmal Zungenbisse gehabt. Dieses Leiden bestehe seit 1 Jahre; der letzte Anfall sei im Februar gewesen; damals sei er zur Ader gelassen worden. Potus: früher 10 bis 12 Halbe Bier, kein Schnaps. Seit 4 Monaten gar nichts mehr. Nie geschlechtskrank. Im letzten Sommer sei er nie ganz wohl gewesen; er sei immer herzleidend und schweratmig gewesen und habe immer Kopfschmerzen (besonders über der Stirn) und soviel Hitze im Kopf gehabt. Er habe als Dienstknecht gearbeitet bis zum 10. Aug. d. J. Dann sei er wegen Herzkrankheit in Perl. im Krankenhaus gewesen. Er habe dort und in letzter Zeit noch häufiger das Gefühl gehabt, als ob ein Anfall herannahe; dann müsse er sich festhalten; doch sei es zum eigentlichen Anfall nicht gekommen. Bis vorgestern sei er in Perl. im Krankenhaus gewesen. Er sei zu Fuß eine Stunde weit von Perl. nach München gegangen.

Er sei gleich zum Prinzregenten gegangen; derselbe habe auf dem Throne gesessen mit der Krone und einem großen, blauen Mantel. Das Szepter habe er nicht in der Hand gehabt. Der Regent sei sehr freundlich gewesen, habe ihn zur Tafel geladen und ihm versprochen, er solle Hofmarschall werden. Pat. sei so schön gewachsen und habe einen so schönen Schnurrbart, daß er sich zum Hofmarschall eigne. Pat. habe dann gefragt, ob er Schloß Gothenburg übernehmen könne, und das sei ihm auch versprochen. Darauf sei er zum Ostbahnhof gegangen, um nach Ampfing zu fahren, um gleich zum Schloß Gothenburg zu gehen; er habe aber auf dem Ostbahnhof den Herrgott getroffen und der habe gesagt, er habe ihn (den Pat.) zwar gestraft (durch die Kopfschmerzen usw.), aber wenn er Vertrauen schenke, so werde es schon wieder recht. Der Herrgott hatte graues Haar und grauen Bart und ein weißes Gewand; auch eine Krone habe er aufgehabt. Dann hat Pat. das Beten angefangen; der Herrgott war wieder verschwunden; während er betete und sehr erregt auf dem Perron niederkniete, haben Schutzleute ihn mitgenommen und ins Krankenhaus r. d. I. verbracht. Während der Nacht sei dort der Herrgott noch öfters gekommen und habe gesagt, daß er dem Pat. verzeihe. Heute sei er durch die Sanitätskolonne gebracht.

Seit gestern habe ihm eine sehr schöne Stimme, die anscheinend aus dem Himmel kam, zugerufen, daß alles verziehen wird.

Pat. sagt, er habe große Angst vor unserm Herrgott, weil er ihn so oft gestraft habe; er fürchte, der Herrgott könne noch mehr über ihn schicken.

Wenn er herauskomme, werde er die Hofmarschallstelle übernehmen; diese Anstalt sei anscheinend ein Schloß, das dem Prinzregenten gehöre.

Als Pat. hört, daß er in einer Irrenanstalt sei, sagt er: „Ja meinen S', daß i geisteskrank bin? Dann kann mi der Prinzregent nimmer brauche. Glauben Sie nit, daß i wieder gesund werd'? Dann kann i schon noch Hofmarschall werden, wenn i wieder gesund bin."

Wie heißt der deutsche Kaiser? „Wilhelm." Wer war Bismarck? — Wann war der französische Krieg? „Vor 10 Jahren wird's gewesen sein." Gibt es jetzt Krieg? „Ja, aber ich weiß nicht wo. Der Prinzregent hat's gesagt, daß er mich braucht." Wer war Napoleon? „Früher hab' i's schon gewußt, aber jetzt weiß i's nimmer." $5 \times 7 = 18$; $48 - 12 = 14$, „ist's nicht recht?"; $3 \times 11 = 3$; $4 + 6 = 7$; $2 + 2 = 4$. (Pat. rechnet an den Fingern $2 + 2$).

23. Dez. 1904. Pat. ist unverändert; er wird heute abgeholt zur Überführung in die Irrenanstalt Gabersee. Ist noch geisteskrank und anstaltspflegebedürftig.

23. Dez. 1904. 1. Aufnahme in die Kreisirrenanstalt Gabersee.

Krankheitsgeschichte.

Wird aus der psychiatrischen Klinik München mit Diagnose Dementia praecox hierhergebracht. Bei der Aufnahme ruhig, in gleichgültig-heiterer Stimmung; äußert dem Arzt gegenüber mit lächelnder, selbstgefälliger Miene, daß er „auch hier bleiben könne", wenn er 20 000 Mark bekäme und Hofmarschall des Prinzregenten auch fernerhin bleiben dürfe; er sei in München vom Regenten dazu ernannt worden und müsse das Land regieren. Folgt ohne Zögern nach Abteilung E I.

27. Dez. 1904. Verhält sich ruhig; äußert einzelne Größenideen, so z. B., daß er „hier regieren wolle“, bringt aber seine wahnhaften Wünsche mit lächelnder Miene, ohne allen Nachdruck und ganz affektlos, vor. Außer Bett.

29. Dez. 1904. Kommt nach Abteilung A. Geht mit zur Feldarbeit.

31. Dez. 1904. Pat. ist psychisch bedeutend freier und klarer. Von den früher, noch vor wenigen Tagen, geäußerten unsinnigen Größenideen will er nichts mehr wissen; er bezeichnet dieselben als „dummes Zeug“; er fühle, daß er „im Kopf krank gewesen sei“; er habe unter ungesunden Verhältnissen schwer arbeiten müssen; die schlechte Luft in der Stadt habe ihn krank gemacht.

4. Febr. 1905. Entlassen.

10. März 1905. 2. Aufnahme in die psychiatrische Klinik München.

Diagnose: Dementia praecox.

Krankheitsgeschichte.

Pat. wurde im Dezember v. Js. von der diesseitigen Klinik nach Gabersee entlassen. Wie er angibt, entließ man ihn dort wieder anfangs Februar a. c. Er begab sich darauf in seine Heimat Waldh. bei Traunstein und fand bei seinem dort lebenden Bruder 14 Tage lang Unterkunft. Er konnte nicht arbeiten, und der Bruder sowohl als der Vormund machten ihm deshalb Vorhaltungen und warfen ihm vor, er habe keine Lust zur Arbeit; wenn er wirklich wolle, ginge es schon. Eines Abends „schaffte“ ihn der Bruder „aus“; er schlief dann die nächsten Tage im Wald und zog dann bettelnd umher. Gestern kam er nach München und übernachtete bei einem Wirt. Während der Nacht hatte er das Gefühl, als wenn ihn einer „benützte“, „gerade das nämliche Gefühl, als wenn man ein Mädel hat“. Es sei ein nackter Mann gewesen mit einem schwarzen Schnurrbart, der plötzlich neben ihm im Bett lag. Der habe ihn beständig in den Mund geküßt, habe sich auf ihn gelegt, allerlei Bewegungen gemacht und auf seinem Rücken herumgestochen; er habe Schmerzen dabei empfunden. Am Morgen war der Mann verschwunden. Pat. fühlte sich ganz krank und hatte heftiges Kopfweh. Er teilte dann seine Wahrnehmungen einem Schutzmann mit, der ihn in die Klinik verbrachte.

Pat. ist der Meinung, es handle sich um ein tatsächliches Erlebnis. „So etwas kann man sich nicht einbilden; das muß wahr gewesen sein; das kann ich beschwören.“ Wie er angibt, hat er nie homosexuelle Neigungen verspürt.

Pat. ist zeitlich und örtlich orientiert. Verhalten ist geordnet. Er schildert sein Erlebnis ohne nennenswerte Affektbetonung und ist völlig unzugänglich gegenüber Versuchen, ihm die Sache auszureden.

Das psychische Bild sowohl als das körperliche hat sich im übrigen seit der Entlassung nicht verändert.

23. März 1905. Pat. verhält sich dauernd ruhig. Hört keine Stimmen und äußert keine krankhaften Beziehungsideen. Die Gemütslage trägt einen leer-euphorischen Charakter von völliger Gleichmäßigkeit. Pat. ist stets zugänglich, freundlich, gibt bereitwillig Auskunft und befolgt anstandslos alle an ihn gerichteten Aufforderungen. Ist örtlich und zeitlich orientiert. Krankheitseinsicht über das vor der Einbringung stattgehabte wahnhafte Erlebnis besteht nicht.

28. März 1905. Das psychische Bild hat inzwischen keine weitere Veränderung dargeboten. Pat. wird heute nach Gabersee überführt. Er ist geisteskrank und anstaltspflegebedürftig.

28. März 1905. 2. Aufnahme in die Kreisirrenanstalt Gabersee.

Krankheitsgeschichte.

Am 4. Febr. 1905 wurde Scaevola aus der hiesigen Anstalt als geheilt entlassen. Er ging zu seinem Bruder nach Waldh. und suchte dort Unterkunft und Beschäftigung. Aber der Bruder sowohl als der Vormund verstanden nicht, ihn richtig zu behandeln, machten ihm Vorwürfe, wenn er nicht so arbeiten konnte, wie sie es wollten. Es kam bald zu ernsteren

Zerwürfnissen, bis ihn der Bruder einfach aus dem Hause wies. Pat. schlief die nächsten Tage im Wald, zog bettelnd umher, kam zuletzt nach München, wo er bei einem Wirt übernachtete. Dort will er in der Nacht das Opfer eines unsittlichen Attentats geworden sein, das ein „feingekleideter Herr" gegen ihn verübte. Anderen Tages habe er Schmerzen empfunden und heftige Kopfschmerzen verspürt. Durch einen Schutzmann, dem er Anzeige über den Vorfall machte, wurde er in die Klinik gebracht. Pat. zeigte sich zeitlich und örtlich orientiert, das Verhalten war geordnet, er blieb während seines Aufenthaltes durchaus ruhig; in bezug auf das erwähnte Erlebnis hat er keine Krankheitseinsicht. Pat. bietet bei seiner Wiederaufnahme in Gabersee dasselbe psychische Bild wie bei seiner Entlassung.

31. März 1905. Pat. verhält sich ruhig; äußert seine Zufriedenheit, daß er wieder hier sei, da er „draußen nichts Gescheites gehabt habe". Wahnideen äußert er nicht; in bezug auf die früher geäußerten, paranoiden Vorstellungen gibt er an, daß dies alles „dummes Zeug" gewesen sei.

1. April 1905. Seit einigen Tagen in Abt. F.

22. April 1905. Beschäftigt sich regelmäßig und fleißig, ist stets guter Stimmung; verharrt bei der Behauptung, in München sexuell mißbraucht worden zu sein.

16. Mai 1905. Trat heute mit einem Kehrbesen in der rechten Hand vor Referent an; auf eine scherzhafte Bemerkung, daß es so nicht richtig sei, bemerkte er barsch, „Du kannst auch nichts", machte kehrt, legte den Besen fort und wich hartnäckig aus — „er wolle hier lieber nichts sagen".

19. Mai 1905. Spricht hartnäckig kein Wort; gestern verbarg er sich vor Ref. in kindischer Art auf der Kellertreppe; lächelt verlegen vor sich hin.

7. Juni 1905. Hat den Trotzkopf nach einigen Tagen abgelegt; lächelt stets vor sich hin, gefällt sich in seiner eitlen Barttracht, die für einen Dienstknecht sehr ungewöhnlich ist; im Gespräch ist er gern ausweichend, gibt nichtssagende Antworten.

Juli 1905. Geht regelmäßig zur Beschäftigung; fleißig und ordentlich, aber ohne Krankheitseinsicht.

18. Juli 1905. Nach Landhaus III versetzt. Die Stimmung ist gleichmäßig, etwas reizbar.

20. August 1905. Pat. entfernte sich abends aus der Anstalt.

9. Okt. 1905. 3. Aufnahme in die psychiatrische Klinik München.

Art der Aufnahme: freiwillig.

Diagnose: Dementia praecox.

Krankheitsgeschichte.

10. Okt. 1905. Pat. sucht die Klinik auf, weil er zu Hause keine Ruhe gehabt habe. Man habe „ihn gehaut". Mehrere seien beieinander gewesen, doch könne er nicht sagen, wer. Man habe ihn einen „narrischen Teifel" geheißen, der säuferwahnsinnig sei. Er habe 6 Halbe Bier getrunken gehabt; sei etwas aufgeregt gewesen und habe laut geschimpft. Gewehrt habe er sich gar nicht; man habe ihn einfach über den Tisch gelegt und verhauen. Er habe gebeten, man solle ihn doch totschlagen Am nächsten Morgen habe er sich von selbst nach der hiesigen Klinik aufgemacht, wo er die ganze Nacht vor Furcht nicht habe schlafen können und immer männliche, ihm bekannte Stimmen habe rufen hören, man solle ihn doch totschlagen. Die gleichen Stimmen habe er auch hier, in der Klinik, bei Tag und Nacht gehört.

Am 20. Aug. 1905 sei er aus Gabersee „entlassen" worden und habe sich auch ganz gesund gefühlt; keine Stimmen mehr gehört. Er sei gleich bei dem Bürgermeister in Dienst eingetreten und habe dort sehr gut seine Feldarbeit verrichten können. Man habe ihm nicht angemerkt, daß er einmal krank gewesen sei. In der Woche habe er kein Bier getrunken, nur Sonntags 6—8 Halbe. Er sei viel leichter betrunken gewesen als früher und habe sich oft nicht mehr erinnert, was er in seiner Betrunkenheit getan. Aggressiv sei er aber niemals geworden, bis auf den letzten Sonntag. Da sei die eben erwähnte Prügelszene vor sich gegangen. Bis dahin habe er sich gesund gefühlt, dann aber, wie er die Stimmen hörte, sofort gemerkt, daß er wieder krank sei. Da ihm der Bürgermeister gesagt habe, in Gabersee werde er nicht wieder aufgenommen, so habe er den weiten Weg bis hierher gemacht und sei 12 Stunden gelaufen. Auch während des Marsches habe er immer die erwähnten Stimmen gehört. Er habe sich furchtbar dabei geängstigt. Es habe ihn so zusammengerissen und er habe so Herzklopfen bekommen, daß er öfters nicht habe weitergehen können und sich habe setzen müssen. Auch während der Zeit, wo er gearbeitet habe, sei er häufig, alle Wochen 1—2 mal, von Kopfschmerzen heimgesucht worden, die wechselnd lokalisiert waren und zeitweise so heftig wurden, daß sie beim Arbeiten störten. Hie und da, äußerst selten, besonders an Montagen, wenn er am Tage vorher Bier getrunken habe, habe er Stimmen gehört. Es seien immer bekannte Männerstimmen gewesen. Man habe ihm Vorwürfe gemacht, „narrischen Teufel“ geschimpft; sonst könne er sich an nichts erinnern. Dabei habe er sich viel weniger geängstigt wie jetzt. Er habe das Gefühl gehabt, als beeinflusse man ihn und als würden ihm Gedanken eingegeben. Öfters habe er sich versteckt, ohne daß er gewußt habe, warum. Die Gedanken, die man ihm eingegeben habe, seien so schwer gewesen, besonders seine Gesundheit betreffend, daß er habe weinen müssen. Sofort hinterher habe er dann wieder gelacht. Jetzt, seitdem die Krankheit wieder da sei, höre er seine Gedanken sofort ausgesprochen. Auch wenn er lese oder spreche, werde sofort alles nachgesagt. Besonders heftig träten die Stimmen in Erscheinung, wenn alles ruhig sei, und auch Zuhalten der Ohren helfe ihm nichts; er höre sie doch. Häufig sei er gezwungen, den Stimmen zu antworten. Teils geschehe das laut, teils leise; je nach der Stärke der Aufregung. Seine ganzen Gedanken seien den Stimmen bekannt; er könne nichts vor ihnen verbergen. Er höre die Stimmen wirklich mit seinen Ohren, nie, wenn man sich mit ihm unterhalte. Meistens komme es von hinten und klinge, als wenn es geschrien werde.

Pat. gibt zu, krank zu sein und erklärt, sofort an den Stimmen gemerkt zu haben, daß er wieder in die Anstalt müsse. Trotzdem sind die Stimmen volle Wirklichkeit für ihn. „Die Leute sind eben bös mit mir.“

Pat. ist zugänglich und freundlich dem Arzte gegenüber. Er sitzt in steifer Haltung da und spricht kein Wort. Auf Fragen antwortet er einsilbig und ungeschickt, fragt auch sehr oft noch einmal, weil er nicht recht verstanden habe. Der Gesichtsausdruck ist blöde, ohne einen Affekt erkennen zu lassen. Ein solcher tritt auch bei den Erzählungen von seinen Verfolgungen nicht zutage. Häufig zeigt er ein maskenartiges Grinsen.

Andeutungen von Katalepsie sind vorhanden. Kein Negativismus. Örtlich und zeitlich ist Pat. vollkommen orientiert. Pat. läßt sich mehrfach hintereinander die Zunge durchstechen, obschon man ihm erklärt, er brauche sich dies doch nicht gefallen zu lassen.

Der körperliche Befund bietet keine Besonderheiten.

19. Okt. 1905. Pat. wird von einem Gemeindebeamten nach Gabersee abgeholt.

19. Okt. 1905. 3. Aufnahme in die Kreisirrenanstalt Gabersee.

Krankengeschichte.

19. Okt. 1905. Pat. wurde aus der psychiatrischen Klinik in München nach Gabersee transferiert. Er gibt an, vor 10 Tagen in Waldh. eine Rauferei bestanden zu haben mit „Spezeln“, „Burschen“, da sie ihn immer einen Narren geheißen hätten. Er habe einem derselben ein Bierglas ins Gesicht geworfen, daß es „nur so gepatscht habe“, worauf ihn mehrere Burschen überfielen und mit Stöcken prügelten. Er sei dann in die psychiatrische Klinik in München gegangen.

Scaevola ist ruhig, läppisch-heiter; ohne besonderen Affekt bringt er die obigen Tatsachen vor.

25. Okt. 1905. Nach F. versetzt, geht er gerne mit zur Beschäftigung; fühlt sich recht behaglich hier.

22. Nov. 1905. Reizbarer, moroser Pat., der spontan nichts spricht; gestern schimpfte er gegen Referent, dem er aus Versehen ein Bein gestellt hatte, „ihr lumpigen Hurenkerle“. Befragt, warum er diesen Ausdruck gebrauche, äußerte er, „halt auch, weil's mich gefreut hat“.

12. Jan. 1906. Seither, besonders nach Extraktion eines kariösen Zahnes, sehr zutraulich und freundlich. Geht regelmäßig zur Arbeit.

21. Juni 1906. Im letzten Monat geriet er bei der Feldarbeit infolge einer harmlosen, kritisierenden Bemerkung plötzlich in heftigsten Zorn, bedrohte den Arzt mit der Hippe und bockte dann einige Tage lang, indem er zu Hause blieb, sich versteckte und nichts sprach. In letzter Zeit wieder fleißig und ordentlich; klagte öfters über geschlechtliche Reizung, er brauche eine „Liebschaft“, könne es so nicht mehr aushalten. Aussehen sehr gesund.

12. Aug. 1906. Pat. wurde nach Pflegham versetzt; er ist seit längerer Zeit recht ordentlich und zufrieden. Einmal brachte er noch seine „Liebschaftsangelegenheit“ vor, bemerkte aber, sich beherrschen zu wollen und zu können.

5. Okt. 1906. Geht regelmäßig mit zur Beschäftigung; ist fleißig, recht zufrieden und ordentlich.

12. Nov. 1906. Vor einigen Tagen geriet Pat., ohne besondere Veranlassung, wieder in heftigen, zornigen Affekt; schimpfte brutal und wollte dem Arzt eine Schüssel nachwerfen. Er mußte nach E I zu Bett gebracht werden. Dort bockte er wie früher einige Tage, bis er sein Gleichgewicht wieder bekam; seitdem ist er ruhig und geordnet.

4. Dezember 1906. Seit einiger Zeit wieder in F.; völlig beruhigt und fleißig.

Mai 1907. Ist seit längerer Zeit in Pflegham untergebracht. Geht regelmäßig zur Arbeit, ist fleißig und ordentlich.

30. Juni 1907. Pat. wurde von seinem Vormund abgeholt. Er war in letzter Zeit recht ruhig und gleichgültig, sprach spontan nichts, beschäftigte sich aber fleißig und regelmäßig.

2. Aug. 1907. 4. Aufnahme in die psychiatrische Klinik München.

Art der Aufnahme: freiwillig.

Grund der Einlieferung: er sei wieder rückfällig.

Verhalten des Kranken zur Zeit der Aufnahme: zeigt sich ruhig, erkennt den Arzt wieder.

Krankheitsgeschichte.

3. Aug. 1907. Pat. war bis 30. Juni a. c. in Gabersee. Dann wieder zu Hause. In Gabersee hatte er zuletzt keine Stimmen mehr gehört. In der dritten Woche nach seiner Entlassung fing es aber wieder an. Er hörte Stimmen; hatte keine Gesichtstäuschungen. Die Stimmen wollten ihn umbringen, redeten ihn direkt an, „Scaevola, jetzt bring' i di um!" Wenn er im Bett liegt, befehlen sie ihm aufzustehen; sie lassen ihm keine Ruhe, verfolgen ihn. Beeinflussen ihn, er solle rechts gehen oder links. Hie und da bekannte, manchmal unbekannte Stimmen. Bald laut, bald leise. Bekannte, z. B. der Vormund (will ihn umbringen), „ich glaub', er mag mich auch nicht recht", der Bruder, die Schwester. In letzter Zeit viel Träume erotischen Inhalts, starke Pollutionen.

Pat. arbeitete zuerst als Dienstknecht, bis er Montag nicht mehr konnte. Die Stimmen hätten immer etwas anderes wieder befohlen, als was er gerade vorhatte.

Pat. hat Krankheitsgefühl; „ich kenn' jetzt schon die Stimmen." Ist sich ihrer als Täuschungen bewußt.

Somatisch: Keine wesentliche Differenz gegen früher. Seit 1903 herzkrank. Spitzenstoß sichtbar in Mammillarlinie. Töne unrein. Mitralis 1. Ton, unrein, diastolisches Geräusch. Pulmonalis 2. Ton, klappend, auch diastolisches Geräusch (Mitralstenose?). Keine Katalepsie; geringe Befehlsautomatie.

19. Aug. 1907. Ruhig, mit häuslichen Arbeiten beschäftigt.

20. Aug. 1907. Von einem Beauftragten der Gemeinde Waldh. nach Gabersee transportiert. Geisteskrank und anstaltspflegebedürftig.

20. Aug. 1907. 4. Aufnahme in die Kreisirrenanstalt Gabersee.

Wird aus der psychiatrischen Klinik in München, wo er sich spontan eingefunden hatte, überführt. Er ist stark abgemagert, scheu und zurückhaltend und berichtet, daß es ihm nicht möglich sei, für 25 Pfg. die Woche draußen zu arbeiten.

21. Aug. 1907. Nach A versetzt.

10. Sept. 1907. Verhält sich ruhig und ordentlich.

21. Sept. 1907. Nach Pflegham versetzt.

1. Okt. 1907. Laboriert seit einigen Tagen an einer entzündlichen Schwellung des rechten Vorderarmes infolge einer infizierten Wunde, die er sich bei der Beschäftigung zugezogen hat.

31. Okt. 1907. Es entwickelten sich im Anschluß an obige Verletzung mehrere Furunkel, an denen er immer noch laboriert.

10. Nov. 1907. Schreibt Brief an seinen Vormund. Beschuldigt die Ärzte hier, daß sie ihn nicht heiraten ließen; die Saubande in Gabersee hieße ihn, „nur wieder weiter wichsen"; wenn ihm hier das Heiraten verwehrt werde, dann schlage er ganz Gabersee zusammen.

16. Dez. 1907. Ist geschlechtlich sehr stark gereizt; „es könne nicht mehr höher gehen; er wisse sich keinen Rat mehr". Auf Vorhalt, was mit dem Brief vom 10. Nov. sei, geriet er in sehr heftige Erregung, schimpfte grob und brutal „ihr Saubande, wollt mich nur zum Narren haben; wenn Du nicht haben willst, daß es einen Krach gibt, laßt mich in Ruhe!"

Additional material from *Studien Über Vererbung und Entstehung geistiger Störungen*, 978-3-662-34207-7 (978-3-662-34207-7_OSFO2), is available at http://extras.springer.com

Bald beruhigte sich Pat., weigerte sich jedoch, Ref. die Hand zu geben. In die wiederholt auf Befehl vorgestreckte Zunge duldet er häufige Nadelstiche. Rechenexempel machen ihm ziemliche Schwierigkeiten. 6 × 6 = 36; 7 × 15 = 105 (sehr lange); 6 × 16 = 106 (sehr lange).

28. Dez. 1907. Hat auf Wunsch ein Medikament (Campher) gegen die sexuelle Reizung erhalten. Die Wirkung lobt er nicht besonders, trotzdem verlangt er wieder das Pulver; witzelt und spaßt dabei.

13. Mai 1908. Seither ruhig und geordnet in Pflegham; im April war er infolge Influenza mehrere Tage bettlägerig; muß sehr vorsichtig behandelt werden, da er leicht reiz- und erregbar ist. Am 10. d. M. kam er ziemlich verspätet vom freien Ausgang zurück; heute darüber zur Rede gestellt, geriet er in heftigste Erregung und legte die Arbeit nieder, weshalb er nach C versetzt wurde.

21. Mai 1908. Heute sehr erregt, grob und drohend, weshalb er nach D I zu Bett gebracht wird.

13. Okt. 1908. Vor ca. 8 Tagen nach Landhaus I zur Beschäftigung (Holzfahren). Da er sich gegen die Direktion stets grob und feindlich verhält, wurde er gestern nach A versetzt. Darüber sehr erregt, machte er Miene, gegen Referent aggressiv zu werden, weshalb er gestern und heute in C isoliert wurde. Nachts will er im Zimmer halluziniert haben, „der Spez' sei dagewesen und habe ihn am After belästigt"; auch habe er die ganze Nacht onaniert, weshalb er nicht mehr zu fürchten sei, „ich hab' mir selbst geholfen". Nach D I zu Bett.

16. Dez. 1908. Seither in D II außer Bett; liest den ganzen Tag; verschlingt den Inhalt der Bücher förmlich; ist enorm leicht reizbar, wobei er sich grob aufführt und mit Zuschlagen droht.

1. Febr. 1909. Im vorigen Monat wurden bei Pat. Filzläuse entdeckt, die mit Äther und Ung. cin. beseitigt wurden; ist in letzter Zeit sehr mürrisch; behauptet die Läuse von einer Pflegerin bzw. Wäscherin bei seinen früheren Gängen in der Waschküche erhalten zu haben — durch Wäschestücke! Die Ärzte wollten ihn mit den Huren zugrunde richten.

27. April 1909. In D II außer Bett; wie immer grob und mürrisch; sehr leicht zu Gewalttätigkeiten geneigt, dann immer die Schuld auf andere schiebend. Filzläuse waren nach eben angegebener Behandlung verschwunden, haben sich aber, trotz aller Vorsicht, vor kurzem wieder gezeigt. Einreiben mit Ung. cin.

27. Aug. 1909. Vor kurzem einige Tage isoliert wegen Gewalttätigkeiten gegen Mitpatienten und Personal. Pat. ging dann nicht mehr längere Zeit aus dem Zimmer, erklärte, schwer an seinem Herzmuskel und Nerven geschädigt worden zu sein; äußert auch Anzeichen von sexuellen Reizzuständen und dementsprechend Parästhesien und Halluzinationen. Sehr mürrischer und gereizter Stimmung. Aussehen und Ernährungszustand gut.

20. Okt. 1909. Pat. war wieder im allgemeinen Saal bis vor einigen Wochen; dann neuerlich Streit und Raufereien mit Mitpatienten. Seither bleibt Pat. im Bett liegen; ist mürrisch und abweisend; beschäftigt sich im Bett mit Lesen.

24. Dez. 1909. Andauernd zu Bett. Mürrisch, sehr reizbar, schweigsam und abweisend; nur bei Gelegenheit von eingebildeter Zurücksetzung grob schimpfend und drohend. Liest im Bett; sonst anscheinend für kein Zureden zugänglich. Außer leichtem Intertrigo am Oberschenkel keine Störung des körperlichen Befindens.

14. Febr. 1910. Zu Bett; abweisend, schweigsam. Mit Lesen beschäftigt. Körperliches Befinden ungestört.

10. Juni 1910. Pat. blieb zu Bett bis vor ca. 14 Tagen. Dann bei Gelegenheit eines Besuches außer Bett, stand er seither täglich auf, ging mit anderen Patienten in den Garten; verhält sich ruhig, wenn auch immer verschlossen und schweigsam, finsteren Gesichtsausdruckes. Vorgestern ganz plötzlich in gefährlicher Weise aggressiv; seither im Einzelzimmer. Vor 8 Tagen an kleinem Furunkel am linken Unterschenkel leidend; desinfizierte Verbände, Bäder; zur Zeit vollständig geheilt.

17. Sept. 1910. Ist andauernd im Einzelzimmer und ständig in gefährlicher, gereizter Stimmung; läßt keinen Arzt ins Zimmer herein, schimpft in gröbster Weise, „man hätte ihm seine ‚Alte' ausgespannt, „weil die Ärzte sie selber benützen wollten"; ein andermal sagt er, „er habe seine Alte mit 2 Kindern im Bauch zum Herrn Pfarrer hineingehen sehen" usw.

15. März 1911. Im wesentlichen ist Pat. nicht verändert, nur verhält er sich äußerlich etwas ruhiger, wird nicht mehr aggressiv. Seit Beginn des Jahres wieder im allgemeinen

Saale von D I zu Bett; schimpft und droht bei jeder Visite eines Anstaltsbeamten in unflätigen, von den absurdesten Wahnideen erfüllten Worten, verläßt aber dabei das Bett nicht. Allgemeinbefinden ungestört.

14. Febr. 1912. Der Kranke befindet sich andauernd in D I zu Bett; stets unbeschäftigt. Während er früher nur bei der Visite eines Anstaltsbeamten schimpfte und drohte, setzt er jetzt sein Schreien fast den ganzen Tag fort; der Inhalt seiner Reden sind ausschließlich schwachsinnig-absurde Größen- und Beeinträchtigungswahnideen, untermischt mit den gröbsten Unflätigkeiten: er ist der Herrgott, läßt alle Ärzte usw. hinrichten; dieselben seien lauter Mörder, Frauenschänder, Diebe usw. Er allein könne alles machen, er sei der Herr, er regiere die Welt usw. Trotz seiner beständigen Drohungen verläßt er das Bett nicht; wurde vergangenes Jahr nicht mehr gewalttätig. Sein körperliches Befinden war nicht wesentlich gestört.

Mai 1913. Unter leichten Temperatursteigerungen und Gelenkschmerzen Vereiterung einer Halsdrüse. Pat. ist ruhiger und zugänglicher geworden, läßt sich gut behandeln, ist manchmal sogar freundlich.

Sept. 1913. Nunmehr seit längerer Zeit in D II außer Bett. Entfernung großer Pfröpfe aus beiden Ohren hat Pat. wieder zugänglicher und freundlicher gemacht. Er ist auffallend schwach auf den Beinen; eine Ursache hierfür ist nicht zu finden. Liest viel. Meint, er wolle jetzt seine „Herrgottstitel“ alle ablegen; es helfe ihm ja doch nichts.

Okt. 1913. Pat. zeigt eine immer deutlicher werdende Ataxie in beiden Beinen. Der Gang ist sehr unsicher; Pat. fällt öfter hin. Patellarsehnenreflexe beiderseits stark gesteigert; Klonus beiderseits auslösbar. Die Pupillen gleich; reagieren prompt auf Licht und Konvergenz. Wassermann im Blut positiv. Pat. klagt über Sehschwäche.

13. Jan. 1914. Liegt seit 6 Wochen zu Bett; steht nicht mehr auf. Bringt immer neue Größenwahnideen vor. Dazwischen klagt er, daß sein Herz gebrochen, sein Schädel zertrümmert usw. Körperlich ohne Besonderheit.

17. März 1914. Pat. liegt meist zu Bett; spricht oft den ganzen Tag, bringt zahlreiche Größen- und Verfolgungsideen vor, schimpft viel über die Anstaltsärzte; ist manchmal so aufgeregt, daß er den Ref. anspuckt. Wenn er außer Bett ist, ist er ganz zugänglich, wenn man auf seine Ideen eingeht. Wird wegen Platzmangel nach G versetzt.

1. April 1914. Von G zurück nach D II.

1. Mai 1914. Ging vor einigen Tagen auf einen Mitpatient aggressiv vor. Dieser jedoch warf ihn zu Boden. Seitdem ist er sehr aufgeregt, spuckt auf Leute, die ihm näher kommen, aus und schimpft fortwährend.

31. März 1916. Liegt seit Monaten in D I zu Bett, da sich die Ataxie und Schwäche der Beine sehr gesteigert hat; auch Sprachstörung ist seit langem sehr deutlich und Augenmuskellähmungen; öfter Schluckbeschwerden. In letzter Zeit bedeutender körperlicher Verfall; hustet; r. h. u. Dämpfung, ebenso l. h. u.; Temperatur gestern abend 37,1, heute früh 37,6. Spricht nichts mehr, während er früher gerne räsonniert hat und auch aggressiv zu werden versuchte, wenn man an sein Bett trat; hochgradige Abmagerung.

15. April 1916. Fiebert fortgesetzt mehr weniger hoch, abwechselnd mit kurzen fieberfreien Tagen; zunehmender Verfall, mangelhafte Nahrungsaufnahme; viel Husten; keine Expektoration.

6. Mai 1916. Vormittags $8^3/_4$ Uhr Exitus letalis.

Sektionsbericht.

Scaevola Johann, 35 Jahre alt.

Gestorben 6. Mai 1916, $8^3/_4$ Uhr vormittags.

Obduziert 6. Mai 1916, 2 Uhr nachmittags.

Pleuritis adhaesiva beiderseits.

Chronische, subakute Tuberkulose der Lungen beiderseits mit Kavernenbildung, besonders links.

Atheromatose der Aorta.

Epikarditis fibrosa.

Gehirn 1160 g schwer.

Hochgradiger Hydrocephalus externus.

Tuberkulöse Darmgeschwüre.

Tuberkulöse Knötchen in der Leberkapsel und in der Leber.
Periencephalitis chronica diffusa.
Hydrocephalus internus.
Ependymitis granularis.
Hochgradige Gehirnatrophie.
Gehirnödem.

ad 55 Fall VII.

ad 56 Anonymus, am 3. Febr. 1885 tot geboren.

ad 57 illegitim geboren im Jahre 1896; mit 16 Tagen an Darmfraisen gestorben.

ad 58 Anonyma Scaevola, geb. den 30. Juni 1901 zu Kappeln, gleich nach der Geburt gestorben, vermutlich an Asphyxie.

ad 59 Josef Sc., geb. den 23. Jan. 1903, gest. den 13. Febr. 1903 zu Kappeln an Bräune.

ad 60 Anna Sc., geb. den 5. April 1904 zu Kappeln, lebt, ist körperlich und geistig gesund, Dienstmagd.

ad 61 Josef Sc., geb. den 15. Juni, gest. den 20. Juni 1905 zu Kappeln an Lebensschwäche.

ad 62 Kreszenz Sc., geb. den 10. Jan. 1907 zu Kappeln, lebt dort. Sie wird folgendermaßen geschildert: Das Mädchen ist dick, hat großen Kopf, kräftigen Körper, fast unverständliche Sprache. Sehr schwerfälliger, wackliger Gang; beständiges Zittern und Zucken des Körpers. Bei kleinem Hindernis gleich fallen. Der Zustand ist genau so wie beim Vater. Die Krankheit wird immer schlimmer; sie begann im 10. Lebensjahr.

ad 63 Josef Sc., geb. den 29. April, gest. den 21. Juni 1908 zu Kappeln an Fraisen.

ad 64 Maria Sc., geb. den 30. Aug. 1909 zu Kappeln, lebt, ist bis jetzt gesund.

ad 65 Josef Sc., geb. den 16. Sept. 1911, gest. den 17. März 1917 zu Kappeln an Nephritis acuta. War frei von Veitstanzerscheinungen.

ad 66 Gertrud Mutius, geb. den 13. Dez. 1908 zu O., ist in Waldhausen in Pflege. Von diesem Kinde wird befürchtet, daß es die Krankheit seiner Mutter geerbt hat. Es ist sehr kurzsichtig, hat manchmal einen so eigenartig starren Blick und ist dann so geistesabwesend. Für gewöhnlich ist es aber frisch und munter und ganz gut begabt.

ad 67 Jakob Mutius, geb. den 26. Jan. 1910 zu O., bisher gesund.

ad 68 Johanna Mutius, geb. den 14. Jan. 1916 zu O., bisher gesund.

Nachkommentafel der Familie Caligula aus Berlin.

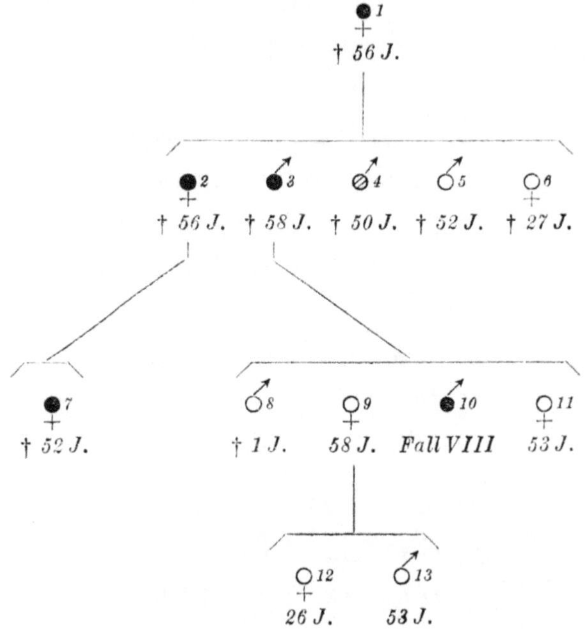

Anmerkungen zur Nachkommentafel der Familie **Caligula** aus Berlin.

ad 1 Friederike Caligula, litt viele Jahre an Veitstanz, starb im Alter von 56 Jahren an Brustkrebs.

ad 2 Maria C. verh. Jü., Rentnerin, geb. 1832, starb im Alter von 56 Jahren 1888 oder 1889 in einer nicht mehr eruierbaren Anstalt in der Nähe Berlins. Anfragen in Eberswalde waren ergebnislos. Maria Jü. soll ungefähr 8 Jahre lang an Chorea gelitten haben, zuletzt war sie größenwahnsinnig.

ad 3 Karl C., geb. den 3. Juli 1834 zu Berlin, gest. am 4. April 1893 dortselbst. Er hat etwa von seinem 45. Lebensjahr an an Veitstanz gelitten. Todesursache: Lungenentzündung.

ad 4 Otto C., geb. 1839 zu Berlin. Gest. im Jahre 1889 in der Irrenanstalt Dalldorf. Er soll infolge leichtsinnigen Lebenswandels geisteskrank (Tobsucht) geworden sein. Näheres über die Art der Erkrankung war nicht zu erfahren. Die Akten der Anstalt Dalldorf sind bereits vernichtet.

ad 5 Emil C., geb. zu Berlin, Näheres nicht festzustellen. Starb im Alter von 52 Jahren an Herzleiden. Er litt nicht an Chorea.

ad 6 Auguste C. verh. R., geb. etwa ums Jahr 1840 zu Berlin, starb im Jahre 1867 an Typhus im Alter von 27 Jahren.

ad 7 Personalien unbekannt. War das älteste Kind von Nr. 2; im Alter von ungefähr 52 Jahren gestorben, nachdem sie längere Zeit an Chorea gelitten hatte.

ad 8 Eugen C., geb. 1861, gest. 1862 zu Berlin an unbekannter Krankheit.

ad 9 Elise C. verh. Do., geb. den 26. Juni 1862 zu Berlin, lebt, ist jetzt 58 Jahre alt, frei von veitstanzähnlichen Erscheinungen, gesund.

ad 10 Fall VIII.

ad 11 Margareta C., geb. den 10. Januar 1867 zu Berlin, ist jetzt 53 Jahre alt, körperlich verwachsen, geistig gesund, kein Veitstanz.

ad 12 Margarete Do., geb. den 8. März 1894 zu Berlin, gesund.

ad 13 Hans Do., geb. den 16. Sept. 1897 zu Berlin, gesund.

Nachkommentafel der Familie Quintilius von Agathazell.

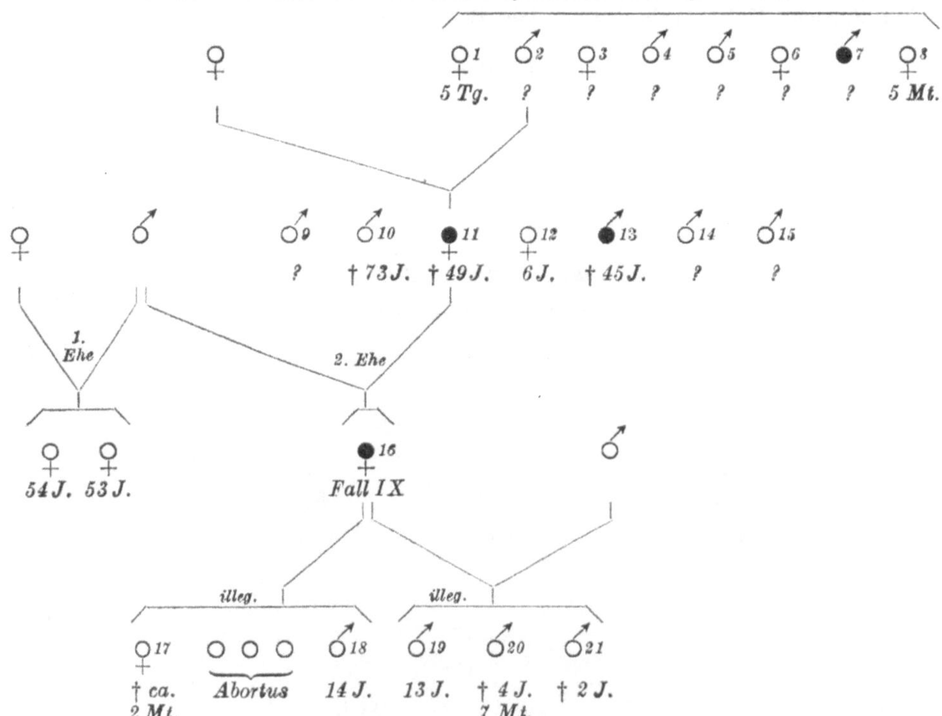

Anmerkungen zur Nachkommentafel der Familie **Quintilius** von Agathazell.

ad 1 Agatha Quintilius, geb. den 10. Febr. 1808 zu Agathazell, gest. ebendort am 15. Febr. 1808 an Gichter.

ad 2 Franz Q., geb. den 28. März 1909 zu Agathazell, verheiratete sich 1840; im Jahre 1861 zog er mit seiner Familie von Agathazell fort. Weitere Nachrichten waren nicht zu erlangen. Ob er an Veitstanz gelitten hat, konnte bis heute nicht sicher eruiert werden. (Er muß aber wohl daran gelitten haben.)

ad 3 Johanna Q. verh. W., geb. den 25. Mai 1809 zu Agathazell. Weitere Angaben waren nicht zu erlangen.

ad 4 Magnus Q., geb den 7. Sept. 1811 zu Agathazell; sonst nichts zu eruieren.

ad 5 Josef Q., geb. den 21. April 1813, gest. den 2. März 1819 zu Agathazell an „Frißl".

ad 6 Kreszenz Q., geb. den 1. Mai 1814 zu Agathazell, keine weiteren Angaben.

ad 7 Johann Bernhard Q., geb. den 18. Aug. 1815 zu Agathazell; hat nach bestimmten Angaben an Veitstanz gelitten. Über sein weiteres Schicksal war nichts zu erfahren.

ad 8 Maria Theresia Q., geb. den 6. Sept. 1818, gest. den 25. Febr. 1819 zu Agathazell an Gichter.

ad 9 Johann Peter Q., geb. den 19. April 1841, litt nie an Veitstanz, soll gestorben sein; wo? war nicht zu eruieren.

ad 10 Kaspar Q., geb. den 28. April 1842 zu Agathazell, gest. den 2. Nov. 1915 zu Ei. an Altersschwäche. War nicht choreatisch.

ad 11 Agatha Q. verh. Atilius, geb. den 12. Mai 1845 zu Agathazell, gest. den 16. Okt. 1894 zu Eisenburg an „Gichtleiden". Im Sterbebuch ist noch eingetragen: „War 7 Jahre gichtleidend; im letzten Jahre gelähmt und getrübten Geistes." Nach bestimmten Angaben hat es sich nicht um ein Gichtleiden, sondern um Veitstanz gehandelt. Die Krankheit war „genau so wie nachher bei ihrer Tochter".

ad 12 Regina Q., geb. den 27. Nov. 1846, gest. den 23. Dez. 1852 zu Agathazell an Gehirnentzündung.

ad 13 Franz Xaver Q., geb. den 20. April 1848 zu Agathazell, gest. den 1. März 1894 in der Anstalt für Unheilbare zu Schweinspoint. Todesursache Mitralinsuffizienz (Gehirnembolie). Alle den Kranken betreffenden Papiere sind vernichtet. Nach bestimmten Angaben von zweierlei Seite hatte Frz. X. Q. ein ähnliches Leiden wie seine Schwester Agatha. Er litt an „veitstanzähnlichen Erscheinungen (Rucken und Zucken)", die immer stärker wurden und die Unterbringung des Kranken zunächst als Pfründner im Distriktsspital Sonthofen (1891—93), später in der von Laien geleiteten Anstalt Schweinspoint notwendig machten, da der Kranke „wegen Feuergefährlichkeit und abstoßenden Benehmens" nicht länger im Distriktsspital belassen werden konnte.

ad 14 Dominikus Q., geb. den 12. Okt. 1849 zu Agathazell, soll in Kempten gestorben sein.

ad 15 Johannes Q., geb. den 25. Juni 1951 zu Agathazell, soll in Kempten gestorben sein.

ad 16 Fall IX.

ad 17 gest. einige Monate alt.

ad 18 Franz Atilius, geb. den 12. Okt. 1906 zu München. Besucht zurzeit die 7. Klasse der Normalschule. Hat etwas schwer gelernt, ist einmal sitzen geblieben. Macht einen frischen und geweckten Eindruck. Gibt verständig Auskunft. Keine Anzeichen von Veitstanz.

ad 19 Sylvester Atilius, geb. den 18. Nov. 1907 zu München. Z. Zt. Bauernknecht. Körperlich groß und stark. Geistig schwach. In der Schule stark zurückgeblieben. In den letzten Jahren geistig nachgereift, aber immer noch sehr vergeßlich; rechnet schlecht. „Hie und da schaut er stier" (ist sehr verdächtig auf beginnende Huntingtonsche Chorea).

ad 20 Otto Atilius, geb. den 10. Nov. 1908, gest. 28. Juni 1913 zu München, im Auer-Mühlbach ertrunken. War ein geweckter Bursche.

ad 21 Max Atilius, geb. den 28. Dez. 1911, gest. den 17. Febr. 1914 zu München in der Univ.-Kinderklinik an Coxitis purulenta und Pertussis.

Nachkommentafel der Familie Regulus von Mannheim.

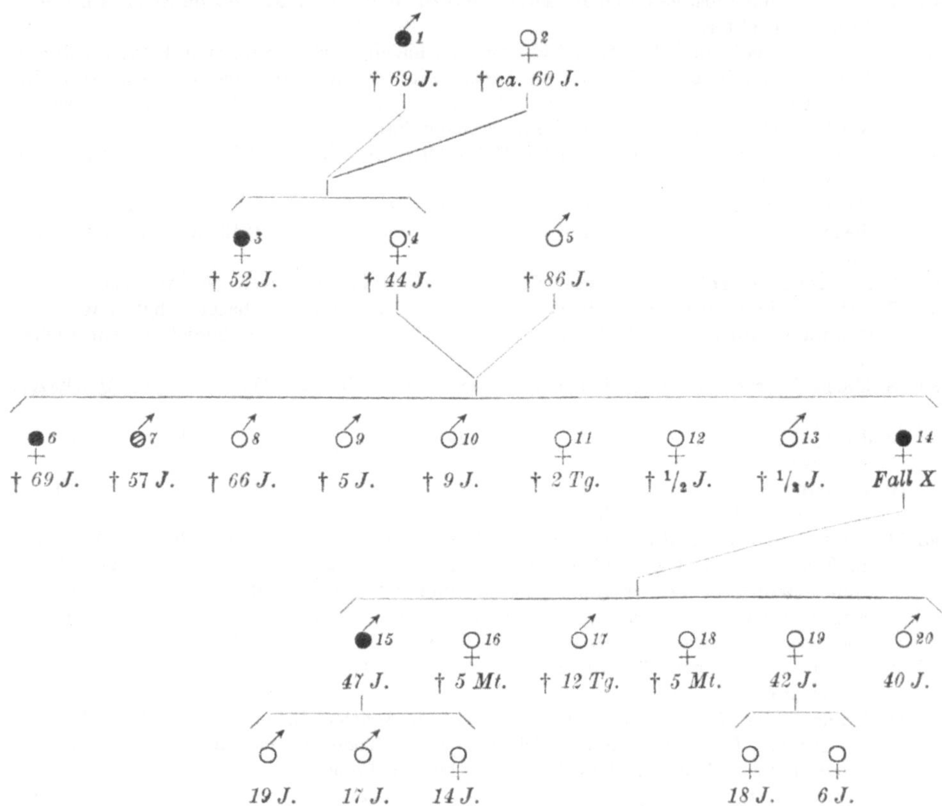

Anmerkungen zur Nachkommentafel der Familie **Regulus** von Mannheim.

ad 1 Heinrich Regulus, badischer Oberrechnungsrat, geb. im Jahre 1770 in Mannheim, gest. am 15. Mai 1839 zu München nach langer, schwerer Nervenkrankheit.

ad 2 Katharina R. geb. B; stammte aus Mannheim, starb in ihren 60er Jahren an schwerer körperlicher Krankheit.

ad 3 Elise Regulus, geb. den 29. Nov. 1802 zu Mannheim, gest. im Jahre 1854 zu Fürstenfeldbruck. Sie hatte Chorea in hohem Maße.

ad 4 Josefine Regulus verh. Markus, geb. den 6. Juni 1806 zu Mannheim, gest. am 15. Mai 1850 zu Regensburg an Lungensucht. Sie soll nie an Zuckungen gelitten haben.

ad 5 Kaspar Markus, Bezirksgerichtsrat, geb. den 27. Febr. 1794 zu Freising, gest. den 12. Aug. 1880 zu Neuulm an Kotverhärtung und Neubildung in der Blase. Er litt nie an choreatischen Erscheinungen. Soll sehr jähzornig gewesen sein.

ad 6 Berta Markus, geb. den 11. April 1836 zu Lauingen, gest. den 24. Juli 1905 zu München an chronischer progressiver Chorea. Um das 30. bis 40. Lebensjahr soll sie durch eine unglückliche Liebesaffäre vorübergehend etwas weltabgewandt geworden sein, viel gebetet haben. In den Wechseljahren war sie sehr reizbar, was aber wieder verging. Etwa um das Jahr 1895 d. h. im 59. Lebensjahr brach bei ihr die Chorea aus. Zuletzt glaubte die Kranke, das Essen schmecke nach Stroh. Sonst war sie ruhig und unauffällig. Sie blieb ledig.

ad 7 Heinrich Markus, ledig, Major, geb. den 28. Dez. 1837 zu Lauingen, gest. den 6. Dez. 1894 zu München an Tabes dorsalis. 1866 schwere Verwundung; 1884 Sturz vom Pferd, darnach entstand das Rückenmarksleiden. Ende der 40er Jahre fing er zu Zucken an; die Zuckungen waren besonders stark im Gesicht; zeitweise taumelnder Gang (wie betrunken). In der letzten Zeit vor dem Tode bestand rechtsseitige Hemiplegie infolge eines Schlaganfalles. Ob der Fall als reines Tabes dorsalis, oder als Tabes dorsalis kompliziert durch Huntingtonsche Chorea oder überhaupt nur als Huntingtonsche Chorea aufzufassen ist, kann nachträglich nicht mehr entschieden werden.

ad 8 Philipp Markus, geb. den 13. Juni 1839, gest. im Jahre 1905 an Arterienverkalkung; Oberstleutnant. Hat nie an Zuckungen gelitten. Kinderlos verheirat (Spätehe).

ad 9 Adolf Markus, geb. den 1. Dez. 1840 zu Lauingen, gest. den 6. Nov. 1845 zu Stadtamhof an Lungenschwindsucht.

ad 10 Otto Markus, geb. den 22. April 1842 zu Lauingen, gest. den 30. Juni 1851 zu Regensburg an Scharlach und Herzbeutelwassersucht.

ad 11 Anna Markus, geb. 1843, hat nur einige Tage gelebt.

ad 12 Franziske Markus, geb. den 17. Dez. 1844 zu Lauingen, gest. daselbst den 23. April 1845 an Keuchhusten und Lungenentzündung.

ad 13 Hugo Markus, geb. den 24. Okt. 1846, gest. den 27. April 1847 an Gichter-Starrkrampf; war 6 Tage lang nicht mehr zu Bewußtsein gekommen.

ad 14 Fall X.

ad 15 Adolf Brutus, geb. den 8. Mai 1873 zu Regensburg, verh., Bahnverwalter in München. Leidet schwer an Chorea, kann kaum sitzen, weil ihn die unwillkürlichen Bewegungen immer wieder emporschleudern. Wird noch im Außendienst verwendet. Spürt selbst, daß sein Gedächtnis stark nachgelassen hat. Ist sehr zerstreut; besitzt keine vollständige Einsicht in die Schwere des bei ihm zum Ausbruch gekommenen Leidens, ist etwas unsicher in der Datierung des Krankheitsbeginnes. Von jeher will er nervös gewesen sein. Eine ruhige Hand habe er nie besessen, infolgedessen immer eine schlechte Schrift gehabt (schreibt heute noch sehr leserlich, aber fahrigflüchtig). Vor ca. 15 Jahren ist der Frau des Kranken gelegentlich eines Trauergottesdienstes aufgefallen, daß ihr Mann sich keinen Augenblick still hielt, was sie nachher beredete. Danach wurde jahrelang nichts Ähnliches mehr an ihm beobachtet. Vor ca. 5—7 Jahren oder eigentlich erst mit Ausbruch des Krieges sind die unwillkürlichen Bewegungen aufgetreten und haben seitdem langsam an Stärke zugenommen.

ad 16 Berta Brutus, geb. den 13. Mai 1874 zu Monheim, gest. ebenda am 30. Okt. 1874 an stillen Fraisen und kaltem Brand.

ad 17 Heinrich Brutus, geb. den 25. Okt. 1875 zu Monheim, gest. daselbst den 6. Nov. 1875 an heißem Brand.

ad 18 Anna Brutus, geb. den 17. Nov. 1876, gest. den 19. April 1877 an Gehirnfraisen.

ad 19 Flora Brutus verh. H. in Ober., geb. den 10. Aug. 1878 zu K., soll sehr nervös sein, aber nicht an Veitstanz leiden.

ad 20 Philipp Brutus, geb. den 26. Juli 1880 zu K., ledig, gesund, Postverwalter. Kein Veitstanz.

Anmerkungen zur Nachkommentafel der Familie **Flaccus** von Reithof.

ad 1 Bartholomäus Flaccus, geb. den 24. Aug. 1763, gest. den 24. März 1823 zu Reithof bei Landshut an Schlagfluß. Er hat nach bestimmten Angaben eines seiner Nachkommen jahrelang schwer an Veitstanz gelitten.

ad 2 Blasius Flaccus, geb. den 2. Febr. 1803, gest. am 26. Nov. 1849 zu Reithof an „Brand“; er soll an Zuckungen und Unruhe gelitten haben.

ad 3 Bartholomäus Flaccus, geb. den 7. Juli 1805 zu Reithof; weiter war nichts über ihn zu erfahren.

Nachkommentafel der Familie Flaccus von Reithof.

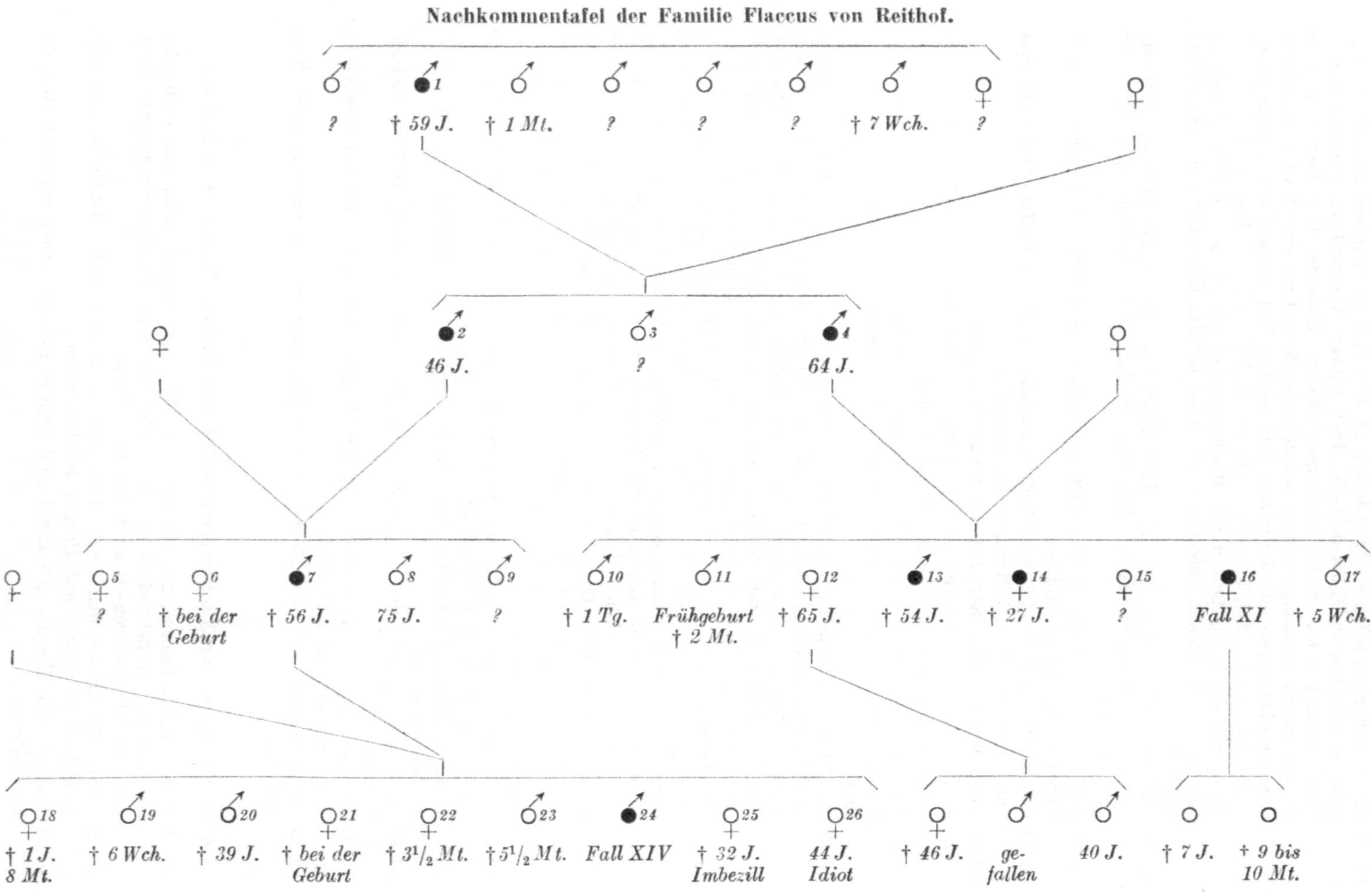

ad 4 Mathias Flaccus, geb. am 17. Nov. 1808 zu Reithof, gest. den 1. Mai 1873 zu Essenbach an Marasmus. Er litt jahrelang an Veitstanz. Die Krankheit brach bei ihm ziemlich frühzeitig aus; er hat aber trotzdem noch geheiratet.

ad 5 Anna Maria Flaccus, geb. den 20. Nov. 1837 zu Reithof, soll ebenso wie ihre Geschwister mit Ausnahme eines Bruders (7) vom Veitstanz verschont geblieben sein. Weiter war nichts über sie zu erfahren.

ad 6 Anonyma, geb. den 15. Juli 1840; bei der Geburt gestorben.

ad 7 Sebastian Flaccus, geb. den 10. Juni 1842 zu Reithof, gest. am 9. Febr. 1899 in der Kretinenanstalt Straubing; Todesursache: „Rückenmarksleiden." Er war ein sehr beschränkter Mann, ergab sich frühzeitig dem Trunke, hatte schon als lediger Bursche Rausch über Rausch, kam ganz ins Abwesen, sein Hof wurde verkauft. Sebastian selbst kam am 31. Mai 1892 in die Kretinenanstalt Straubing mit folgendem ärztlichen Zeugnis: „48 Jahre alt, zeigt für sein Alter gute körperliche Gesundheit, seine geistige Tätigkeit erscheint aber vielfach gestört, so daß er sich zur Aufnahme eignen dürfte." Hauptanlaß für die Einschaffung des Kranken in die Anstalt gab dessen maßlose Reizbarkeit und Trunksucht. Pat. litt auch stark an Veitstanz.

ad 8 Isidor Flaccus, geb. den 4. April 1845 zu Reithof. Soll nicht an Chorea leiden, arbeitsam und talentiert sein.

ad 9 Johann Baptist, geb. den 25. März 1847 zu Reithof. Soll nicht an Veitstanz gelitten haben. Ob er noch lebt, ist unbekannt.

ad 10 Mathias Flaccus, geb. und gest. am 3. April 1838 zu Essenbach; gravi partu.

ad 11 Matthäus Flaccus, geb. den 19. Sept. 1839, gest. den 21. Nov. 1839 zu Essenbach; Frühgeburt.

ad 12 Therese Flaccus, geb. den 8. Okt. 1840 zu Essenbach. Hat bis zu ihrem im Jahre 1905 erfolgten Tode nie an veitstanzartigen Erscheinungen gelitten, war körperlich und geistig rüstig. Todesursache unbekannt.

ad 13 Lorenz Flaccus, geb. den 10. Aug. 1842 zu Essenbach, gest. dortselbst am 7. Dez. 1896 an globulärer Pneumonie. Nach Mitteilung des Pfarramtes litt er 15 Jahre an heftigen nervösen Zuckungen und Konvulsionen. Ein Verwandter von ihm behauptet, Lorenz Fl. habe schon in jungen Jahren (als Mitteiler 6 Jahre alt war, d. h. im Jahre 1866) an leichtem Veitstanz gelitten. Er habe deshalb nicht geheiratet. Schließlich sei die Krankheit bei ihm so arg gewesen, daß er wie ein Betrunkener hin und her schwankte, zum Gehen „die ganze Straße brauchte".

ad 14 Anna Maria Flaccus, geb. den 25. Aug. 1844 zu Essenbach. Anfangs der 20er Jahre ist bei ihr der Veitstanz zum Ausbruch gekommen. Mit ca. 27 Jahren ist sie gestorben. Bestimmtere Angaben waren nicht zu erlangen.

ad 15 Kreszenz Flaccus, geb. den 25. Mai 1846 zu Essenbach. Weiteres unbekannt.

ad 16 Fall XI.

ad 17 Johann Evang., geb. den 8. Juli 1852 zu Essenbach, gest. dortselbst den 18. Aug. 1852.

ad 18 Magdalena Flaccus, geb. den 18. März 1867, gest. den 10. Nov. 1867 zu Seyboldsdorf an Fraisen.

ad 19 Josef Flaccus, geb. den 9. März 1868, gest. den 22. April 1868 zu Seyboldsdorf an Zehrfieber.

ad 20 Bartholomäus Flaccus, geb. den 25. April 1869 zu Seyboldsdorf, gest. in München etwa um das Jahr 1908. Er war ledig, von Beruf Maurer, lange Jahre Vorarbeiter. Bei einer Kellerarbeit soll er sich die Lungensucht geholt haben, an der er starb. Nach anderer Version war er dem Trunke ergeben und starb an einem Leberleiden. Von Veitstanz soll er sicher frei geblieben sein. Geistig war er normal.

ad 21 Anonyma, bei der Geburt gestorben am 19. April 1870.

ad 22 Anna Flaccus, geb. den 30. Mai 1871, gest. den 18. Sept. 1871 zu Seyboldsdorf an Fraisen.

ad 23 Mathäus Flaccus, geb. den 6. Sept. 1872, gest. den 20. Febr. 1873 zu Seyboldsdorf an Tussis convulsiva.

ad 24 Fall XIV.

ad 25 Magdalena Flaccus verh. E., geb. den 9. Juni 1875 zu Seyboldsdorf; sie war in Diemannskirchen verheiratet. Von Haus aus war sie „ziemlich schwachsinnig, wurde aber doch verheiratet". Sie starb 1907 an Brust- und Gebärmutterkrebs.

ad 26 Therese Flaccus, geb. den 14. Okt. 1876 zu Seyboldsdorf. War von Haus aus bildungsunfähig, wurde ganz blödsinnig, mußte am 5. Jan. 1916 wegen Gemeingefährlichkeit in die Heil- und Pflegeanstalt Deggendorf überführt werden, wo sie noch untergebracht ist. Idiotie.

Nachkommentafel der Familie v. Calpurnius.

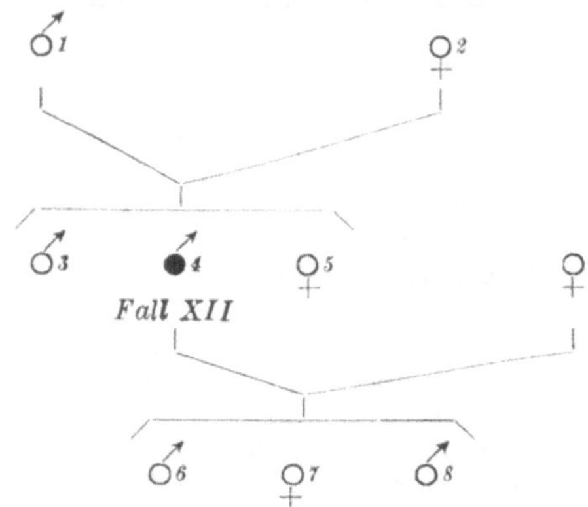

Anmerkungen zur Nachkommentafel der Familie **v. Calpurnius** von Stadtamhof.

ad 1 Ignaz v. Calpurnius, geb. den 3. Febr. 1819 zu Stadtamhof, gestorben angeblich in verhältnismäßig jungen Jahren an den Folgen eines Sturzes. Näheres bisher nicht zu eruieren. Ignaz v. C. hat seit 8. Jan. 1837 als Korporalkadett gedient. Vor seiner Entlassung vom Militär wurde er im Jahre 1841 ärztlich untersucht und „äußerlich gesund" befunden. Zuletzt war er Kreis- und Stadtgerichtssekretär in München.

ad 2 Luise C. geb. von Lö. Ist angeblich in einem Alter von über 80 Jahren gestorben. Hat nie an Veitstanz gelitten.

ad 3 Max v. C., geb. 1843, gest. den 23. Febr. 1921 zu Straubing. Immer gesund; nichts Veitstanzartiges. Früher Oberpackmeister; später betätigte sich Rubr. als Naturforscher „von wissenschaftlichem Geiste" (Botaniker, Mineralog).

ad 4 Fall XII.

ad 5 Therese v. C., soll im Alter von 3 Jahren gestorben sein. Weiteres unbekannt.

ad 6 Max v. C., gest. 17 Tage alt, sonst nichts bekannt.

ad 7 Elsa v. C., gest. 3 Jahre alt an Diphterie.

ad 9 Albert v. C., geb. 6. Aug. 1892 zu München. Lebt in München, ist verheiratet, hat zwei kleine Kinder. Das Benehmen des A. v. C. ist etwas auffällig zerfahren, der Gesichtsausdruck maskenartig steif. A. v. C. gibt sehr zerstreut über seine Familienverhältnisse Auskunft, macht teilweise ungereimte Angaben, die von seiner Frau korrigiert werden. Er zeigt sich fast gänzlich ununterrichtet über seine Familie.

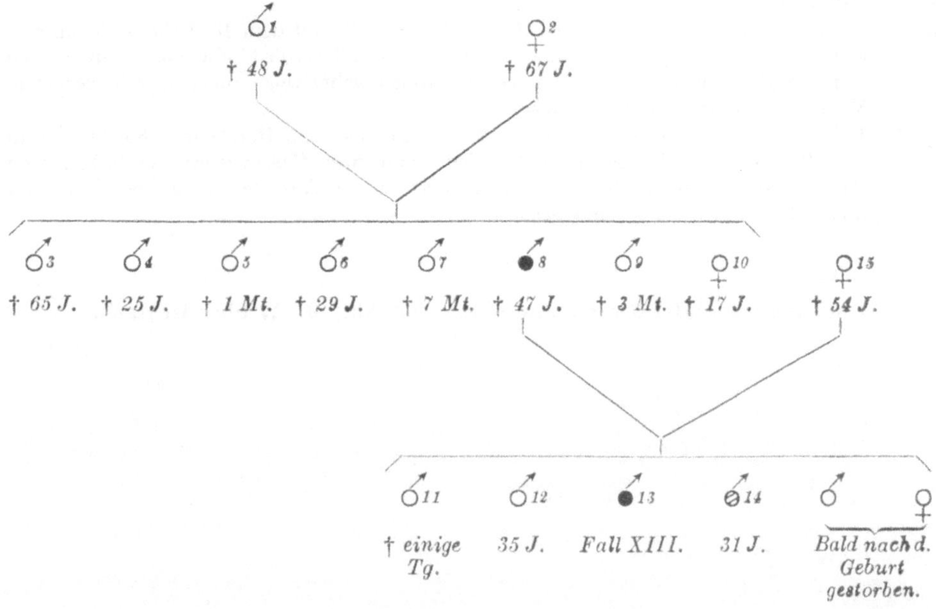

Anmerkungen zur Nachkommentafel der Familie Gracchus von Fi. in Schwaben.

ad 1 Johann Georg Gracchus, geb. den 18. Febr. 1809 zu Fi., gestorben den 27. Dez. 1857 an „Schlagfluß"; es ist nichts darüber bekannt, daß er an Veitstanz gelitten hätte. Sterbeort A.

ad 2 Maria Anna Fulvius, geb. den 26. März 1820 zu Ba., gest. den 11. April 1887 zu A. an Magenkrebs.

ad 3 Fridolin Gracchus, geb. den 1. März 1843 zu A., gest. den 8. April 1908 an Gehirnapoplexie. Hat nie an Veitstanz gelitten.

ad 4 Alois Gr., geb. den 18. Mai 1845 zu A., gefallen 1870 in Frankreich.

ad 5 Moritz Gr., geb. den 22. Sept. 1846 zu A., gest. daselbst den 17. Okt. 1846, Todesursache nicht feststellbar.

ad 6 Mathias Gr., geb. den 8. Mai 1848 zu A., gest. den 12. Jan. 1878 ebenda an Lungentuberkulose. Über Veitstanz nichts bekannt.

ad 7 Jakob Gr., geb. den 18. Mai 1850 zu A., gest. daselbst am 4. Jan. 1851 an „schwerem Zahnen".

ad 8 Georg Gr., geb. 1852 zu A., gest. den 23. Aug. 1899 zu Neu. an Blutvergiftung. Er hatte die eigentümlich steife Kopfhaltung und das Grimassenschneiden wie sein Sohn (Fall XIII). Geistig soll er intakt gewesen sein. Wie lange er die besagten Symptome gezeigt hat, war nicht zu eruieren.

ad 9 Ferdinand Gr., geb. den 4. Mai 1853 zu A., gest. daselbst den 14. Aug. 1853 an Abzehrung (Atrophia neonatorum).

ad 10 Eleonora Gr., geb. den 18. Febr. 1857 zu A., gest. dortselbst den 20. Nov. 1874 an Phthisis pulmon. et cerebri.

ad 11 geb. 1884, wenige Tage nach der Geburt gestorben. Todesursache unbekannt.

ad 12 Karl Gr., geb. den 14. Okt. 1885, lebt, ist prakt. Arzt in H. Litt seit dem 18. Lebensjahr an epileptischen Anfällen (alle 6—8 Wochen); hat den Krieg im

Felde mitgemacht; letzter Anfall Januar 1919; auf Luminal seitdem kein Anfall mehr.

ad 13 Fall XIII.

ad 14 Hermann Gr., geb. den 29. Febr. 1889; litt ebenfalls seit dem 18. Lebensjahr an epileptischen Anfällen; auf Luminal blieben die Anfälle vollständig aus, „seit Jahren kein Anfall mehr“. Dient z. Zt. bei der Reichswehr; zeigt auch, aber in geringem Maße, Erscheinungen von „Jucken“.

ad 15 Luise Gr. geb. Bi., geb. 1860, gest. 1914 zu Lauingen an Herzleiden. Sie litt nie an unwillkürlichen Zuckungen oder Anfällen. Von ihren Geschwistern verstarben 3 an Kinderkrankheiten, ein Bruder an Alkoholabusus im Alter von 25 Jahren, 2 Brüder und 1 Schwester leben, sind gesund.

Nachkommentafel der Familie Cinna von Alt., B. A. Oberviechtach.

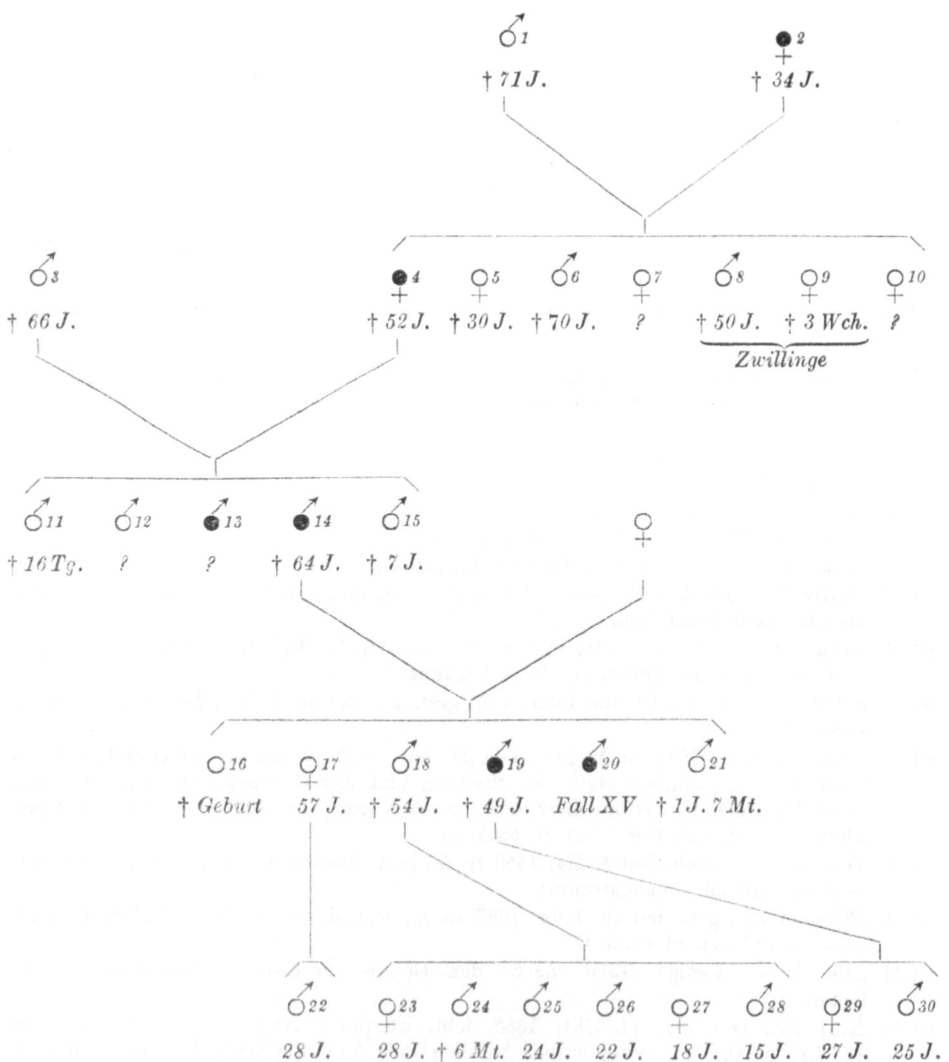

Anmerkungen zur Nachkommentafel der Familie **Cinna** von Alt., B.-A. Oberviechtach.

ad 1 Wolfgang La., Bauer in Hoffeld, gest. im Alter von 71 Jahren am 17. Jan. 1844. Todesursache: Auszehrung.

ad 2 Margarete Schm. von Dautersdorf. Seit 1805 verehelicht, gest. den 11. März 1815 im Alter von 34 Jahren an Nervenfieber. Sie soll an Veitstanz gelitten haben.

ad 3 Adam Cinna, geb. den 3. Okt. 1801 zu Alt., gest. am 8. Juli 1868 zu Alt. an Magenentzündung.

ad 4 Katharina Eva La., geb. den 4. Juli 1806 zu Hoffeld, gest. den 28. Okt. 1858 an Wassersucht. Hat jahrelang an Veitstanz gelitten, war recht heftig und bösartig.

ad 5 Anna Kath. La., geb. den 20. Sept. 1807 zu Hoffeld, gest. den 21. Aug. 1838 zu H., Todesursache unbekannt, desgleichen, ob sie an Veitstanz gelitten hat.

ad 6 Jakob La., geb. den 12. Nov. 1809 zu Hoffeld, gest. dortselbst den 5. Mai 1880 an Wassersucht. Scheint nicht an Veitstanz gelitten zu haben.

ad 7 Anna La., geb. den 30. März 1811; weiter nichts zu erfahren.

ad 8 Thomas La., geb. den 17. Jan. 1813 zu Hoffeld, gest. den 10. Dez. 1863 an Schleimschlag. Ob er an Veitstanz gelitten hat, darüber waren keine Nachrichten zu erhalten.

ad 9 Therese La., geb. den 17. Jan. 1813 zu Hoffeld, gest. den 12. Febr. 1813.

ad 10 Elisabeth La., geb. den 27. Juli 1814. Weiteres unbekannt.

ad 11 Wolfgang Cinna, geb. den 8. Dez. 1833 zu Alt., gest. den 24. Dez. 1833. Todesursache unbekannt.

ad 12 Wolfgang C., geb. den 8. Juli 1835 zu Alt., weiter nichts festzustellen.

ad 13 Andreas C., geb. den 29. Dez. 1837 zu Alt., er hatte die Krankheit genau so wie sein jüngerer Bruder Michael.

ad 14 Michael C., geb. den 25. Nov. 1838 zu Alt., gest. den 6. Juni 1903 an Nervenleiden. Er litt jahrelang an Chorea. Begonnen hat das Leiden angeblich gegen das 30. Lebensjahr.

ad 15 Josef C., geb. den 17. März 1844 zu Alt., gest. ebenda am 7. Aug. 1851 an Scharlachfieber.

ad 16 anonym, geb. den 6. Okt. 1862, bei der Geburt gestorben.

ad 17 Barbara C., geb. den 22. Aug. 1863 zu Alt., lebt in München; zeigt keine ausgesprochenen Zuckungen, ist aber „nervös"; könnte noch erkranken.

ad 18 Christoph C., geb. den 20. Sept. 1864 zu Alt., gest. den 1. Febr. 1919 zu München nach jahrelangem Leiden (Lungentuberkulose und Herzinsuffizienz infolge von Arteriosklerose). Amtliche Todesursache: Herzlähmung. Der Hausarzt hat nie Anzeichen von Veitstanz bei ihm beobachtet. Die ältere Schwester dagegen meint, Christoph habe die Krankheit auch gehabt, er sei ziemlich nervös und aufgeregt gewesen. Ähnliches behauptete seinerzeit auch der jüngere Bruder Michael.

ad 19 Wolfgang C., geb. den 11. Okt. 1866 zu Alt., gest. ebenda am 2. Aug. 1916. Hat mindestens 7 Jahre lang an Veitstanz gelitten, starb schließlich an Erschöpfung. Amtliche Todesursache: Nervenleiden.

ad 20 Fall XV.

ad 21 Josef C., geb. den 20. Dez. 1872 zu Alt., gest. den 10. Aug. 1874, Todesursacbe unbekannt.

ad 22 Georg C., illeg. 1892, gesund.

ad 23 Anna C., geb. den 10. Aug. 1892, gesund.

ad 24 Paul C., geb. im Nov. 1894, gest. 6 Mon. alt an Fraisen.

ad 25 Jakob C., geb. den 25. Juli 1896, gesund.

ad 26 Josef C., geb. den 13. Juli 1898, gesund.

ad 27 Maria C., geb. den 15. Juli 1902, gesund.

ad 28 Michael C., geb. den 7. April 1905, gesund.

ad 29 Margarete C., geb. den 19. Juni 1893, gesund.

ad 30 Josef C., geb. den 15. Aug. 1895, gesund.

Huntington-Chorea-Familie beschrieben von Peretti.

Eltern und Großeltern litten zum Teil an choreatischen und psychischen Störungen.

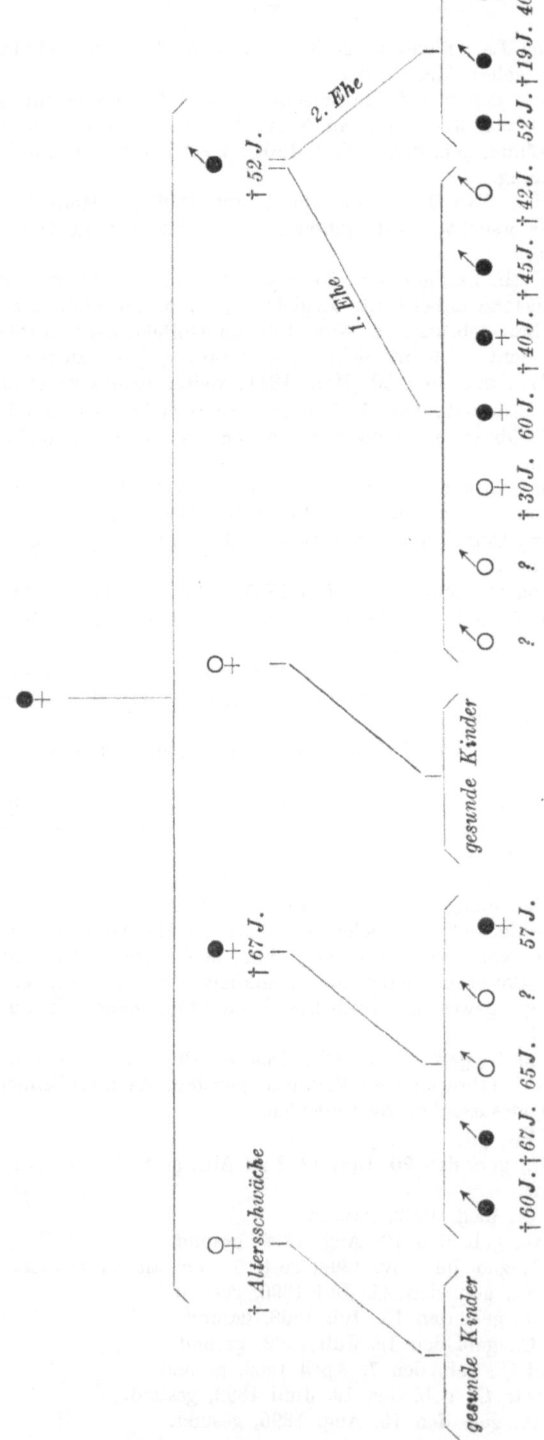

Familie Waldi-Wipfler nach J. Hoffmann.

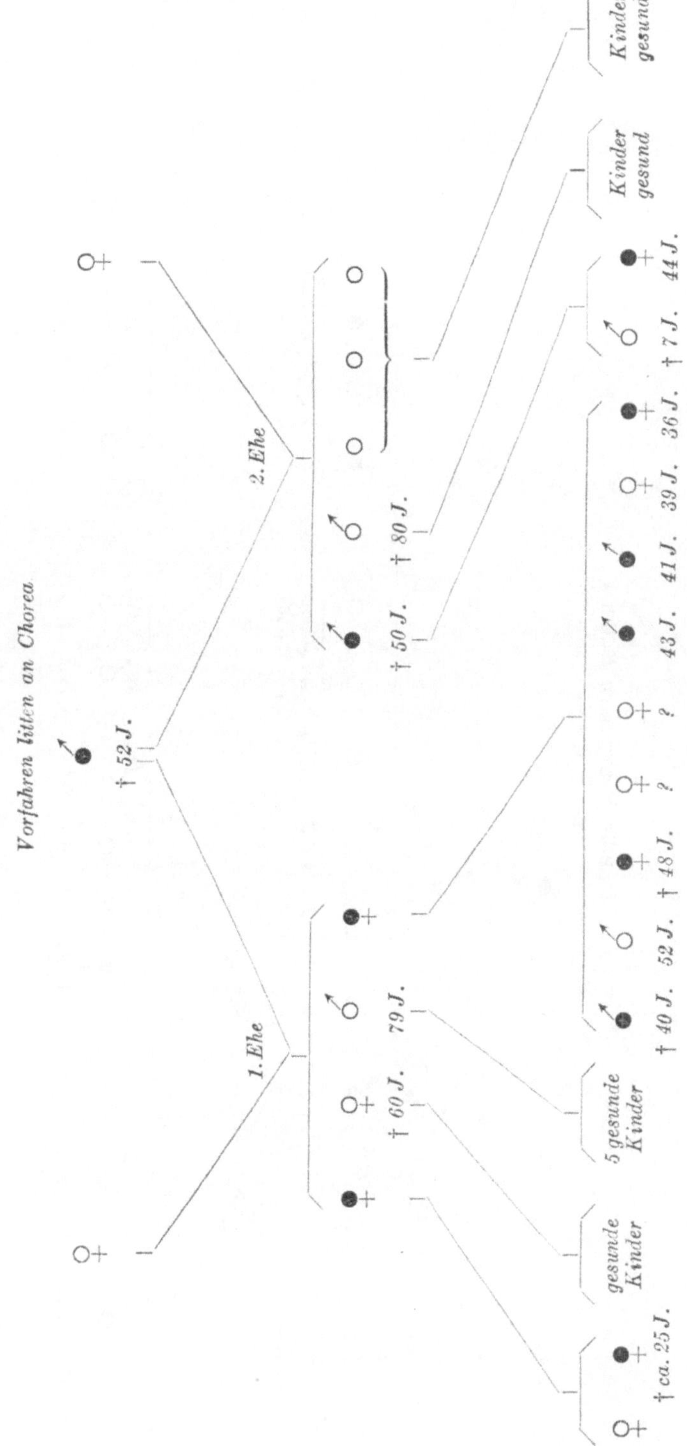

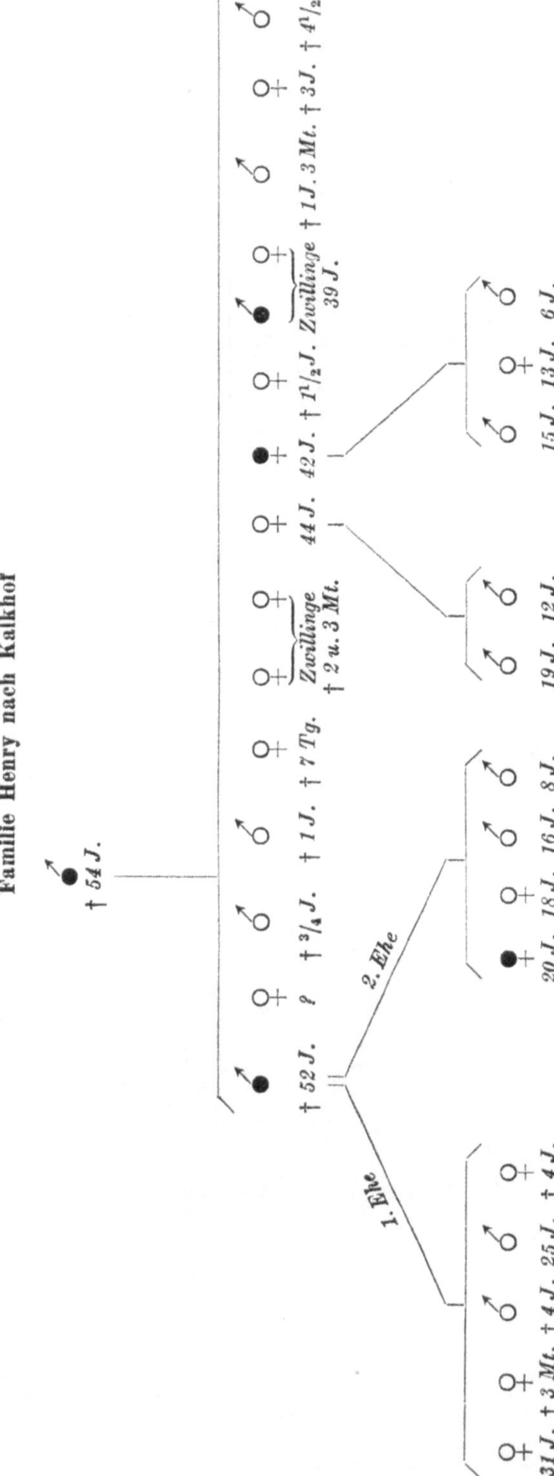
Familie Henry nach Kalkhof
† 54 J.
† 52 J.
?
† 3/4 J.
† 1 J.
† 7 Tg.
Zwillinge
† 2 u. 3 Mt.
44 J.
42 J.
† 1 1/2 J.
Zwillinge
39 J.
† 1 J. 3 Mt.
† 3 J.
† 4 1/2 J.
1. Ehe
2. Ehe
31 J.
† 3 Mt.
† 4 J.
25 J.
† 4 J.
20 J.
18 J.
16 J.
8 J.
19 J.
12 J.
15 J.
13 J.
6 J.

Huntington-Chorea-Familie beschrieben von Schuppius-Greves.

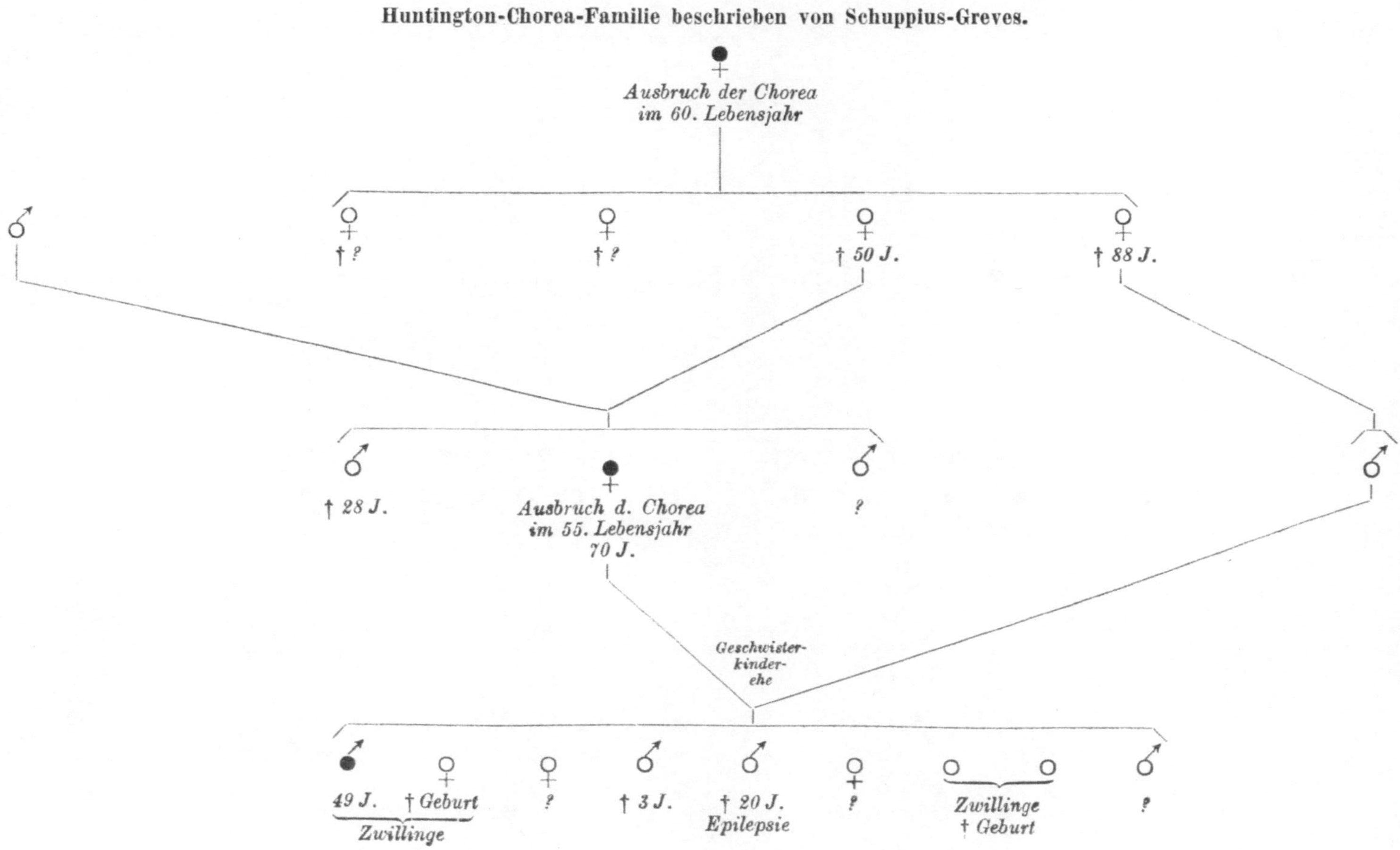

Nachkommentafel einer Huntington-Chorea-Familie nach Armin Huber.

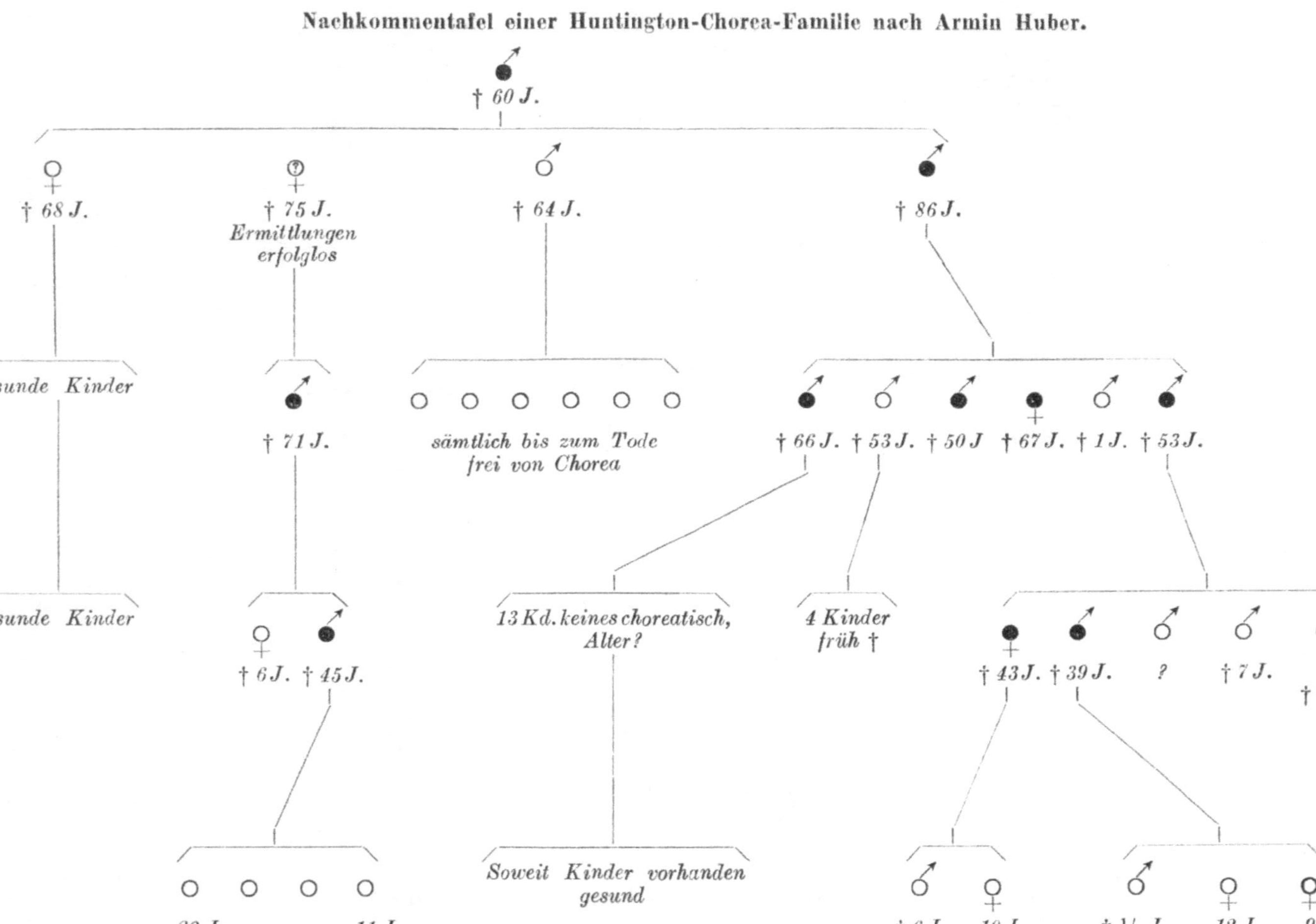

Nachkommentafel der Familie Wo-Zi nach Facklam, Wollenberg und Heilbronner.

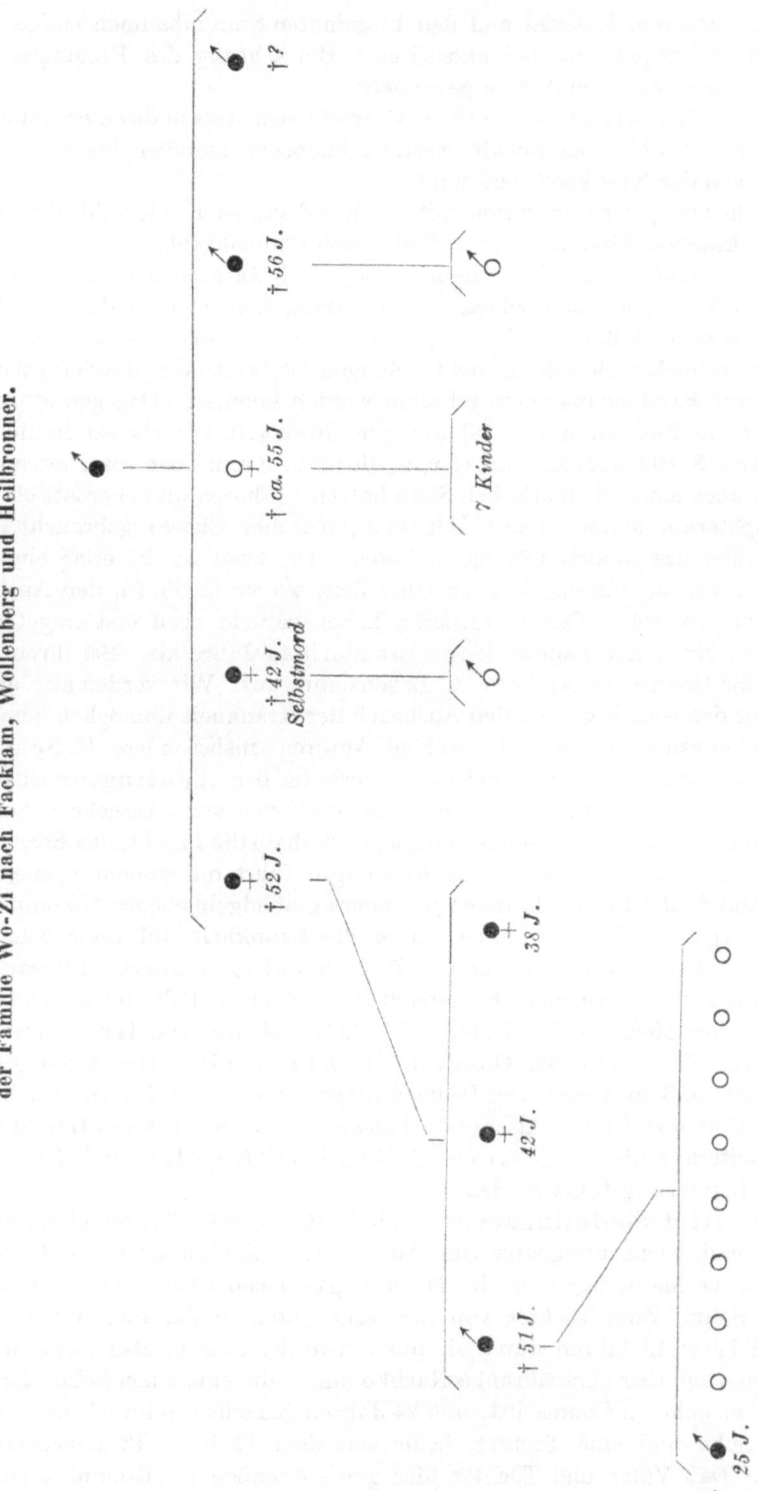

Aus unserem Material und den beigefügten Stammbäumen einiger früheren Veröffentlichungen sind bei kursorischer Betrachtung des Erbganges folgende wesentliche Gesichtspunkte zu gewinnen:

1. Die Huntingtonsche Chorea vererbt sich stets in direkter Linie,
2. die Nachkommenschaft gesundgebliebener Familienglieder ist dauernd von der Krankheit verschont,
3. in fast jeder Generation mit genügend großer Kinderzahl, die von einem kranken Elter abstammt, finden sich Choreakranke.

Bei genauerem Zusehen nimmt man jedoch Tatsachen wahr, die mit diesen drei Leitsätzen scheinbar schlecht im Einklang stehen. Es soll hier nicht davon die Rede sein, daß im Falle Calpurnius (S. 106) der Nachweis gleichartiger, direkter erblicher Belastung nicht gelungen ist, weil eben überhaupt keine Angaben zur Familienanamnese erhalten werden konnten. Dagegen stoßen wir in der Familie Petronius (S. 75) auf eine Frau (Nr. 27) ebenso in der Familie Regulus (S. 102) auf eine Frau (Nr. 4), die bis zu ihrem Tode von Chorea verschont waren, aber einen choreatischen Sohn hatten. (Chorea und choreatisch wird hier und späterhin synonym mit Huntingtonscher Chorea gebraucht.) Es fällt leicht, hier des Rätsels Lösung zu finden. Die Frau Nr. 27 erlag einem Unfall im Alter von 33 Jahren, d. h. zu einer Zeit, wo sie in die für den Ausbruch der Huntingtonschen Chorea kritische Lebensperiode eben erst eingetreten war, die Frau Nr. 4 der Familie Regulus starb 44 Jahre alt. Bei ihren Töchtern brach die Chorea im 50. bzw. 59. Lebensjahre aus. Wir werden also annehmen, daß hier der vorzeitige Tod den Ausbruch der Krankheit unmöglich gemacht hat.

Bekanntlich haben nicht wenige Autoren, insbesondere H. Schlesinger, den Standpunkt vertreten, bei der Vererbung der Huntingtonschen Chorea komme ein Überspringen von ganzen Generationen vor. Ausgehend von obigem Falle aus der Familie Petronius obliegt uns deshalb die Pflicht, das Beweismaterial dieser Forscher zu prüfen. H. Schlesinger führt mit seinem eigenen Fall III insgesamt fünf Fälle an, in deren jedem ein gesundgebliebener Abkömmling eines Huntington-Chorea-kranken Elters die Krankheit auf seine Nachkommen übertrug. Leider waren uns die von H. Schlesinger zitierten Literaturfälle im Originale nicht zugänglich. Es handelt sich um einen Fall von Lyon (Observat. III, Americ. Medic. J. N. Y. 1863, VII, 289) und drei von Huét (De la chorée chronique, Paris 1888/89, Observat. II, XIX, XXII). Huét hatte seinerzeit vermutet, daß in seinen drei Beobachtungen und in der Lyons die Träger der Disposition in zu frühem Alter gestorben seien. Aus der späteren Literatur können drei weitere Fälle (von Greve, Schuppius, Engelen und Fr. Schultze, E. A. Meyer) angeführt werden.

Fall III H. Schlesingers ist ziemlich kompliziert. Ein gesunder, nur schreckhafter und leicht erregbarer, im Alter von 78 Jahren noch nicht choreatisch gewordener Mann übertrug die Huntingtonsche Chorea vom Vater her auf seinen Sohn. Zwei Töchter von ihm erkrankten in der Pubertät an Hysterie. Mit 48 bezw. 49 Jahren waren sie nur schwer hysterisch, aber nicht choreatisch. Beide hatten aber choreakranke Nachkommen, die eine einen Sohn, der seit dem 13. Lebensjahr an Chorea litt, mit 24 Jahren gedächtnisschwach war, die andere einen Sohn und eine Tochter, beide seit dem 12. bezw. 13. Lebensjahr choreatisch. Daß Vater und Töchter hier gewissermaßen als Konduktoren wirkten, ist eine für die Huntingtonsche Chorea außergewöhnliche Erscheinung. Schlesinger glaubt, die Huntingtonsche Chorea könne im Laufe der Vererbung einmal durch Hysterie ersetzt werden. Eine solche Auffassung haben wir im Abschnitt über polymorphe Heredität entschieden zurückgewiesen. Wir werden also nach einer anderen Erklärung suchen müssen. Zunächst ist darauf hinzuweisen, daß beim Vater jenes bis zum 78. Lebensjahr choreafrei gebliebenen Mannes die Huntingtonsche Chorea erst im 70. Lebensjahr ausbrach. Der an Huntingtonscher Chorea (mit typischer Demenz) leidende Bruder der 48- und 49jährigen Hysterischen ist im Alter von 49 Jahren choreatisch geworden. Seine Schwestern standen also gerade im kritischen Lebensalter. Sind diese für die Folgezeit wirklich dauernd von Chorea freigeblieben?

Der nächstliegende Gedanke wäre der an Epistase bezw. Hypostase oder unvollkommene Dominanz. Vielleicht ist irgendein Hemmungsfaktor wirksam geworden, der die deutliche Ausprägung der Symptome verhindert hat. Wir wollen in diesem Falle nicht soweit gehen, mit Davenport eine Huntingtonsche Chorea sine Chorea anzunehmen. So viel ist aber gewiß, daß die Bewegungsstörung bei der Huntingtonschen Chorea manchmal recht unansehnliche Erscheinungen macht, in einer sehr milden Form auftritt, die leicht übersehen wird. In der Familie Manlius (S. 89) begegnen wir einem solchen Fall (Nr. 5). Der Grund für das milde Auftreten des Krankheitsprozesses mag in der genotypischen Gesamtkonstitution insofern liegen, als bei der Zeugung konkurrierende, d. h. antagonistische Faktoren in solchen Fällen zufällig zusammengekoppelt worden sind oder doch eine Gametenkombination zustande gekommen ist, die der Entwicklung der Anlage zur Huntingtonschen Chorea stärkeren Widerstand entgegensetzt als andere genotypische Konstitutionen. Noch plausibler erscheint die Annahme, daß exogene Faktoren, also Milieueinflüsse, für einen verzögerten Ausbruch der Chorea bezw. eine milde Verlaufsform der Krankheit verantwortlich zu machen sind. Wie wir an anderer Stelle (S. 45 u. 46) darlegten, gibt es andererseits ja wohl auch äußere Faktoren, welche den Ausbruch des Leidens vorzeitig veranlassen können.

Schuppius und Greve veröffentlichten einen Stammbaum, in dem sich die Chorea vom kranken Großvater über den choreafreien Vater auf den Sohn vererbte. Der Vater starb im Alter von 50 Jahren. Beim Großvater brach die Chorea im 60. Lebensjahr, beim Sohn im Alter von 55 Jahren aus. Es besagt demnach nichts, wenn der Vater mit 50 Jahren noch nicht choreatisch war, und es geht nicht an, diesen Fall als einen unangreifbaren Beweis für das Vorkommen von Überspringen einer Generation im Erbgang der Huntingtonschen Chorea anzusehen. Der Fall von Engelen erscheint dafür gleichfalls unbrauchbar. Hier soll ein selbst gesundgebliebener Vater die Chorea vom Großvater her auf zwei Söhne übertragen haben. Engelen erwähnt nichts über das Alter des Vaters usw. Nach E. A. Meyer (1899, Fall II) und Fr. Schultze (1898) hat eine angeblich von gesunden Eltern stammende 60jährige Frau, deren drei Geschwister an chronisch-progressiver Chorea erkrankt waren, neben einer gesunden eine ca. 25jährige, an Chorea und Sprachstörungen leidende Tochter. Ob dieser Fall einer kritischen Nachprüfung standhalten würde? Schultze kennt die „gesundgebliebene" Anlagenüberträgerin nur aus der Schilderung seines Kranken und den Angaben eines Arztes. Weyrauch, der im Jahre 1905 sich mit der gleichen Familie befaßt hat, behauptet von der damals 67jährigen Frau, sie sei etwas „schlottrig", ihre sämtlichen Kinder seien gesund. Er weiß also nichts von einer choreakranken Tochter. Solchen widersprechenden Angaben gegenüber bleibt uns nichts übrig, als diesen Fall aus unserer Betrachtung vollständig auszuscheiden.

Insgesamt ist die Zahl der Fälle, in denen selbst freigebliebene Familienglieder die Huntingtonsche Chorea auf ihre Nachkommen vererbten, sehr gering. Die Mehrzahl dieser Fälle beweist nichts für die Annahme, die Huntingtonsche Chorea könne im Erbgange Generationen überspringen, da die angeblich gesundgebliebenen Personen zumeist vorzeitig abgestorben sind. Der Rest ist ungeklärt. Nur der Fall von H. Schlesinger wäre mit einiger Berechtigung als ausschlaggebend zu verwerten, wenn sich wirklich kein Beobachtungsfehler eingeschlichen hat. Trotzdem und obwohl im Vorstehenden bereits die Möglichkeit angedeutet wurde, wie unter Umständen die Nichtrealisierung einer krankhaften Anlage bezw. die Überlagerung derselben ihre Erklärung fände, halten wir daran fest, daß bei der Huntingtonschen Chorea gleichartige und direkte Vererbung feststehende Regel ist. Der eine unter über hundert Fällen, der hiermit nicht übereinstimmt, würde gegen unsere Darlegungen nichts beweisen.

Manche Choreatikerfamilien sollen ihren Ausgang von gesunden Ahnen genommen haben — beispielsweise seien hierzu die von Fr. Schultze (Familie Nolzen-Bennighofen) E. Grimm, O. Meltzer (I) beschriebenen erwähnt. Bei dem Dunkel, das über der Vergangenheit waltet, dürfte es schwer fallen, über diesen Punkt einwandfrei zu urteilen. Es ist in Betracht zu ziehen, daß die Feststellung des Gesundheitszustandes Längstverstorbener zu den undankbarsten Aufgaben gehört. Nur nach unsäglichen Mühen schält man aus vielen Widersprüchen den Kern der Tatsachen heraus. Wir möchten darauf hinweisen, daß auch bei den hier neu veröffentlichten Fällen die Erblichkeit der Erkrankung manchmal nicht einmal den Angehörigen bekannt war. Erst geduldig fortgesetzte Erhebungen brachten den wirklichen Sachverhalt zutage. Die Frage, ob das erstmalige Auftreten der Huntingtonschen Chorea in irgendeiner Familie sicher verbürgt ist, vermögen wir nach dem eben Ausgeführten nicht zu bejahen. Natürlich fällt uns nicht bei, zu leugnen, daß die Huntingtonsche Chorea irgendwie einmal zum erstenmal aufgetreten sein muß. Man mag diesen Vorgang als stoßweise Änderung der Genotypen, als sprunghafte Mutation sich erklären; man kann vermuten, daß durch die Einwirkung äußerer Schädlichkeiten das Idioplasma dauernde Veränderungen erfuhr. Über leere Vermutungen und kümmerliche Erklärungsversuche führen uns alle Bemühungen vorerst nicht hinaus.

Der Kuriosität halber notieren wir hier, wie sich Laien die Sache zurechtlegten. In der Familie Petronius (S. 74) sieht man die Krankheit als Folge eines Fluches an, der auf der Nachkommenschaft eines Ururuahnen ruht, weil der Ahnherr mit wilder Grausamkeit Menschen und Vieh mißhandelte, Vögeln die Zunge ausriß und ähnliche Unmenschlichkeiten verübte. Die Familie Manlius (S. 89) hält die Chorea für eine vererbte Unfallsfolge.

Wir hatten schon des öfteren erwähnt, daß eine ziemliche Anzahl von Huntington-Chorea- Fällen veröffentlicht worden ist, bei denen direkte, gleichartige Vererbung entweder nicht erweisbar war, oder nach glaubhaften Versicherungen ausgeschlossen werden mußte. Soweit uns hier einschlägiges Material zugänglich war, ist es in Tabelle IV zusammengestellt. Eine sorgfältige Durchmusterung dieser Tabelle dürfen wir nicht umgehen, weil ein einziger erwiesener Fall von Huntingtonscher Chorea ohne gleichartige erbliche Belastung die Auffassung, welche man vom Wesen dieser Krankheit und die Frage, ob die chronische progressive Chorea eine Erbkrankheit ist oder nicht, entscheidend beeinflussen könnte.

Außer den in Tabelle IV aufgenommenen Fällen fanden wir noch zitiert: je einen Fall von Daddi (Fall II), Hoishold (Fall II), Makey, Castro, Bonfigli, Kouwerski und Messing, Dubois, Lepine und Giraud und je zwei Fälle von Kukro und M. Goldstein. Wir können uns aber nur mit den von uns selbst nachgelesenen Fällen befassen. Auf den ersten Blick fällt bei Betrachtung der Tabelle IV auf, daß nicht weniger als 10 von 25 Fällen ursächlich auf ein Trauma zurückgeführt werden. Dies verwickelt die Sache noch mehr. Die unverhältnismäßig große Anzahl von posttraumatischen unter den angeblich nichterblichen Fällen Huntingtonscher Chorea möchte voreilig als Beweis für das Vorkommen einer traumatisch verursachten Form angesehen werden. Es wäre aber doch zu überlegen, ob diese Tatsache nicht vielmehr eine glänzende Illustrierung dafür abgibt, wie das allgemeine Kausalitätsbedürfnis so oft auf grobe Irrwege führt. Für Laien ist das post hoc ergo propter hoc noch immer die billigste und meist auch gutgläubig vertretene Art der Beweisführung. Um so leichter wird der Laie geneigt sein, in Angelegenheiten, die für ihn weittragende finanzielle oder sonstwie wirtschaftliche Folgen nach sich ziehen können, obigen Grundsatz anzuwenden. Erkrankungen, die im Anschluß an entschädigungspflichtige Unfälle aufgetreten sind, werden mit mehr oder minder Berechtigung regelmäßig auf den Unfall ursächlich bezogen. Unter der Suggestion solcher Annahme verblassen alle Tatsachen, die eine andere Auffassung aufkommen ließen, eventuell sogar das Bestehen der Erkrankung schon vor dem Unfall beweisen würden. Die erblichen Verhältnisse werden absichtlich verschleiert, weil man instinktiv oder mit Grund eine Beeinträchtigung der Rentenansprüche von ihrer Offenbarung befürchtet. Manchmal muß dann selbst der Fachmann der Laienauffassung beipflichten oder er kann sie wenigstens nicht entkräften, wenn nämlich über die Ätiologie des zu begutachtenden Leidens noch Unklarheit herrscht.

Wir dürfen, glauben wir, annehmen, daß bei den zehn „posttraumatischen“ Fällen der Tabelle IV die Verhältnisse ähnlich liegen. Über allen Zweifel erhaben erscheint uns dies in jenen Fällen, in denen Geschwister oder Kinder der Choreakranken ebenfalls an chronisch-progressiver Chorea gelitten haben (Fälle von Dost, Liebers, Lange). Wenn gar noch die Erkrankung des Nachkommen wiederum auf ein Trauma zurückbezogen wird (Lange), so ist das doch ein zu merkwürdiger Zufall, als daß er widerspruchslos hingenommen werden könnte. Zugegeben, ein Trauma vermöchte unter besonderen Umständen einmal die Bedingungen für eine choreatische Bewegungsstörung mit chronisch-fortschreitender Tendenz zu schaffen, die Verwandtschaft dieser Posttraumatisch-choreatischen müßte dann aller Voraussicht nach frei von chronisch-progressiven Choreaerkrankungen sein. Diese posttraumatische Chorea wäre jedenfalls keine Huntingtonsche Chorea, sondern sie gehörte unter die symptomatischen Choreen eingereiht.

Tabelle IV.

Zusammenstellung aller aus 130 Veröffentlichungen über Huntingtonsche Chorea sich ergebenden Fälle ohne nachweisbare erbliche Belastung.

Nr.	Autor	Angaben über die Erblichkeitsverhältnisse	Besondere Ursachen
1	Snell, Otto, 1896 Fall II	erbliche Belastung fraglich.	schwere infektiöse Erkrankung.
2	Facklam 1898 Fall VII	keine Erblichkeit; Eltern und Schwestern angeblich gesund.	Trauma; Pat. wurde eines Tages bewußtlos an der Mauer lehnend neben dem von ihm zu bedienenden Siedeofen gefunden. Nach dem Erwachen Schwindel, keine Lähmungserscheinungen. Fing darnach an zu zappeln.
3	Facklam 1898 Fall VIII	Keine ähnlichen Erkrankungen in der Familie. Vater war Epileptiker, hatte bösartiges Wesen; Mutter an körperlicher Krankheit gestorben, in welchem Alter unbekannt. Auch ein Bruder an körperl. Erkrankung gestorben. 2 Schwestern gesund.	
4	Etter 1899 Fall I	Keine Erblichkeit; Eltern gestorben, näheres unbekannt.	
5	Etter 1899 Fall II	Erblichkeit fraglich. Eltern gestorben, näheres unbekannt.	Lues? Beginn der Chorea anfangs der 30er; mit 39 Jahren Schlaganfall. Pupillen starr, Abduzenslähmung. 1 Früh-, 2 Tot-, 1 Fehlgeburt.
6	Etter 1899 Fall III	Keine Erblichkeit.	
7	Amdohr 1901 Fall II	Keine Erblichkeit.	Trauma; mit 26 Jahren Fall vom Gerüst; Beginn der Chorea mit 28 Jahren.
8	Müller, Leo, 1903 Fall II	Nach bestimmten Versicherungen keine Erblichkeit; Vater mit 47 Jahren an Gesichtsrose gestorben, Mutter mit 58 Jahren an Brustfellentzündung. Keine Nervenkrankheiten in der Familie trotz eingehender Nachforschungen.	Trauma; mit 41 Jahren vom Baum gefallen, Fuß schwer verletzt, durch Schrecken Chorea ausgebrochen. Es ließ sich aber nachweisen, daß Zuckungen schon 1 Jahr vor dem Unfall bestanden.
9	Westphal 1901 Fall II und Kölpin 1908 Fall I	Keine erbliche Belastung.	Trauma; mit 27 Jahren Sturz, 3 Stockwerk tief, nach einiger Zeit Muskelzuckungen.

Tabelle IV (Fortsetzung).

Nr.	Autor	Angaben über die Erblichkeitsverhältnisse	Besondere Ursachen
10	Meltzer, Otto, 1903 Fall II	Eltern völlig gesund; Vater nach 70 Jahren gestorben, Mutter hohes Alter erreicht.	Trauma; mit 54 Jahren Sturz von der Treppe, Schädelbruch, im Krankenhaus Chorea begonnen.
11	Liebers 1905	Eltern an unbekannter Todesursache gestorben, in welchem Alter?; von Chorea, Epilepsie oder sonstigen Nerven- und Geisteskrankheiten in der Aszendenz nichts bekannt; Geschwister gesund. Tochter schwachsinnig, beginnende Chorea.	Trauma; mit 44 Jahren Sturz von einer Leiter; $^1/_2$ Jahr später Zittern und Zucken.
12	Lange, F., 1906	Keine Erblichkeit, Sohn im 23. Lebensjahr Chorea nach Trauma.	Trauma; Beginn der Chorea im 48. Lebensjahr nach Sturz vom Wagen.
13	Faltlhauser 1906 u. Kiesselbach 1914	Vater Potator, Mutter an Typhus gestorben, in welchem Alter ist unbekannt; 1 Bruder choreatisch; der Fall und sein Bruder sind außerehelich geboren.	viel Rheumatismus.
14	Kruse, G., 1907 Fall II	Vater verunglückt, in welchem Alter ist unbekannt; Mutter an unbekannter Krankheit in unbekanntem Alter gestorben; Erblichkeit fraglich.	Trauma; im Alter von 31 Jahren. 4 Zehen abgequetscht, nach 5 Monaten erstmals wieder gegangen, gleichzeitig Zuckungen im verletzten Bein, später im anderen und in den Armen.
15	Jäger, Ch., 1908	Keine Erblichkeit; Vater in hohem Alter, Mutter an Schlaganfall in unbekanntem Alter gestorben.	
16	Fiedler 1910 und Fritze 1915 Fall II	Erbliche Belastung lag nicht vor; Eltern ziemlich plötzlich an Herzschwäche gestorben, in welchem Alter ist nicht angegeben. Bei ihnen, sowie in der Verwandtschaft weder Nerven- noch Geisteskrankheiten, keine abnormen Charaktere, 2 Geschwister gesund.	Rheumatismus?; mit 40 Jahren Polyarthritis rheumatica; Herzklappenfehler, Choreabeginn etwa $^1/_2$ Jahr später, Demenz.
17	Kampsmeyer 1902	Vater gestorben, in welchem Alter unbekannt, war geisteskrank, ob choreatisch ist fraglich. 1 Bruder leidet an Chorea.	Lues? Pupillen zweifelhaft, ausgesprochene Spasmen in den unteren Extremitäten.
18	Struve 1908	Eltern angeblich geistig gesund. Vater Trinker. Die Angaben stammen vom dementen Kranken.	
19	Schultze, E., 1910 Fall B	Vater Trinker, weiter nichts zu ermitteln; 2 Geschwister des Kranken choreatisch.	
20	Hell, F., 1911	Vater und Mutter aufgeregter Natur, sonst keine Erblichkeit nachgewiesen.	

Tabelle IV (Fortsetzung).

Nr.	Autor	Angaben über die Erblichkeitsverhältnisse	Besondere Ursachen
21	Placzek 1913 und E. Schultze 1910 Fall D	Angeblich keine erbliche Belastung; Vater mit 45 Jahren nach neuntägiger Nervenkrankheit gestorben; Mutter u. Geschwister unbekannt.	Trauma; mit 48 Jahren Unfall, 1 Jahr danach begann die Chorea.
22	Fritze, E. Fall I	Anamnese vom Vater erhoben; Erblichkeit, Potus verneint.	
23	Dost, M., 1915.	Eltern gesund; 1 Schwester leidet an Huntingtonscher Chorea.	Trauma; mit 33 Jahren Fall auf den Hinterkopf, Bewußtlosigkeit, danach sofort Chorea.
24	Bruhn, W., 1915	Keine erbliche Belastung.	
25	Frank, K., 1904	Bei genauester Durchforschung nach keiner Hinsicht erbliche Belastung.	Plötzlicher Beginn.

Das Vorkommen choreatischer Störungen von chronisch-fortschreitendem Typus bei Geschwistern ist kein untrügliches Zeichen für das Vorliegen einer Erbkrankheit, es schließt eine nur familiäre Erkrankung nicht aus. Also dürfen wir in derartigen Fällen die Diagnose Huntingtonsche Chorea — falls wir damit den Begriff einer erblichen Erkrankung verbinden, — nicht als gesichert ansehen, soviel Wahrscheinlichkeit die Annahme einer erblichen Übertragung bei dieser Sachlage auch für sich hätte. Legen wir darum den strengsten Maßstab bei der Nachprüfung jener 25 Fälle an und fordern für die Huntingtonsche Chorea den bedingungslosen Nachweis gleichartiger Erkrankungsfälle in der Aszendenz.

Es wurde schon ausgeführt, warum ein solcher Nachweis bei den angeblich posttraumatischen Fällen nur unter besonders günstigen Umständen möglich sein wird. Ein Mißlingen des Nachweises gegen die vorweggenommene Anschauung, die Huntingtonsche Chorea sei eine Erbkrankheit, zu verwerten, wäre nur dann gestattet, wenn sich aktenmäßig belegen ließe, daß Eltern und entferntere Verwandte die für den Ausbruch der Huntingtonschen Chorea kritische Altersperiode überlebten, ohne an chronischer progressiver Chorea zu erkranken. In den 10 „posttraumatischen“ Fällen der Tabelle IV ist diese Bedingung ebensowenig erfüllt wie bei den 15 anderen Fällen der gleichen Tabelle. Dazu kommt, daß unter den sogenannten posttraumatischen Huntingtonschen Choreen wahrscheinlich die eine oder andere nur fälschlicherweise unter der Firma Huntingtonsche Chorea geht. Der Fall von Kruse (Nr. 14) erweckt doch sehr Verdacht auf eine traumatische Neurose oder Hysterie.

Auch die nach Ausscheidung der „traumatisch“-entstandenen übrigbleibenden 15 Fälle sind hinsichtlich ihrer Zugehörigkeit zur Huntingtonschen Chorea nicht alle eindeutig bestimmt. Der von K. Frank berichtete Fall (Nr. 25 der Tabelle IV), bei dem die Chorea plötzlich über Nacht einsetzte, ist mit hoher Wahrscheinlichkeit auf eine Herderkrankung (Tumor, Erweichung, Entzündung) zurückzuführen. Der weitere Verlauf des Krankheitsprozesses widerspricht dem nicht, soviel Ähnlichkeit er mit demjenigen einer echten Huntingtonschen Chorea hat. Im Fall Nr. 5 (Etter II), wird man an eine luetische Affektion des Zentralnervensystems denken müssen. Gleichfalls sehr verdächtig auf Lues ist Nr. 17 (Kampsmeyer) wegen der zweifelhaften Pupillenreaktion und der ausgesprochenen Spasmen in den unteren Extremitäten. Allerdings war hier ein Bruder „leicht choreatisch", der Vater „geisteskrank", ob choreatisch ist nicht festgestellt. Möglicherweise liegt bei Nr. 17 eine Kombination von Huntingtonscher Chorea mit Lues des Zentralnervensystems vor. Gleichartige Erkrankungen von Geschwistern sind noch berichtet im Falle (B) von E. Schultze (Nr. 19) und bei Nr. 13 (Faltlhauser-Kieselbach). Letzterer Fall ist ätiologisch unklar; man hat den Eindruck, als ob die wiederholten rheumatischen Erkrankungen der Patientin mit der Entwicklung der Chorea in ursächlichem Zusammenhang stünden. Außerdem steht die choreatische Erkrankung des einen Bruders nicht sicher fest; es wird nur angegeben, er sei kränklich und in seinen Bewegungen fahrig wie die Schwester. Die Angaben über die Eltern sind ungenügend (stammen alle drei Kinder vom selben illegitimen Vater? In welchem Alter ist die Mutter an Typhus gestorben? Hat sie an Chorea gelitten? . . .). Was nach den hier eingehender behandelten Fällen noch von den 15 übrigbleibt, leidet an dem Fehler, daß die Feststellung der genealogischen Verhältnisse absolut unzulänglich war. Was will es denn besagen, wenn ein dementer Kranker angibt, seine Eltern seien gesund gewesen (cf. Nr. 18), oder wenn nur ermittelt werden konnte, daß der Vater ein Trinker war? Selbst mit der festen Versicherung, Vater und Mutter seien gesund gewesen, ist oft gar nichts anzufangen, wie Veröffentlichungen von Schinke, Frotscher (Fall III), sowie Kronthal und Kalischer bezeugen. Für Schinkes Fall wies später Raecke die direkte gleichartige erbliche Belastung nach. Frotschers Kranker galt ursprünglich als sogenannte posttraumatische Huntingtonsche Chorea, bis endlich die tatsächlichen erblichen Verhältnisse aufkamen. Kronthal und Kalischers Kranke hat später selbst davon gesprochen, daß ihre Mutter gleicherweise erkrankt gewesen sei. Ihre Angaben sind aber mit Vorsicht aufzunehmen. Feststellungen in Hereditätsfragen sollten sich der größeren Sicherheit halber eben immer auf gleichlautende Angaben verschiedener Personen oder auf amtliche Urkunden stützen. Das mindeste aber, was man verlangen muß, sind Belege für das Sterbealter der Eltern. In den hier zu prüfenden Fällen wurde dies verabsäumt. Mit einem Schimmer von Berechtigung könnte allein Nr. 22 gegen die Theorie von der direkten erblichen Übertragung der Huntingtonschen Chorea verwertet werden. Der Vater hat hier bestimmt jegliche erbliche Belastung verneint, aber keinerlei spezialisierte Angaben über die Mutter des Kranken gemacht.

So glauben wir, ohne uns dem Vorwurf auszusetzen, wir hätten alle unbequemen Fälle in unzulässiger Weise hinwegdisputiert, mit Fug und Recht behaupten zu dürfen, daß unzweifelhaft echte Fälle von Huntingtonscher Chorea, bei denen gleichartige und direkte erbliche Belastung mit voller Bestimmtheit ausgeschlossen werden konnte, bisher nicht veröffentlicht wurden.

Es muß noch dem Einwand begegnet werden, als seien vorzugsweise oder gar ausschließlich solche Fälle kasuistisch bearbeitet worden, die unter ihren Blutsverwandten mehrere Merkmalsträger besaßen. Zwei Gründe ließen sich für diese Annahme ins Feld führen. Einmal reizten derartige Stammbäume als Raritäten mehr zur Veröffentlichung, besonders in einer Zeit, die sich einer irreführenden Auslese nicht bewußt war. Dann sorgt schon die natürliche Auslese dafür, daß Familien mit zahlreichen Krankheitsträgern eher zur Kenntnis und in Behandlung des Arztes kommen, als solche mit nur einem Merkmalsträger. Die Wahrscheinlichkeit, von der Auslese erfaßt zu werden, ist für erstere eben unvergleichlich größer. Nichtsdestoweniger soll auch dieser Einwand für illusorisch erklärt werden. Verfasser hat fast ein Jahrzehnt hindurch sich eifrig bemüht, in der bodenständigen und im allgemeinen ziemlich seßhaften Bevölkerung Unterfrankens isoliert dastehende Fälle von Huntingtonscher Chorea aufzufinden. Alle Bemühungen waren ergebnislos.

In diesem Zusammenhang sei auch noch festgestellt, daß wir alle in der psychiatrischen Klinik München, in den Heil- und Pflegeanstalten Eglfing, Gabersee und Haar zur Beobachtung gekommenen Fälle von chronisch-progressiver Chorea, ohne Rücksicht darauf, ob über erbliche Belastung etwas bekannt war oder nicht, genealogisch erforscht haben. Das Ergebnis ist eindeutig. Für die Fälle der drei Anstalten ist der Nachweis direkter erblicher Übertragung des Leidens so gut wie erbracht. Unter den Fällen der psychiatrischen Klinik München stießen wir auf zwei Fehldiagnosen, von denen die eine beim zweiten Klinikaufenthalt schon rein klinisch rektifiziert wurde. Es handelte sich um eine arteriosklerotische Erkrankung mit symptomatischer Chorea im Gefolge. Die histopathologische Untersuchung hat nachträglich die Richtigkeit der letzteren Diagnose bestätigt. Der zweite irrtümlich als Huntingtonsche Chorea angesehene Fall ist so instruktiv, daß wir es für angezeigt halten, ihn hier eingehend zu referieren.

Katharina Z., lediges Dienstmädchen, geboren den 25. Oktober 1902 zu Oberum.

Krankheitsgeschichte der psychiatrischen Klinik München.

Aufgenommen am 11. Mai 1920.

Grund der Einlieferung: Zuckungen seit 4 Tagen.

Verhalten der Kranken bei der Aufnahme: Fortwährende choreatische Unruhe, besonders links.

Klinische Diagnose: Huntingtonsche Chorea.

Vorgeschichte: Nach Aussage des Schwagers. Vater von Pat. vor 8 Jahren gestorben. Mutter lebt, gesund. Pat. hat 7 gesunde Geschwister. Von Heredität nichts bekannt. Über Pat. Kindheit weiß Ref. nichts. Vor 4 Jahren menstruiert, dann ausgesetzt bis vor 14 Tagen. Seit 15. März 1919 bei Ref. in Stellung. Fleißig, arbeitsam, etwas unbeholfen aber flink. Nicht sehr gescheit. Fromm, anhänglich, kinderlieb. Geistig keine Veränderung. Seit ca. einem halben Jahr ungeschickt, machte vieles verkehrt (Kartoffeln, statt Salat Geröstete gemacht). War zerstreut. Ging 2—3 mal ins Kino. Hat angeblich keine Liebesaffaire. In letzter Zeit nervös, zuckte zusammen, „fiselte herum". Verließ am 15. April 1920. Andere Stelle. Besuchte Ref. in der freien Zeit. Seit ca. 8—10 Tagen unruhig; vorigen Freitag Zuckungen mit Fuß oder Hand oder Kopf auch im Sitzen. Keine Anfälle. Ref. weiß nicht, daß etwas vorgefallen sei. Heute zum Arzt, hierher überwiesen.

Keine Krankheit in letzter Zeit, bes. keine Grippe. War öfters beim Arzt wegen Ausbleibens des Unwohlseins.

Körperlicher Status: Kleine, kümmerliche Erscheinung in reduziertem Ernährungszustand. Kratzeffekte am rechten und bes. am linken Oberarm; verheiltes Geschwür am rechten Ellbogen. Kopf zeigt Birnenform. Venenzeichnungen auf der Brust. Keine Drüsen, wenig crines. Schleimhäute blaß.

Kopf: keine Druck- oder Klopfempfindlichkeit. Steiler Gaumen, angewachsene Ohrläppchen. Gebiß sehr defekt.

Hals: leichte Struma.

Thorax: Lunge überall vesikuläres Atmen und sonorer Schall. Herz etwas über die Mamillarlinie verbreitert, systolisches Geräusch an der Spitze, $P_2 = A_2$, Puls regelmäßig.

Abdomen: o. B.

Nervensystem: Pupillen reagieren auf C. und L., aber nicht sehr ausgiebig; Augenmuskeln frei, Lidflattern, Nystagmus. Konjunktival- und Kornealreflexe +, kein Fazialisphänomen, Würgreflex 0, Bauchdeckenreflexe sehr lebhaft; keine Ataxie; Patellarreflexe +, Achillessehnenreflexe +, Periostreflexe +; Plantarflexion der Zehen rechts leichter auslösbar als links, kein Babinski. Sensibilität o. B.; kein Romberg, Dermographismus +.

Urin: Alb. 0, Sacch. 0.

Autoanamnese: Vater hat früher getrunken, am Sonntag oft berauscht. Mutter 15 Geburten, 7 Geschwister leben, sind gesund. Pat. weiß nichts über Kinderkrankheiten. Auf der Schule nicht besonders gelernt. Rechnen fiel sehr schwer; sitzen blieb sie nicht. War Küchenmädchen bei Verwandten, schließlich Küchenmädchen in einem Kaffee. Immer etwas weniger begabt als die anderen. Meint, daß das Ausbleiben der Periode schuld sei an einer gewissen „Zappeligkeit und Zerstreutheit" im letzten halben Jahr. Es freut sie nichts mehr, interessiert sie nichts. Sie geht z. B. in den Kino, hat aber keine Freude daran; auch die Arbeit fällt ihr schwer seit einem halben Jahr. Das Leben wollte sie sich nicht nehmen. Von einem Jahr zum andern wurde es schlechter. Vor 14 Tagen kam zum 1. Mal wieder die Regel. Im Zusammenhang damit verschlechterte sich ihr Befinden. Erst war Pat. auf dem Land bei der Mutter. Dort fühlte sie sich ganz wohl, dann kam die Regel; wie sie in dieser Zeit zur Schwester kam, sagte die: „Was hast Du denn, kannst Dich ja gar nicht still halten!" Auch Kopfweh hatte sie und Kreuzschmerzen. Kein Fieber. Auch müd und matt war sie. Gegenstände, die sie anfaßte, ließ sie fallen, bes. mit dem linken Arm, wenn gerade das Zucken kam. Schlaf war sehr schlecht. Appetit hatte Pat. guten. Nur sehr ängstlich war sie in der letzten Zeit. Träumte ängstlich, daß ihre Brüder unter sich gerauft hätten, und anderes. Am Sonntag vormittag nach dem Aufstehen mußte sie furchtbar weinen, nachher wurde es wieder besser. Auch im Kopf sei sie schwächer geworden, dies aber schon seit längerer Zeit: Mit dem Denken ging es gar nicht mehr recht. Keine venerische Infektion. Kein Alkoholabusus.

Psychischer Status. Pat. zeigt auf ihrem Stuhl ein unruhiges Verhalten. Es fallen auf unwillkürliche Bewegungen des linken Armes und der linken Hand, des linken Beines und Fußes. Ferner plötzliche Streckbewegungen des Rumpfes, endlich Bewegungen im Gesicht, z. B. des Mundes, der plötzlich geöffnet und nach der Seite verzogen wird. Auf dem Ruhebett beobachtet man plötzliche Dorsalflexion des Fußes, die dann in langsam drehender Bewegung in Plantarflexion übergeht. Pat. ist räumlich und zeitlich orientiert und geordnet. Die Geisteskräfte der Pat. sind sehr gering, so daß man schon von einer debilen Persönlichkeit sprechen kann. Pat. weiß nicht, wohin die Isar fließt, kann die Weltteile nicht angeben (Amerika, Frankreich, England). Rechnen: $5 + 7 = 22$; $17 + 17 = 37 = 35$; $5 \times 5 = 25$; $5 \times 7 = 85$; $27 - 19 = 7 = 18$.

Keine Sinnestäuschungen oder Wahnbildungen. Das Vorstellungsleben dürftig. Die Initiative bes. der Mitteilungstrieb bei Willigkeit und Ungehemmtheit gering. Pat. macht einen stumpfen Eindruck; sie ist etwas gedrückt, aber nicht sehr affektstark, eher stumpf. Keine Suicidgedanken, Selbstvorwürfe usw. Pat. läßt sich stechen, ist nicht kataleptisch. Keine Sprachstörung.

15. Mai 1920. Andauernde, allerdings in Intensität schwankende choreatische Unruhe, die jedoch durch Willensanstrengung der Pat. unterdrückbar ist. Linksseitige Extremitätenmuskulatur hypotrophisch. Zielbewegungen gelingen sowohl links wie rechts. Händedruck rechts schwächer als links. Keine Paresen, kein Nystagmus. Kein Fieber, kein Herpes. Ab und zu Klagen über Kopfschmerzen. Pyramidon wirkt gut.

18. Mai 1920. Körperlich keine Änderung. Pat. klagt sehr wenig, nur ab und zu über Kopfschmerzen, hauptsächlich nachmittags. Pat. bemerkt jetzt selbst eine Schwäche des rechten Armes; sie merkt es beim Frisieren, müsse dabei öfters aussetzen. Das sei in der Klinik gekommen. Pat. uriniert täglich nur einmal.

12. Juni 1920. Nach Haus entlassen.

Die Diagnose Huntingtonsche Chorea hat man in der Klinik auf Grund folgender Überlegungen festgestellt:

Das Vorliegen einer choreatischen Störung stand fest. Hemiplegie war auszuschließen, desgleichen Hysterie, d. h. also rein psychogene Entstehung der Chorea. Gegen Grippechorea schien die schon halbjährige Dauer der Chorea zu sprechen. Für die Annahme einer Huntingtonschen Chorea lagen zwar keinerlei familienanamnestische Anhaltspunkte vor, doch mußte dahingestellt bleiben, ob nicht eine genaue Durchmusterung der Vorahnen ähnliche Erkrankungen aufdecken würde; außerdem hielt man die Möglichkeit nicht für ausgeschlossen, daß hier die Huntingtonsche Chorea zum erstenmal in der Familie auftrat. Aus dem klinischen Bilde erschienen folgende Züge charakteristisch für Huntingtonsche Chorea: die leichte Debilität, die dem Wesen des Krankheitsprozesses, das geistige Wesen ganz allmählich zu ergreifen, vollkommen entsprach, ferner die Halbseitigkeit, die im Beginne der Huntingtonschen Chorea öfters zu beobachten sei.

Gegen Sydenhamsche Chorea glaubte man die geringe Intensität der Bewegungen, welche athetotischen ähnelten und doch wieder schneller als diese waren, verwerten zu können.

Um auch diesen Fall restlos zu klären, wurden genaue Stammbaumerhebungen gepflogen. Das Ergebnis gestaltete sich einmal insofern günstig, als es Aufschlüsse lieferte, die vollauf genügten, die psychisch-nervöse Konstitution der nächsten Anverwandten unserer Kranken richtig zu beurteilen. Daneben konnte festgestellt werden, daß weder eine direkte noch eine indirekte erbliche Belastung mit chronisch-progressiver Chorea vorlag. Die Abstammungstafel der Kranken siehe nächste Seite.

Von überraschendem Erfolg waren katamnestische Erhebungen und eine Nachuntersuchung der Kranken begleitet. Katharina Z. ist heute völlig frei von choreatischen Bewegungsstörungen. Die Zuckungen haben sich ganz allmählich verloren. Damit trat auch im Ganzen eine Besserung des Allgemeinbefindens ein. Zur Zeit hat Pat. noch unter Menstruationsstörungen zu leiden. Die Periode sistiert zumeist; Pat. wird dadurch insoferne affiziert, als sie dann ziemlich kopflos, aufgeregt und empfindlich-weinerlich ist. Körperlich sieht sie blühend aus. Sie erscheint leicht mikrocephal, macht einen verschüchtert-ängstlichen Eindruck.

Nach Angabe ihrer Schwester hatte sie schon in der Jugend ein ängstlich-unselbständiges Wesen an den Tag gelegt. Sie ist von Haus aus beschränkt und unbeholfen, kam in der Schule nicht recht mit. Etwa 5 Monate vor dem eigentlichen Ausbruch der Chorea (d. h. ungefähr ebensolang vor der Aufnahme der Kranken in die Klinik) erkrankte unsere Pat. unter Erscheinungen, die ihre Schwester folgendermaßen schildert: Am Rücken ober- und unterhalb des linken Schulterblattes und an der linken Seite bildeten sich wasserhelle Bläschen mit entzündetem Hof, in Häufchen beisammen stehend; Fieber und heftig stechende und brennende Schmerzen waren vorhanden. Der Arzt konstatierte Gürtelrose. Nach Wochen heilte der Ausschlag, der teilweise eiterte, ab. Von dieser Erkrankung an datierte die Ungeschicklichkeit und eine langsam zunehmende Unruhe, die sich wenige Tage vor der Aufnahme in die Klinik zum richtigen Veitstanz steigerte.

Abstammungstafel der Katharina Z. v. Oberum.

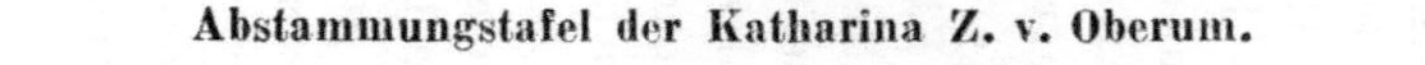

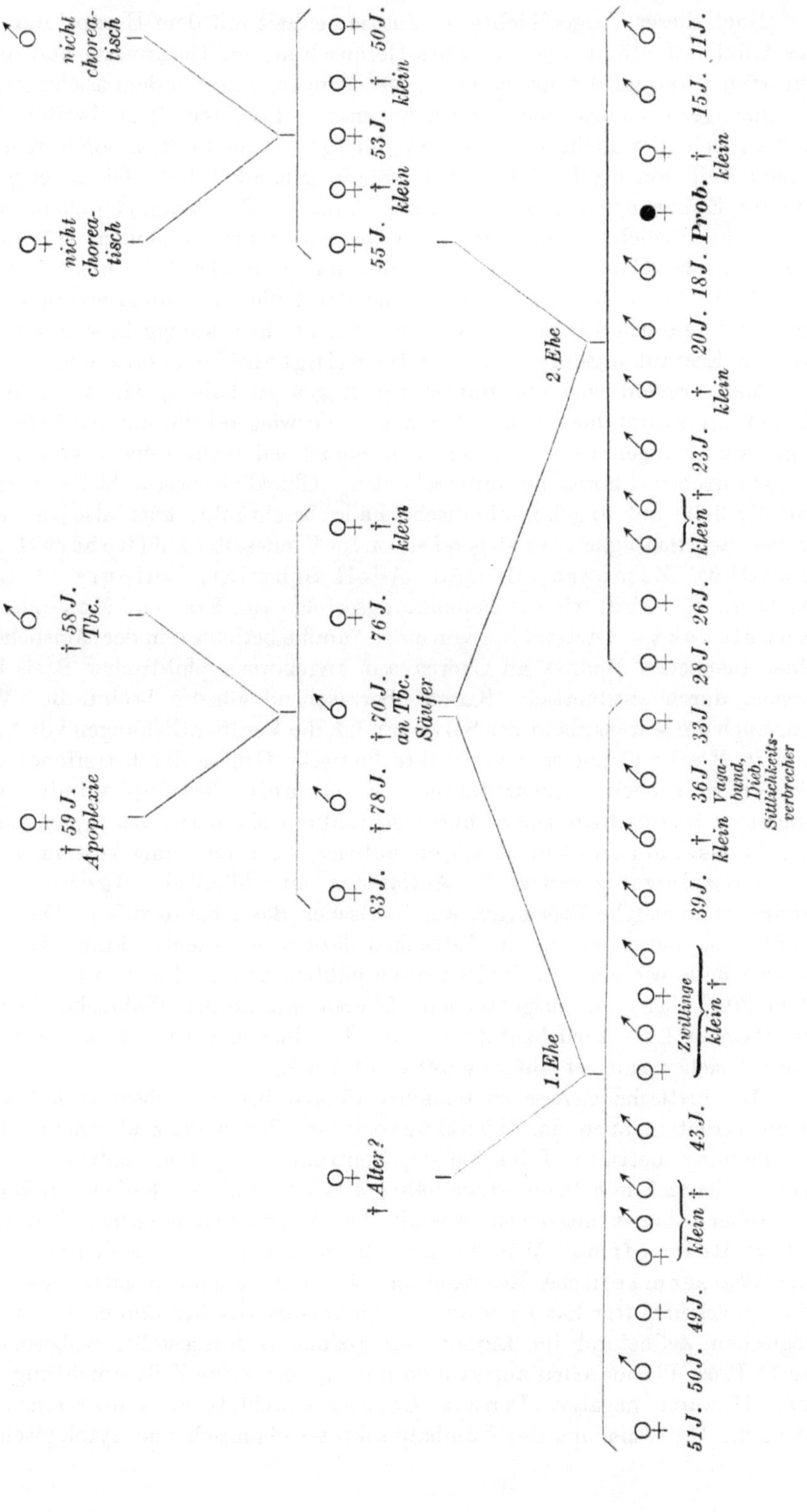

Nach dieser Vorgeschichte im Zusammenhalt mit dem Herzbefund während des Klinikaufenthaltes (systolisches Geräusch an der Herzspitze) und nach dem gutartigen Verlauf der Erkrankung, insbesondere aber bei dem absoluten Mangel gleichartiger erblicher Belastung kann unseres Erachtens kein Zweifel obwalten, daß es sich hier nicht um eine Huntingtonsche Chorea, sondern um einen reinen Fall von Sydenhamscher Chorea gehandelt hat. Gleichzeitig belehrt uns die Erfahrung, daß auf Grund der klinischen Erscheinungen allein es manchmal nicht möglich ist, die Differentialdiagnose richtig zu stellen. Für die Huntingtonsche Chorea jedenfalls genügt das klinische Bild nicht. Hier muß unbedingt die genealogische Aufhellung der Fälle zum integrierenden Bestandteil der klinischen Diagnostik werden. Allzuleicht schmuggeln sich sonst anderweitige Erkrankungsformen in die Huntingtonsche Chorea ein.

Man braucht sich nur immer vor Augen zu halten, wie umfangreich das Gebiet der symptomatischen Chorea ist. Vorwiegend die auf luetischer Grundlage entstandenen Choreaformen sind manchmal recht schwer von der Huntingtonschen Chorea zu unterscheiden. Glücklicherweise bleibt diese Form mit Vorliebe auf angeborenluetische Fälle beschränkt, tritt also mit einer gewissen Regelmäßigkeit vorwiegend schon im Kindesalter auf (Robert H. Alison, Costilhes, Zambaco, Homén, Adolf Schmidt, Dufours et Lorr, G. Anton). Sie wird, wie die Behandlungserfolge von Flatau, Mayerhofer und Kowalewsky — letzterer hat von einer Familie berichtet, in der sämtliche Kinder eines luetischen Mannes an Chorea auf angeborensyphilitischer Basis litten — zeigen, durch antiluetische Kuren überraschend günstig beeinflußt. Vielleicht war auch die Wirksamkeit des Salvarsan (cf. die Veröffentlichungen von Salinger und v. Bockay) auf eine versteckte luetische Genese der betreffenden choreatischen Störungen zurückzuführen. B. Gemell allerdings wandte auch bei einem an Sydenhamscher Chorea erkrankten Mädchen, das negativen Ausfall der Wassermannschen Reaktion aufwies, Salvarsan mit bestem Erfolg an.

Kowalewsky vertrat die Auffassung, ausschließlich angeborene Lues könne choreatische Störungen auf luetischer Basis hervorrufen. Dieser Standpunkt ist natürlich durch Tatsachen längst widerlegt. Eine Mittelstellung mögen Fälle wie der von Wallenberg publizierte einnehmen, wo eine erst nach dem 20. Lebensjahr ausgebrochene Chorea mit großer Wahrscheinlichkeit auf angeborene Lues zurückzuführen war. Die luetische Chorea der Erwachsenen beruht sicher zumeist auf erworbener Lues.

Die luetische Genese so mancher Chorea bei Erwachsenen soll uns nicht dazu verleiten, auch die Huntingtonsche Chorea ganz allgemein als Folgeerscheinung luetischer Infektion des Zentralnervensystems aufzufassen. Goldstein, der sich mit dieser Frage näher befaßte, fand in 3 Fällen von Huntingtonscher Chorea negativen Ausfall der Wassermannschen Reaktion. Er zitiert Rosanoff und Wisemann, die über einen Fall berichteten, bei dem die Wassermannsche Reaktion in Blut und Liquor negativ ausfiel. Nach dem gleichen Autor hat Lorenz bei Huntingtonscher Chorea zweimal pathologischen Zellbefund im Liquor cerebrospinalis festgestellt, insbesondere soll er 15 Proz. Plasmazellen angetroffen haben, aber keine Zellvermehrung. Phase I und II waren negativ. Derselbe Lorenz berichtete auch über einen Fall, in dem die Untersuchung des Lumbalpunktates chemisch und zytologisch negativ ausfiel. In weiteren 3 Fällen fand er positive Wassermannsche Reaktion im Blute (2 davon waren auch im Liquor positiv). Da er in allen 3 Fällen erworbene und angeborene Syphilis sicher ausschließen zu können glaubte, nahm er an, die Huntingtonsche Chorea gehöre zu den wenigen nichtluetischen Erkrankungen des Zentralnervensystems, die gelegentlich eine positive Wassermannsche Reaktion ergäben. Es wird Aufgabe der Serologen sein, die Lorenzsche Annahme auf ihre Stichhaltigkeit zu prüfen. Unser eigenes Material erlaubt uns darüber kein Urteil. Wohl aber dürfen wir behaupten, daß es einwandfreie Fälle von Huntingtonscher Chorea mit sicher negativer Wassermannscher Reaktion im Serum und Liquor gibt. Zieht man dazu noch in Betracht, daß sich die Huntingtonsche Chorea streng auf ganz wenige Familien beschränkt gegenüber der enormen Verbreitung der Lues und der relativen Häufigkeit von Nervenlues, so wird man mit zwingender Notwendigkeit sich veranlaßt sehen, einen ursächlichen Zusammenhang zwischen Huntingtonscher Chorea und luetischer Infektion (bzw. angeborene Lues) für gänzlich unwahrscheinlich zu halten.

In diesem Zusammenhang muß auch das Vorkommen von Chorea im Verlaufe der progressiven Paralyse erwähnt werden (Golgi, Schuchardt, Simon, Mendel, Buchholz, Dräseke, Wollenberg). L. Meyer lenkte 1905 die Aufmerksamkeit auf das nicht ganz seltene Vorkommen choreatischer Erscheinungen im Endstadium der progressiven Paralyse. Nach Dräseke sollten derartige Fälle ausschließlich der hämorrhagischen Form der progressiven Paralyse angehören. Sie von der Huntingtonschen Chorea zu unterscheiden, fällt nicht immer leicht. Insbesondere gestaltet sich dies dann schwierig, wenn Pupillenstörungen und Lähmungserscheinungen längere Zeit ausbleiben. Binswanger und Dubois hielten in gewissen Fällen die Unterscheidung für ganz unmöglich. Heute haben wir einerseits in der Untersuchung des Lumbalpunktates nach Wassermann usw., andererseits in dem Nachweis direkter, gleichartiger Heredität untrügliche Hilfsmittel der Differentialdiagnostik. Außerdem fehlt bei der progressiven Paralyse die Progression der choreatischen Störungen. Letztere pflegen vielmehr allmählich zu schwinden, während der geistige Zerfall fortschreitet und Lähmungserscheinungen sich einstellen.

Indem wir nach dieser Abschweifung zur Untersuchung des Erbganges bei der Huntingtonschen Chorea zurückkehren, konstatieren wir, daß die genaue Prüfung des gesamten Materiales keine Tatsachen aufzeigte, welche die Gültigkeit der Eingangs dieses Kapitels aufgestellten drei Richtsätze hätten erschüttern können. Wenn aber die Entstehung der Huntingtonschen Chorea nur durch direkte erbliche Übertragung zu erklären ist, wenn die Huntingtonsche Chorea sich durch unzählige Generationen ohne Unterbrechung direkt weiter vererbt, wenn die Nachkommenschaft solcher Personen, die, obwohl sie ein hohes Alter erreichten, dauernd frei von Chorea geblieben waren, für alle Zeiten von dieser Erbkrankheit verschont ist, dann muß die Huntingtonsche Chorea eine dominant gehende, mendelnde Krankheit sein. Wir dürfen also auf Grund unserer Untersuchungen behaupten, die Huntingtonsche Chorea folgt im Erbgange einem unabänderlichen Gesetz, dem Gesetz der dominanten Vererbung.

Es wäre ein aussichtsloses Bemühen, an der Hand des gesammelten Materiales auch noch mendelsche Idealproportionen nachweisen zu wollen. Unsere eigenen Fälle könnten noch zur Not als repräsentatives Material gelten, da sie die Gesamtheit aller in der psychiatrischen Klinik München bzw. den Anstalten Eglfing, Gabersee und Haar zur Beobachtung gekommenen Fälle umfaßt. Aber bei der geringen Anzahl würden die Fehlerquellen (Kleinheit der Familien, zu frühes Absterben usw.) das Ergebnis zu stark beherrschen. Die früher veröffentlichten Stammbäume darf man zur Verstärkung unseres Materiales nicht heranziehen, da sie als kasuistisch-literarische Auslese eine höchst einseitige Zusammenstellung bieten, die jeder Anforderung auf Übereinstimmung mit den Verhältnissen in der Allgemeinheit Hohn spricht. Wir müssen uns also damit begnügen, den dominanten Vererbungstypus für die Huntingtonsche Chorea festgestellt zu haben und den Nachweis der Erfüllung mendelscher Proportionen bei dieser Krankheit der Zukunft überlassen.

Bevor wir das Kapitel über den Erbgang der Huntingtonschen Chorea schließen, ist noch auf Eines hinzuweisen. Zweimal (in den von Peretti und J. Hoffmann beschriebenen Familien, siehe die Nachkommentafeln S. 110 und 111) läuft der Fall unter, daß ein choreakranker Mann zweimal verheiratet war, jedesmal mit choreafreier Ehepartnerin. In beiden Ehen hatten diese Männer neben anderen auch choreakranke Nachkommen. Dies entspricht ganz den Erwartungen bei Dominanz des Leidens. Allerdings darf man nicht so weit gehen, die Erfüllung des theoretisch Notwendigen in praxi immer zu verlangen. Finden wir unter obigen Voraussetzungen nur unter den Kindern aus der einen Ehe Choreakranke, so ist zu erwägen, daß bei der Kleinheit der menschlichen Familie und dem weiten Spielraum, welcher dem Zufall bei der Anlagenkombination gewährt wird — unter unzähligen, im einmaligen Zeugungsakt ejakulierten Spermatozoen vollzieht nur eines die Befruchtung des Eies —, ohnehin zu erwarten ist, daß ein Teil der Ehen von choreakranken Personen mit Gesunden (choreafreien) keine Träger des Krankheitsmerkmales hervorbringt. Einen derartig gelagerten Fall beobachten wir in der von Kalkhof beschriebenen Familie Henry (siehe Nachkommentafel S. 112), können ihn aber nur mit Einschränkung gelten lassen, denn die Nachkommengeneration ist hier noch nicht abgelebt, d. h. sie hat diejenige Altersperiode, welche für den Ausbruch der Huntingtonschen Chorea als kritische bezeichnet werden muß, noch lange nicht überschritten.

Aus unserem eigenen Material ist der Fall Atilius (IX) hier einschlägig. Er hat 2 lebende, von verschiedenen Vätern stammende Nachkommen, die aber noch in jugendlichem Alter stehen.

Mehrmals stießen wir auf Fälle, wo der gesunde Ehepartner einer choreakranken Person in 2. Ehe mit einer Gesunden nur gesunde Nachkommen erzeugte, während aus der Ehe mit dem choreakranken Ehepartner auch choreakranke Nachkommen entsprossen. Dieser Befund stimmt ebenfalls mit dem bei dominantem Erbgang zu erwartenden Verhalten überein.

Zu guter Letzt wäre noch das Ergebnis aus Blutsverwandtenehen zu betrachten. Greve-Schuppius (siehe Nachkommentafel S. 113) berichteten über eine Familie, in der Geschwisterkinder (Frau choreatisch $\times$ Mann choreafrei) unter 9 Nachkommen 1 choreatischen hatten. Was vorher über das Spiel des Zufalls gesagt wurde, gilt hier uneingeschränkt. Gleichzeitig muß man berücksichtigen, daß jene Nachkommengeneration zur Zeit der Veröffentlichung noch nicht abgelebt war, ferner, daß 5 Kinder früh starben. Aber selbst wenn alle Fehlerquellen ausgeschaltet werden könnten, würde dieser Einzelfall zur Entscheidung der Frage, ob einfach dominanter oder rezessiver Vererbungsmodus, nichts beitragen, da wir sowohl bei Rezessivität wie bei Dominanz der Erbkrankheit in der Nachkommengeneration der Blutsverwandten $^1/_2$ Gesunde und $^1/_2$ Kranke erwarten müssen. Die blutsverwandten Eltern sind nämlich in unserem Falle entweder unter der Voraussetzung von Dominanz des Leidens, 1 kranker Heterozygot und ein gesunder Homozygot oder, bei angenommener Rezessivität der Krankheit, ein kranker Homozygot und ein äußerlich gesunder Heterozygot.

Wir können als Schlußfolgerung der Untersuchungen über die Nachkommenschaftsergebnisse bei wiederholten Zeugungen von choreakranken oder choreafreien Individuen uns merken, daß auch diese Ergebnisse dafür sprechen, daß die Huntingtonsche Chorea dem dominanten Modus folgt.

F. Pathologisch-anatomischer Befund bei der Huntingtonschen Chorea.

Aus Eigenem kann Verfasser über die histopathologischen Veränderungen an Hirn und Rückenmark bei der Huntingtonschen Chorea leider nichts berichten. Über seine Unternehmungen nach dieser Richtung waltete ein ganz besonderes Mißgeschick. Erst fielen Gehirn und Rückenmark des Falles Petronius einem unseligen Verhängnis zum Opfer, dann vereitelte ein gerade kurz vor dem Ableben des Probanden Maxentius erfolgter Wechsel in der Leitung der Anstalt Attl die Durchführung längst beschlossener Maßnahmen, die das Gehirn dieses Falles für eine wissenschaftliche Untersuchung hätten retten sollen. Möge dieses persönliche Mißgeschick die Ärzte der Heil- und Pflegeanstalten nicht abschrecken. Vielmehr seien sie auch hier eindringlich ersucht, doch in jedem Falle von Huntingtonscher Chorea, dessen Obduktion sie vornehmen, Hirn und Rückenmark der histopathologischen Untersuchung zuzuführen. Wohl am geeignetsten würde dies durch Einsendung der Organe an die anatomische Abteilung der Deutschen Forschungsanstalt für Psychiatrie geschehen.

Als makroskopischen Befund erhoben die verschiedenen Untersucher: Trübungen in der Pia an der Konvexität des Gehirnes, klaffende Furchen und Verschmälerung der Hirnwindungen, zumeist im Bereiche des Stirnhirnes. Ab und zu wurden Ependymgranulationen festgestellt. Die Hirnventrikel waren regelmäßig nicht erweitert. Aus dem Aussehen der Stirnhirnwindungen war man geneigt, auf eine Hirnatrophie zu schließen. Der Hirnschwund dürfte aber nirgends einen nennenswerten Grad erreicht haben. Bei der hier als 1. Fall angeführten Kranken hatte das Leiden nahezu 10 Jahre hindurch bestanden und zuletzt sehr intensive Form angenommen. Im Tode war keine Hirnatrophie zu konstatieren. Die Differenz zwischen Schädelinhalt und Hirngewicht betrug 12 Proz., zeigte also normale Verhältnisse. Die Veröffentlichungen von Kiesselbach und Dost erwähnen außerordentlich niedrige Hirngewichte in 2 Fällen von Huntingtonscher Chorea. Kiesselbach konstatierte ein Hirngewicht von 845 g und hochgradige Gehirnatrophie, Dost ein solches von 810 g ohne Atrophie d. h. also eine ausgesprochene Hypoplasie des Gehirnes. Beide Male handelte es sich um Gehirne von Weiblichen. Mit dem Dostschen Befund ließen sich die Beobachtungen von Oppenheim und Hoppe, Kronthal und Kalischer, sowie von O. Ranke gut vereinbaren. Diese Autoren konstatierten in insgesamt 4 Fällen eine abnorme Kleinheit des Rückenmarks, die, wie O. Ranke bemerkt, durch die Markfaserdegeneration keine genügende Erklärung fand. Der Dostsche Fall ist aber nur mit Vorsicht zu verwerten; beim Faltlhauser-Kiesselbachschen muß noch bedeutend mehr Zurückhaltung geübt werden, denn die Frage seiner Zugehörigkeit zur Huntingtonschen Chorea ist höchst problematisch.

Die Hypoplasie des Gehirnes und Rückenmarkes in manchen Fällen von Huntingtonscher Chorea würde sich mit dem heute mehr denn je angenommenen degenerativen Charakter, im Sinne der Histopathologen, dieser Erkrankung vereinbaren, insofern beide, die Hypoplasie und die Anlage zu Huntingtonscher Chorea gemeinsam aus derselben Ursache (Degeneration) hervorgingen. Dazu würde das gelegentlich beobachtete gleichzeitige Vorkommen von Huntingtonscher Chorea und Syringomyelie, Huntingtonscher Chorea und Friedreichscher Ataxie gut stimmen, denn auch die Syringomyelie und die Friedreichsche Ataxie werden als Folgen von Anlagestörungen aufgefaßt. Derartige Kombinationen sind aber ungemein selten. Zum Beweis für gleichzeitiges Vorkommen von Huntingtonscher Chorea und Syringomyelie dürfen eigentlich nur die Rankesche und die Facklamsche Veröffentlichung angezogen werden. Im Falle von Duchenne vermißt man den Nachweis der Heredität, der Fall von J. Hoffmann aber ist, wie schon anderorts gesagt wurde, in hohem Grade anfechtbar.

E. Stier glaubte, den ererbten, degenerativen Charakter der Huntingtonschen Chorea aus Anomalien der motorischen Rindenzentren (Asymmetrien dieser Rindenteile oder größerer Hirnabschnitte) beweisen zu können. O. Ranke betonte demgegenüber mit Recht, daß nach unserer heutigen Kenntnis der großen normalen Variationsbreite des Großhirnreliefs dieser Beweis durchaus nicht schlüssig ist. Über die Deutung verschiedener von anderen Autoren als Zeichen einer Entwicklungshemmung oder Störung aufgefaßten Befunde (z. B. Erhaltung einer inneren Körnerschicht in der vorderen Zentralwindung, Kölpin) ist noch keine Einigung erzielt.

Die Verwertbarkeit der von zahlreichen Autoren als histopathologische Bilder der Huntingtonschen Chorea beschriebenen Befunde leidet erheblich darunter, daß man ziemlich wahllos Fälle mit und ohne nachgewiesene direkte Erblichkeit, ja auch solche, bei denen sicher keine Erblichkeit vorlag, in einen Topf warf und für gleichwertig hielt. Nur dadurch ist es erklärbar, wieso höchst divergierende Meinungen über das Wesen des der Huntingtonschen Chorea zugrunde liegenden Prozesses Platz greifen konnten. O. Ranke wies eindringlich auf die Konsequenzen hin, zu denen eine nicht genügend kritische Sichtung des Materials notwendig führen müßte. Er stellte die Hauptirrgänge eines solchen Verfahrens so recht ins Licht, indem er daran erinnerte, daß einerseits Debuck behauptete, ganz verschiedenartige histopathologische Prozesse wären imstande, den gleichen Symptomenkomplex der chronischen progressiven Chorea zu erzeugen, andererseits Jacobsohn und Sainton die Ansicht aussprachen, der hereditären Chorea-Huntington und den anderen Formen chronisch-progressiver Chorea läge derselbe histopathologische Prozeß zugrunde.

Es ist zu verstehen, daß man versuchte, aus den Erfahrungen bei anderweitigen Choreaerkrankungen, zumal in Fällen ausgesprochener Herderkrankungen mit Chorea, per analogiam Schlüsse auf den voraussichtlichen Sitz der Huntingtonschen Chorea zu ziehen. Einfache Überlegungen, allein schon ein flüchtiger Gedanke an die reichhaltige psychopathologische Symptomatologie des Leidens, hätte über die Aussichtslosigkeit derartiger Versuche belehren sollen. Wohl sind geistige Störungen im Krankheitsbild der Huntingtonschen Chorea da und dort einmal vermißt worden. Trotzdem darf man ihnen geradezu pathognostische Bedeutung zuerkennen. In den Fällen, die wegen ihrer Schwere in Klinik- oder Anstaltsbehandlung und schließlich zur mikroskopischen Untersuchung kamen, waren sie immer vorhanden. Es war deshalb von vornherein anzunehmen, daß der Krankheitsprozeß in solchen Fällen einen mehr diffusen Charakter angenommen haben müßte und von einer strengen Lokalisation keine Rede sein konnte.

Pathologische Prozesse in den Stammganglien, vorab dem Thalamus und den Bindearmbahnen (Bonhoeffer) sind zweifelsohne für die Genese choreatischer Bewegungsstörung von wesentlicher Bedeutung. Vielleicht spielen solche auch bei der Huntingtonschen Chorea eine Rolle, wenngleich von den Stammganglien in der Regel das Corpus striatum die stärksten Veränderungen aufwies. In allen bisher veröffentlichten Fällen von chronischer, progressiver, hereditärer Chorea, die mikroskpisch untersucht worden sind, hatte der Krankheitsprozeß die Stammganglien ergriffen, aber man kann nicht sagen, daß er regelmäßig vorzüglich in dieser Gegend lokalisiert gewesen wäre, oder gar von dort seinen Ausgang genommen hätte.

Eine andere Hypothese verlegt die Ursache der Bewegungsstörungen bei der Huntingtonschen Chorea in die Hirnrinde (motorische Region). Sie ist von Lannois und Paviot, später von Curschmann vertreten worden. Gowers lokalisiert die Ursache der choreatischen Zuckungen nicht mehr in die Nervenzellen, sondern deren feinste Dendritenendigungen. Er entfernt sich damit ziemlich weit vom Boden gesicherter Erkenntnis. Da nach weitverbreiteter Annahme die Chorea als Reizerscheinung gedeutet wird, hervorgerufen durch Reizung, welche von Herden in der Nähe der inneren Kapsel, ausgehen soll (Strümpel), wäre es nur ein Schritt weiter auf dem Wege der Spekulation, den choreaerzeugenden Reiz gleich in die Ganglienzellen, sei es der motorischen Hirnrinde, sei es der subkortikalen Ganglien oder beiden zugleich, zu suchen. Tatsächlich hat auch Margulies behauptet, die beständige Hyperkinese bei der Huntingtonschen Chorea sei „das Ergebnis der Summierungen aller Reize, die die parenchymatösen Elemente von der prolieferierenden Glia“ träfen. Die neueste Theorie (C. Vogt) will die choreatische Bewegungsstörung auf das Versagen gewisser Hemmungszentren (Enthemmung) zurückführen und als automatische Selbststeuerung gewisser motorischer Zentren (Hirnrinde, Stammganglien?) erklären. Da es für uns in diesem Zusammenhang nicht so sehr darauf ankommt, die Pathogenese der choreatischen Bewegungsstörung zu erforschen, sei hier auf alle diese Erklärungsversuche und Behelfe nicht weiter eingegangen, sondern nur das eine betont, daß allem Anschein nach die choreatische Bewegungsstörung der Huntingtonschen Chorea nicht auf der Läsion eines einzelnen Funktionszentrums beruhen, sondern das Ergebnis des Zusammentreffens ganz verschiedenartiger Funktionsausfälle und wahrscheinlich auch pathologischer Reizwirkungen sein dürfte. Wir wenden uns daher wieder zur eigentlichen Aufgabe, zur Schilderung des histopathologischen Befundes bei der Huntingtonschen Chorea.

Im Vordergrund stehen krankhafte Veränderungen an den Nervenzellen. Sie finden sich diffus ausgebreitet über die ganze Hirnrinde und die Stammganglien. Manchmal, aber nur manchmal, haben sie im corpus striatum ganz besondere Intensität angenommen, so z. B. in den 3 von Alzheimer untersuchten Gehirnen. Der Krankheitsprozeß an den Ganglienzellen ist als degenerative Veränderung anzusprechen. Er verläuft im Sinne der Verfettung und ähnlich der „chronischen Erkrankung" Nissl's (O. Ranke). Zellausfälle, d. h. völliger Schwund, sind selten. Eine weitere in die Augen springende Erscheinung bei der Huntingtonschen Chorea ist die enorme Vermehrung der Gliazellen, Kerne und Protoplasma, während wenigstens zunächst eine nennenswerte Faserbildung nicht stattfindet. Diese Gliaproliferation betrifft Rinde- und Stammganglien ziemlich gleichmäßig, das tiefe Hemisphärenmark bleibt davon verschont. Sie wird, nicht ausschließlich doch vorzugsweise, in nächster Nähe der Ganglienzellen und längs der Gefäße angetroffen, was auf ihre Funktion als Abbauglia hindeutet. In späteren Krankheitsstadien tritt daneben eine Vermehrung der faserbildenden Glia auf. Lipoide Stoffe sind in den Ganglienzellen, den Gliazellen und den Zellen der Gefäßwände in außerordentlicher Menge angehäuft. Leichte Reduktion der Assoziationsfasern, beträchtliche Randgliose in allen Rindengebieten, partielle Bindegewebshyperplasie mit Bildung von Adventitialbrücken, hauptsächlich im subkortikalen Mark, vervollständigen das Bild des histopathologischen Befundes am Großhirn.

Im Kleinhirn wurden von O. Ranke nur leichte, uncharakteristische Veränderungen der Ganglienzellen konstatiert. Die Gliazellen, besonders die Bergmannschen Zellen, waren auch hier vermehrt; Faserbildung unbedeutend.

Pons, Medulla oblongata und Rückenmark zeigten leichtere degenerative Veränderungen.

Über die Deutung des von unterschiedlichen Autoren (Alzheimer, d'Antona, Bondurant, Collins, Clarke, Dana, Kattwinkel, Kölpin, Kronthal und Kalischer, Kéraval und Raviart, Klebs, Ladame, Lange, Lannois und Paviot, Menzies, Modena, Mouisset, Müller, Nissl, Oppenheim und Hoppe, Osler, O. Ranke, Schulz, Stier u. a.) an den Großhirnen echter Huntington-Choreatiker erhobenen histopathologischen Befundes gingen die Meinungen nach mehr als einer Richtung auseinander. Im Brennpunkt des Streites standen zwei Fragen: 1. Ist der bei der Huntingtonschen Chorea angetroffene krankhafte histologische Befund als Entzündung oder als einfache Degeneration zu deuten? 2. Hat man die

Ganglienzellenentartung oder die Gliaproliferation für den primären Vorgang anzusehen?

Nach gewissenhafter Ausscheidung aller derjenigen Befunde, die als zufällige Beigabe anzusehen sind, hervorgerufen durch solche Faktoren, welche mit der Huntingtonschen Chorea ursächlich nur lose oder in keiner Weise verknüpft sind, wie z. B. interkurrente Krankheiten, Arteriosklerose, Agone, wird man sich aus dem histologischen Bilde des Krankheitsprozesses wohl für dessen degenerative Natur entscheiden müssen. Die Anhänger der gegenteiligen Meinung waren zumeist in Verkennung der gliösen Natur der Zellproliferation und infolge von Überschätzung zufälliger Nebenbefunde zu ihrer Auffassung vom Wesen der Krankheit gekommen. Bekanntlich sah Greppin die Gliaproliferation als das Primäre an. Er erklärte sich den Vorgang folgendermaßen: Die Gliazellen hielt er wegen ihres eigenartigen Aussehens für Elemente, die auf einer embryonalen Entwicklungsstufe stehen geblieben wären und in einer späteren Zeit in fortschreitende, herdförmige Wucherung einträten, somit den Ausgangspunkt des Krankheitsprozesses bildeten, der von Greppin als eine nicht eitrige Enzephalitis aufgefaßt wurde. Heute steht noch M. Margulies auf Greppins Standpunkt und sieht die Huntingtonsche Chorea als eine kongenitale, degenerative, chronische Gliose an. O. Ranke hat aber den Greppinschen Beweismitteln alles Gewicht genommen. Er bezog sich hierbei auf die speziell von Nissl und Alzheimer aufgedeckte Tatsache, „daß die verschiedensten Krankheitsprozesse zu rein protoplasmatischen Proliferationen des normal ausdifferenzierten Gewebes führen können, daß also nicht etwa der Tatsache einer Proliferation der Glia ohne Faserdifferenzierung die Bedeutung einer Reaktion minder differenzierten ‚gliogenetischen' Zellmaterials (Bonome) zukommt". Man wird also den Streit um die primäre Natur des Krankheitsprozesses vorerst nicht entscheiden können. Alzheimer glaubte in einem degenerativen Prozeß am Nervengewebe den Ausgangspunkt der Erkrankung erblicken zu müssen. Vorsichtiger sprach sich O. Ranke aus, der zu einem non liquet kam und die Vermutung offen ließ, ob nicht vielleicht die Vorgänge an Ganglienzellen und gliösem Gewebe einem vaskulären Krankheitsprozesse zu subordinieren seien.

Hören wir zum Schlusse, was O. Ranke, wohl der erfahrenste Untersucher der Huntingtonschen Chorea — er hatte damals schon 6 Fälle histologisch untersucht — über die Spezifität des histologischen Befundes schrieb: „Nur eine negative Konstatierung ist möglich: es fehlen ihm (dem degenerativen Prozeß) die Gewebsveränderungen, welche wir heute als für senile Prozesse — im weitesten Sinne, einschließlich der Alzheimerschen Krankheit — charakteristisch betrachten; unter meinen Fällen bot auch der älteste (58 Jahre alt beim Tode) nichts von derartigen Alterationen. Ein positives histologisches Kriterium besonderer Eigenart bietet dagegen dieser Prozeß für unsere heutigen Kenntnisse nicht; mit anderen Worten: es ist nicht möglich, Präparate zahlreicher Fälle von Huntingtonscher Chorea mit Sicherheit zu unterscheiden von Stellen aus paralytischen Gehirnen, an denen die für die Paralyse charakteristischen infiltrativ-entzündlichen Veränderungen fehlen, von Präparaten aus dem Zentralnervensystem einzelner klinisch als „Dementia praecox" diagnostizierter Fälle, sowie von einzelnen Fällen diagnostisch unklarer „organischer" Prozesse."

G. Therapie und Vorbeugung.

Über die Therapie der Huntingtonschen Chorea sind nicht viele Worte zu verlieren. Eine spezifische Therapie gibt es nicht. Daher beschränkte man sich bisher auf allgemeine Maßnahmen und symptomatische Beh ndlung. Nervina und Sedativa wurden in jeder Form angewendet, zumeist ziemlich erfolglos. Vorübergehende Besserung erzielte man durch tonisierende Behandlung mit Arsen, Liquor kalii arsenicosi (Solutio arsenic. Fowleri) in steigenden Dosen. Einige wollten dabei völliges Verschwinden der Zuckungen beobachtet haben. Der Erfolg war aber in keinem Falle von Dauer. Mit der Progression des Leidens verliert auch das Arsen seine günstige Einwirkung. Scopolamin vermag die choreatischen Bewegungen zum Schwinden zu bringen. Seine Daueranwendung in wirksamen Dosen verbietet sich aber schon wegen der hierbei zu gewärtigenden üblen Nebenerscheinungen. Die Hauptaufgabe bei der Behandlung von Huntington-Choreakranken besteht also immer noch in sachgemäßer Pflege und Überwachung, roborierender Ernährungsweise und Fernhaltung nervenschädigender Einflüsse.

Angesichts der Unmöglichkeit, die ausgebrochene Krankheit erfolgreich zu bekämpfen, muß man doppelt bemüht sein, der Entstehung des Leidens vorzubeugen. Wir wissen, daß die Huntingtonsche Chorea eine Erbkrankheit ist, daß sie ausschließlich auf dem Wege der erblichen Übertragung wieder in neuen Individuen neu zum Vorschein kommt. Für eine Neuentstehung auf anderem Wege als dem der erblichen Übertragung fanden wir keinen Anhaltspunkt. Andererseits kann, soweit wir wissen, nichts die choreatische Erbanlage, wo sie einmal vorhanden ist, an der Weiterentwicklung zur ausgebildeten Krankheit hindern. Im Sinne einer wirksamen Rassenhygiene, die sich der Kliniker, wenn er überhaupt Therapeut bleiben will, zu eigen machen muß, wird also alles darauf ankommen, die Erzeugung von Individuen mit der infausten Erbanlage zu verhindern. Dieser Gesichtspunkt beherrscht hier ganz das Problem der erfolgreichen Leidensbekämpfung.

Unter gewöhnlichen Bedingungen, wo der kranke Elter selbst nur von einem kranken Elternteil abstammt und also heterozygotische Keimzusammensetzung haben muß, ist die Krankheitserwartung für seine Kinder = $^1/_2$. Das heißt, durchschnittlich 50 Prozent der Kinder aus der Ehe eines Huntington-Kranken mit einem gesunden Ehepartner werden wiederum an Huntingtonscher Chorea erkranken, insofern sie nur ein genügend hohes Alter erreichen. Natürlich muß diese theoretische Erwartung im Einzelfalle nicht immer zutreffen, was in den besonderen, bei der menschlichen Zeugung wirksam werdenden Verhältnissen (die wir an anderer Stelle, S. 130 kurz kennzeichneten, seinen Grund hat, auch damit zusammenhängt, daß bei der Kleinheit der menschlichen Familie das Resultat der Kombination der kranken und gesunden elterlichen Erbeinheiten nicht immer der gesetzmäßigen Erwartung entsprechen kann, die nur bei einer größeren Summe von Kindern Choreakranker hervortreten wird. Die Realproportion in einer Geschwisterschaft deckt sich, kurz gesagt, meist nicht mit der aus vielen Geschwisterschaften abstrahierten Idealproportion. Insofern ist im Individualfall die Vorhersage, ob ein bestimmtes zu erzeugendes oder erzeugtes Kind die Anlage zur Huntingtonschen Chorea besitzen wird oder nicht, unsicher. Mit der wachsenden Zahl der Kinder in einer Familie erhöht sich jedoch gemäß den Prinzipien der Wahrscheinlichkeitsrechnung die Aussicht auf Verwirklichung des theoretischen Verhältnisses von krank zu gesund unter den Kindern.

Wie bei verschiedener Kinderschaftsgröße die Chancen der Erkrankung oder Nichterkrankung sich verhalten, kann sich jeder nach dem Gesetz der Wahrscheinlichkeit selbst berechnen. Da für jedes Kind eines heterozygothuntingtonkranken Elternteiles die Wahrscheinlichkeit, selbst zu erkranken, $^1/_2$ ist, so ist z. B. bei einer 2köpfigen Kinderschaft die Wahrscheinlichkeit $^1/_2$, daß das eine Kind krank und das andere gesund ist. Die Wahrscheinlichkeit, daß beide Kinder krank sind, ist $^1/_2 \times {}^1/_2 = {}^1/_4$, und ebensogroß ($^1/_4$), daß beide Kinder gesund sind. Bei einer 3köpfigen Kinderschaft ist die Wahrscheinlichkeit $^1/_8$, daß alle krank oder alle gesund sind. Unter Ehen mit 4 Kindern würde jeder sechzehnte kranke Elternteil lauter gesunde oder lauter kranke Kinder zu erwarten haben, in den übrigen 15 Kinderschaften würden sich teils gesunde, teils kranke Kinder befinden. Und je größer die Kopfzahl der Kinderschaft wird, um so geringer wird die Wahrscheinlichkeit, daß entweder alle Kinder gesund oder alle krank ausfallen und um so größer die Wahrscheinlichkeit, daß die Verhältniszahl krank zu gesund sich der Bezugsziffer 1 : 1, d. h. also der Idealproportion nähert.

Nach dieser Sachlage ist wohl klar, daß man jedem Choreakranken, der schon im Beginn der Zeugungsperiode und zur Zeit der beabsichtigten Heirat die Krankheit zeigt, eine Eheschließung und Kindererzeugung im eigenen, raßlichen und gesellschaftlichen Interesse zu verbieten hätte bzw. daß jeder Kranker sich freiwillig dieser Forderung unterziehen sollte.

Allein unsere Krankheit tritt ja erfahrungsgemäß mit Bezug auf den Beginn der Zeugungsperiode und Eheschließung verhältnismäßig spät auf.

Tabelle V.

Nr.	Lebensalter des kranken Elters: bei der Zeugung des 1. Kindes	Lebensalter des kranken Elters: beim Ausbruch der Huntingtonschen Chorea	Differenz in Jahren
1	31	47	16
2	26	32	6
3	26	29	3
4	25	38	13
5	20	38	18
6	28	36	8
7	23	48	25
8	25	28	3
9	21	29	8
10	20	27	7
11	29	44	15
12	25	28	3
13	32	42	10
14	27	40	13
15	35	42	7
16	31	41	10
17	26	42	16
18	24	42	18
Im Durchschnitt	26,3	37,3	11

Einblick in diese Verhältnisse gewährt vorstehende Tabelle V. Sie zeigt das Verhältnis des Alters bei der Zeugung des ersten Kindes zum Alter beim Ausbruch der Huntingtonschen Chorea in 18 Fällen, die dem eigenen Material des Verfassers entstammen.

Selbstverständlich sind nicht alle Fälle gleich gelagert. Wir könnten auch 2 Fälle anführen, in denen die Chorea schon vor der Verehelichung deutlich erkennbar bestanden hatte, doch war es hier nicht möglich, das Alter der betreffenden Personen zur Zeit des Ausbruches der Chorea einigermaßen exakt festzustellen. Dabei war einmal eine Choreakranke im Anfangsstadium ihrer Krankheit außerehelich schwanger geworden und ist nachher von dem Kindsvater geheiratet worden. Von einem anderen Falle wurde mitgeteilt, daß die Krankheit „recht früh" begonnen hat, der Kranke aber trotzdem später heiratete. Diese Fälle sind aber verschwindend selten gegenüber dem Gros derjenigen, bei denen der Ausbruch der Chorea der Heirat bzw. der Erzeugung des ersten Kindes um viele Jahre nachhinkt.

Angesichts dieser Sachlage wäre es also besonders wichtig und wünschenswert, schon vor Ausbruch des Leidens die heterozygotische Keimbeschaffenheit, d. h. die Anlage zur Huntingtonschen Chorea im Einzelindividuum feststellen zu können. Würde die drohende Erkrankung ihren Schatten weit voraus werfen, wie das bei dominant heterozygoten (spalterbigen) Individuen mitunter der Fall ist, d. h. besäßen wir eindeutige äußere Kennzeichen der noch schlummernden Krankheitsanlage beim Einzelindividuum, das später mit Sicherheit erkrankt, so hätten wir darin die besten Hilfsmittel einer wirksamen Heiratsberatung an der Hand, und wir könnten in manchem Falle mit Aussicht auf Erfolg die Anlagebehafteten oder deren gesunde Partner vor der Eingehung einer solchen Ehe warnen, ohne das Verbot der Kindererzeugung auch auf diejenigen Kinder choreatischer Eltern ausdehnen zu müssen, welche die krankhafte Anlage nicht mitbekommen haben und also auch bedenkenlos Kinder zeugen könnten. Die Härte der Ehebeschränkung würde also nur die mit der krankhaften Anlage Behafteten treffen.

Gewisse Beobachtungen aus der prächoreatischen Zeit einzelner Kranken (vgl. S. 65) erwecken nun wenigstens einige Hoffnung, daß es dereinst einer verfeinerten Diagnostik gelingen werde, schon beim Eintritt in das heiratsfähige Alter die individuelle und generative Prognose sicherzustellen. Allein für die meisten Familien fehlt uns hierzu noch jedes Material. Es ist ja darauf bisher auch gar nicht geachtet worden. Unser ernstestes Bestreben müßte daher darauf gerichtet sein, die noch nicht erkrankten Nachkommen von Choreatischen auf das Bestehen verdächtiger Frühsymptome hin genau anzusehen und dauernd im Auge zu behalten, um so, wenn möglich, gesetzmäßige Beziehungen zwischen prämorbider Persönlichkeit und späterer Erkrankung an Chorea zu gewinnen.

Allein ein ernsthafter Berater der betroffenen Familien und der Allgemeinheit darf seine Aufgabe mit der Ausstellung dieses Wechsels auf die Zukunft nicht für gelöst halten. Die Krankheit ist dazu zu schwer, das Unglück für die Betroffenen zu groß. Um so erstaunlicher ist es, zu sehen, wie selbst in Sippschaften, denen das Verhängnis der in ihnen fortgeerbten Krankheit mit eindringlicher Klarheit zum Bewußtsein gekommen sein könnte, mit unverantwortlichem Leichtsinn drauflos geheiratet wird. Davenport hat festgestellt, daß 962 Fälle von Huntingtonscher Chorea in 4 großen Familienverbänden auf ungefähr $^1/_2$ Dutzend Ahnen zurückzuführen waren, die im 17. Jahrhundert von Europa nach Amerika auswanderten. Angesichts dieser Tatsachen muß man auf Abhilfe sinnen, wenn man ernstlich danach trachten will, die Verseuchung immer neuer Familien mit der Huntingtonschen Chorea zu verhindern. Es darf dabei nicht der Rassenhygiene zum Vorwurf gemacht werden, daß jetzt, wo die schwere Krankheit schon eine so große Verbreitung gefunden hat, radikalere, umfangreichere und daher schmerzvollere Maßnahmen gegen das Übel notwendig werden, als es der Fall gewesen wäre, wenn man rechtzeitig der Verbreitung des Erbleidens Einhalt getan hätte, zu einer Zeit, wo es noch auf wenige Familien beschränkt war. Es hieße das, die Rassenhygiene für die Unwissenheit unserer Vorfahren verantwortlich machen. Da man zur Zeit jedenfalls noch nicht in der Lage ist, den schonendsten Weg der Abhilfe zu beschreiten, der darin bestände, nach Erkennung der Anlagebehafteten diese allein an der Fortpflanzung zu verhindern, kommen nur weniger schonende Maßnahmen in Betracht, deren Durchführung aber mit Rücksicht auf die Hoffnungen, die wir hinsichtlich der Erkennung der Anlage aus der präpsychotischen Persönlichkeit erweckt haben, nicht verzögert werden darf. Als sicherster Weg der Verhütung kommt heute jedenfalls ernstlich der in Betracht, daß man alle Kinder von Choreatischen davon abhält, sich zu verheiraten oder Kinder zu erzeugen, insolange sie nicht die für den Ausbruch dieser Krankheit im allgemeinen und für ihre Familie im besonderen als kritisch geltende Altersperiode überschritten haben. Ohne gesetzlichen Zwang wird es dabei nicht abgehen, weil es eine trügerische Hoffnung wäre, anzunehmen, die Menschen würden allgemein jemals zu solcher sittlichen Höhe sich emporschwingen, daß sie das Gefühl der Verantwortung veranlaßte, ein freiwilliges Zölibat auf sich zu nehmen, wenn es rassenhygienische Überlegungen kategorisch verlangen. Bei der Huntingtonschen Chorea kommt dabei als erschwerender Umstand noch hinzu, daß nicht so selten vor dem Ausbruch der eigentlichen Chorea jahrelang vorhergehender und langsam fortschreitender sittlicher Verfall, sowie trunksüchtige Anwandlungen die Beherrschung des Trieblebens, zumal des Geschlechtstriebes, aus eigener Kraft geradezu unmöglich machen. Insbesondere in solchen Fällen kann nur der gesetzliche Zwang in Frage kommen.

Der Einwand, daß durch solche Maßnahmen auch hervorragende Familienanlagen ausgerottet werden könnten, ist hinfällig, da, soweit uns bekannt geworden, in Choreatikerfamilien der Durchschnitt körperlicher oder geistiger Begabung nach keiner Richtung überschritten, im Gegenteil oft nicht erreicht wurde.

Lediglich den bereits an Chorea Erkrankten die Ehe zu verbieten, würde wohl eine zahlreiche kranke Nachkommenschaft aus den oben erwähnten Gründen nicht verhindern.

Ernstlich zu erwägen für den Fall, daß Eheverbote für alle Choreatikernachkommen nicht zu erzielen sein sollten, wäre die Frage, wie die künstliche Unterbrechung der Schwangerschaft hier für rassenhygienische Zwecke angewandt werden könnte. Von einem Zwang zum Abort könnte natürlich keine Rede sein, wohl aber von einer gesetzlichen Zulassung in Fällen, wo erbliche Chorea in der Familie feststeht, selbstverständlich unter allen in der Literatur genügend diskutierten Kautelen gegen den Mißbrauch einer solchen rassenhygienischen Indikation. Es ist hier der Ort, zu betonen, daß rassenhygienische Indikationen zum Abort in bestimmten Fällen durchaus am Platze sind. Handelt es sich doch hier um völlige Klarheit des Erbganges, zum Unterschied von so manchen anderen ebenfalls wohl erblichen Leiden, in deren gesetzmäßige Erbübertragung wir aber doch zurzeit noch zu wenig Einblick haben, um darauf Eheverbotsgesetze gründen zu können. Daß der vom Gesetz in unseren Fällen zugelassene und von ärztlicher Seite empfohlene und lege artis ausgeführte Abort von den Angehörigen der Choreatikerfamilien bei ausreichender Aufklärung in ausgiebigem Maße in Anspruch genommen würde, darf wohl angenommen werden, da dabei die hauptsächlichsten egoistischen Interessen, welche sich an Ehe- und Geschlechtsverkehr knüpfen, unangetastet blieben, und außerdem die Last der Kinderaufbringung wegfiele.

Solange aber alle diese Vorschläge mangels genügender rassenhygienischer Aufklärung im Volke keine Aussicht auf Verwirklichung bieten, wird die spontane Familienprophylaxe wohl das einzige Mittel sein, das zur Zeit zur Verhütung einer Weiterverbreitung der Huntingtonschen Chorea in Betracht kommt.

Einmal die Prophylaxe der betroffenen Familie selbst, deren Glieder bei genügender Aufklärung zum Teil vielleicht doch zu bewegen sein werden, zur Verhütung einer kranken Nachkommenschaft sich des Präventivverkehrs zu bedienen.

Vor allem aber wäre die gesunde Bevölkerung zu warnen, in Choreatikerfamilien einzuheiraten, da sie dadurch die größte Gefahr läuft, die krankhaften Anlagen auf sich selbst zu übertragen.

So ist also der Erbgang der Chorea ein so wohlbekannter und bestimmter, daß uns jede der obengenannten rassenhygienischen Maßnahmen willkommen sein wird, um ihre Weiterverbreitung einzudämmen, ja die Anlage schließlich in ihrem Vorkommen zu vermindern oder auszumerzen.

Geschieht bei Krankheiten, welche in ihrem Erbgang so klar durchschaut sind, wie dies bei der Huntingtonschen Chorea der Fall ist, nichts, so wird bei weniger gut durchforschten Erbkrankheiten erst recht nichts geschehen, und es wird dann wohl jede Aussicht auf Gesundung des Erbbestandes unseres Volkes vergebens sein.

Es ist zwar in neuester Zeit von den Rassenhygienikern nebensächliche Bedeutung der negativen, ausmerzenden Rassenhygiene, überwiegende Bedeutung der positiven Rassenhygiene beigelegt worden. Letztere besteht darin, durch gesetzlich verbürgte Unterstützungen aller Art zu einer ausreichenden Kinderproduktion anzuspornen. Wenn es mit der positiven Rassenhygiene allein geht, kann es uns recht sein. Allein es ist vielleicht doch besser, nicht alle unsere Hoffnungen auf eine Karte zu setzen. Wir brauchen beide Arten der Rassenhygiene. Auch die positive Rassenhygiene, die eine vermehrte Kinderproduktion anstrebt, wird ihr Ziel, die Verbesserung der Rasse, oder wenigstens die Verhütung einer weiteren Entartung nicht erreichen, wenn sie nicht irgendwie feststellen kann, wer erblich tüchtig ist, und durchzusetzen vermag, daß diese Elemente in der Fortpflanzung begünstigt werden. Und wenn sie nicht erkennen kann, wer erblich untüchtig ist und zu bewirken vermag, daß diese Untüchtigen in der Fortpflanzung benachteiligt, zum mindesten nicht gefördert werden.

Sollte es einst, wie die positive Rassenhygiene anstrebt, Gesetz werden, daß tüchtige Eltern mit guten Erbanlagen Anspruch darauf haben, einen erheblichen Teil der Aufbringungs- und Erziehungskosten für ihre Kinder rückersetzt zu bekommen, so würden erblich minderwertige Eltern und Kinder sich dieses Anspruches nicht erfreuen dürfen, weil sonst für sie der Ansporn zur Fortpflanzung ebensogroß wäre, wie für die erblich Gesunden. Diese Maßnahme würde freilich voraussetzen, daß bekanntgegeben wird, welche Minderwertigkeiten und krankhaften Veranlagungen einen Gegengrund zur Kindererzeugung abgeben. Die Anlagen der Choreatischen und deren Kinder würden zweifellos unter diese abnormen, die Rasse schädigenden Veranlagungen gehören. Ihre Träger würden also, wenn solche Personen trotzdem Kinder zeugten, die genannte gesetzliche Unterstützung nicht genießen dürfen.

Wurden im obigen einige Aufgaben einer künftigen Gesetzgebung und Familienpolitik mit Bezug auf die Huntingtonsche Chorea kurz skizziert, so wird es jetzt schon Pflicht jedes Arztes sein, in seiner Praxis alle Choreatiker und deren Kinder dahin zu beraten, sich der Kindererzeugung unbedingt zu enthalten, da dadurch allein das Erbübel beseitigt werden kann. Das Opfer, das dabei den Beteiligten auferlegt wird, ist gering im Verhältnis zu dem Unglück, das sie bei Nichtbefolgung dieses Rates auf ihre Nachkommenschaft bringen.

Literaturübersicht.

Agapow, A.: Über Veränderungen im zentralen Nervensystem in einem Fall von chronischer Chorea bei einem Erwachsenen. Medizinskoije Obosrenjè 1901, S. 888.

Althaus, Julius: Chorea mit Epilepsie gepaart. Arch. f. Psychiatr. u. Nervenkrankh. **10**, 138.

Alzheimer: Über die anatomische Grundlage der Huntingtonschen Chorea und der choreatischen Bewegungen überhaupt. Vortrag referiert: Zeitschr. f. d. ges. Neurol. u. Psychiatr., Ref. u. Erg. **6**, 423.

Amdohr, Otto: Über 2 Fälle von Chorea chronica progressiva. Inaug.- Diss. Greifswald 1901.

Antona d', Serafino: Contributo all'anatomia patalogica della corea di Huntington. Riv. di patol. nerv. e ment. **19**. 1914. Ref. Neur. Centralbl. 1915, S. 123.

Arndt: Chorea u. Psychosen. Arch. f. Psychiatr. u. Nervenkrankh. **1**, 509.

Bahr, Max A.: Some clinical observations in 3 cases of Hunt. Chorea. Med. Record **82**, 756.

Ballentine, E. P.: 6 cases of hereditary chorea. New York State journ. of Jow. med. Soc. 1912, Dez.

Bastionelli: Sopra un caso di corea ereditaria degli adulti. Bolletino della Societa Lancisiana 1888. Neurol. Centralbl. 1889, Nr. 23.

Bäumlin, I: Über familiäre Erkrankungen des Nervensystems. Dtsch. Zeitschr. f. Nervenheilk. **20**, 1902.

Bechterew: Über Epilepsia choreica. Dtsch. Zeitschr. f. Nervenheilk. **12**. S 266.

Berkley: A contribution to the pathalogy of chorea. Philad. med. News **43**, 200.

Bernhardt: Neurol. Centralbl. 1891, S. 377.

Berry, Ein Beitrag zum Studium der hered. Chorea. Amer. journ. of insanity **57**.

Besta: Un caso di corea di Huntington con reperto anatomopatologico. Riv. sperim. di Freniatria 1905, S. 205.

Beyer, Ernst: Invalidität durch Hunt. Chorea. Med. Klin. 1908, S. 677.

Biernacki: Ein Fall von chron. hered. Chorea. Berl. klin. Wochenschr. **27**, Nr. 22, 485.

Binswanger: Beiträge z. Pathogenese u. differentiellen Diagnose d. progr. Paralyse. Virchows Archiv **154**. 1898.

Bischoff, Hildegard: Über Chorea senilis. Dtsch. Archiv f. klin. Med. **69**.

Blankenstein, Max: Über Chorea chronica progressiva. Inaug.-Diss. Würzburg 1893.

Boddaert et Duchateau I.: Note sur un nouveau cas de chorée chronique héréditaire. Ann. de la société de méd. de Gand **7**.

Boettiger, A.: Zum Wesen der Myoclonie. Berl. klin. Wochenschr. **33**, 142.

Bokay, v.: Erfolgreiche Behandlung der Chorea nimor. Dtsch. med. Wochenschr. 1911, S. 111.

Bondurant, E. D.: A case of chronic adult chorea with pathological changes similar to those of general paresis. Ref. Centralbl. f. Psych. u. Neurol. 1898.

Bonhoeffer: Beitrag zur Lokalisation der choreatischen Bewegungen. Monatsschr. f. Psych. u. Neurol. 1897, S. 1.

— Monatsschr. f. Psych. u. Neurol. **3**, 239.

Boyd, William: A hereditary Chorea. Boston med. and surg. Journ. 1913. Ref. Neurol. Centralbl. **34**, 127.

Brissaud et Hallion: Athétose double. Rev. neurol. 1893, Nr. 12, 15.

Brissaud: Chorée variable. La presse médicale 1899, Nr. 13. Ref. Centralbl. f. Nervenheilk. u. Psych. 1899, S. 562.

Bruhn, Wolfgang: Kasuistischer Beitrag zur Lehre von der Chorea Huntington. Inaug.-Diss. Kiel 1915.

Burr, W. C. and Mc. Carthy: 2 cases of Huntingtons Chorea with .... Journ. of nerv. a. ment. dis. 1902, S. 293.
Busk: A case of Hunt, Chorea ... Med. Rep. of the Sheppard Pratt Hosp. **1.** 1903, S. 86.
Charcot: Poliklinische Vorträge. Deutsche Übersetzung von Sigm. Freud, 1892, **1**, 421.
Cirincione, G. e G. Mirto: Corea cronica progressiva e corea di Huntington. Psichiatria 1890. **7**, 343; **8**, 18.
Clarke, J. Michell: Huntingtons Chorea. Brain 1897. **22**. 476.
Clemens: Vorstellen eines Falles. Münch. med. Wochenschr. 1907, S. 2451.
Collins: The pathologic and morbid anatomy of Huntingtons chorea ... Journ. of nerv. a. ment. dis. Nr. 1.
Costilhes: Gazette médicale 1852.
Costa: Un caso de corea de Huntington. Semaine méd. 1894, S. 150. Ref. Neurol. Centralbl. 1895, S. 466.
Couvelaire, A. et C. Crouzon: A propos de la chorée variable. Rev. neurol. 1899, Nr. 11. Ref. Centralbl. f. Nervenheilk. u. Psych. 1899, S. 561.
Curschmann, Hans: Eine neue Chorea-Huntingtonfamilie. Dtsch. Zeitschr. f. Nervenheilk. **35**, 293.
Daddi: Sulla corea chronica progressiva. Riv. di patol. nerv. e ment. Firenze **10**. 1853.
Dana: A contribution to the pathol. anat. of chorea. Brain 1890.
— The pathology of hereditary chorea. Journ. of nerv. a. ment. dis. 1895, 22, 565.
— Journ., Americ., of the med. sciences. 1894, Jan.
Davenport, C. B.: Huntingtons Chorea in relation to heredity and Eugenics. Proc. of the National Academy of Sciences, Washington. May 1915, Nr. 5, S. 283.
Débuck: Un cas de choreé chronique progressive avec autopsie. Journ. de neurol. **17**, 321.
Déjérine: L'hérédité dans les maladies du système nerveux.
Diller: Theodor: Some observations of the hereditary form of Chorea ... Journ., Americ., of the med. sciences 1889.
— Chorea in the adult as seen among the insane. Journ., Americ., of the med. sciences 1890. **99**, 329. 1890.
Dolega: Schmidts Jahrbuch **232**, 259. 1891.
Dost, M.: Beitrag zur patholog. Anatomie d. Hunt. Chorea. Zeitschr. f. d. ges. Neurol. u. Psychiatr. **29**, 272.
Dräseke, J.: Progressive Paralyse und Chorea. Monatsschr. f. Psychiatr. u. Neurol. **17**, 232.
Dreves, A.: Über Chorea chron. progr. Inaug.-Diss. Göttingen 1891.
Dubois: Contribut. á l'étude de la chorée sans hérédité. Thèse de Toulouse 1911, Nr. 931.
Duchenne: Cit. bei J. Hoffmann. Dtsch. Zeitschr. f. Nervenheilk. **3**, 67. 1893.
Dufour et Lorr: Vorst. in d. Société Neurol. (Hemichorea auf luet. Basis). Gaz. des hôp. civ. et milit. 1911, S. 142.
Eager, Rich. u. Perdrau, J. R.: Notes on four cases of Hun. Chorea. Journ. of ment. science **56**, 506. Ref. Jahrb. f. d. Psychol. u. Neurol. 1910.
Elder, G.: Chronic. progr. Chorea, Scott. med. and surg. Journ. **4**, Nr. 5. Ref. Jahresb. d. Psychiatr. u. Neurol. 1899.
Eliassow, W.: Über 3 Fälle von degenerativer (Huntingtonscher) Chorea. Festschr. z. Feier d. 60. Geburtstages v. Max Jaffé, Braunschweig 1901.
Elischer: Virchows Archiv **57**.
Engelen: Chorea hereditaria. Ärztl. Rundschau 1907, S. 86.
Ennen Dirk: Ein Beitrag zur Kasuistik der Chorea chronica progressiva. Inaug.-Diss. Kiel 1911.
Erdt: Die gerichtsärztliche Beurteilung der Huntingtonschen Chorea. Friedreichs Blätter f. gerichtl. Med. 1902, S. 361.
Eshner: The Knee-jerks in chorea. Philad. med. Journ. **1**.
Esser, Wilhelm: Über Huntingtonsche Chorea. Inaug.-Diss. Berlin 1891.
Etter, Hermann: Beitrag zur Lehre der Huntingtonschen (degenerativen) Chorea. Inaug.-Diss. Tübingen 1899.
Eulenburg: Chorea. Realenzyklopädie d. ges. Heilk. 4. Auf. **3**. 1908.
Eulenburg: Diskussionsbemerkung. Berl. klin. Wochenschr. **20**, 798. 1883.
Ewald: Diskussionsbemerkung. Berl. klin. Wochenschr. **20**, 798. 1883.

Ewald, A.: 2 Fälle von choreatisch. Zwangsbewegungen mit ausgesprochener Heredität. Zeitschr. f. klin. Med. **7**, Suppl. 51.

Facklam, C. F.: Beiträge zur Lehre vom Wesen der Huntingtonschen Chorea. Arch. f. Psych. **30**, 317.

Faltlhauser, Valentin: Kasuistischer Beitrag zur Chorea Huntingtons. Inaug.-Diss. Erlangen 1906.

Fiedler, Erich: Zur Symptomatologie der Chorea Huntington. Inaug.-Diss. Kiel 1910.

Flatau, Germanus: Über Chorea luetica. Münch. med. Wochenschr. 1912, S. 2102.

— Zit. bei Greve, S. 7.

Förster, Ottfried: Das Wesen der choreatischen Bewegungsstörung. Samml. klin. Vortr. v. Volkmann, Leipzig 1904.

Forni: Contributo clinico allo studio della corea grave. Arch. de Psychiatrie **28**, 529.

Frank, Kurt: Zur Kenntnis d. Chorea chronica progressiva. Wiener klin. Wochenschr. 1904, S. 247.

Friedenthal: Ein Fall v. Hunt. Chorea. Petersb. med. Wochenschr. 1908, S. 311.

Fries, A.: Zit. bei Greve.

Fritze, Erich: Beitrag zur Symptomatologie der Chorea chron. progr. Inaug.-Diss. Kiel 1915.

Frotscher, R.: Ein Beitrag zum Krankheitsbild d. Chorea chron. progr. Arch. f. Psych. **47**, 790.

Fuller, Salomon u. Lovell, John F.: A case of Huntington-Chorea. Westborough State Hosp.-Papers 1912, S. 221. Ref. Jahresber. f. Neurol. u. Psych. 1912.

Gallinek, Samuel: Beiträge zur Pathologie d. Chorea. Inaug.-Diss. Berlin 1889.

Ganghofner, E.: Über Chorea chronica. Prag. med. Wochenschr. 1895, Nr. 10, 11.

— Ein 4jähriges Mädchen mit Chorea chron. progr. Wien. klin. Wochenschr. 1906, S. 1075.

Gemell: Ref. Neurol. Centralbl. 1915, S. 128.

Gericke, Bernh. Jul.: Über Chorea d. Erwachsenen. Inaug.-Diss. Leipzig 1894.

Goddard, Henry H.: Heredity of Feeble-Mindedness. Eugenics Record Office. Bulletin Nr. 1. 1911.

— The Kallikak Family. New-York 1912.

Godinet: Annal. de la Soc. de Méd. pr. de Montp. 1807.

Goldstein, Manfred: Ein Fall von Huntingtonscher Chorea. Inaug.-Diss. 1897.

— Ein kasuistischer Beitrag zur Chorea chron. hered. Münch. med. Wochenschr. 1913, S. 1659.

Golgi, C.: Sulla alterazioni degli organi centrali nervosi in uno caso di corea gesticulatoria assoziata ad alienazione mentale. Riv. clin. di Bologna 1874, 2. Ref. Schmidts Jahrb. **166**, 247. 1875.

Good, Clarence A.: A review of chronic progressive chorea ... Journ., Americ., of insanity Juli 1900.

Gordon: A note on the knee-jerk in chorea. Brit. med. journ. **1**.

Gowers: Handb. der Nervenkrankheiten. Übersetzt v. Grube 1892. **3**, 22.

— A lecture on dentrits and disease. Lancet 1906, S. 67.

Gray, C. L.: A case of congenital Hunt. Chorea. Med. rec. 1892.

Grawitz: Chorea Huntington. Berl. klin. Wochenschr. 1901, S. 1283.

— Krankenvorstellung. Dtsch. med. Wochenschr. 1901, Vereinsbeilage 315.

Greppin: Über einen Fall von Huntingtonscher Chorea. Arch. f. Psych. **24**, 155.

Greve, Rudolf: Zur Frage der Chorea Huntington. Inaug.-Diss. Rostock 1913.

Grimm, Ernst: Neue Fälle von Chorea hered. chron. Inaug.-Diss. Bonn 1896.

Hallock, Frank: A case of Hunt. Chorea with ... Journ. of nerv. a. ment. dis. Nr. 12.

Hamilton: Zit. bei Nathan S. 33.

Hay, Ch. M.: Hereditary chorea with the report of a case complicated by exophthalmic goitre. Amer. Lancet 1891. Ref. Neurol. Centralbl. 1892. Literaturber. 257.

Heilbronner: Über eine Art progressiver Heredität bei Hunt. Chorea. Arch. f. Psych. **36**, 898.

Hell, Ferdinand: Kas. Beitrag z. Lehre v. d. Hunt. Chorea. Inaug.-Diss. Kiel 1911.

Henoch, E.: Über Chorea. Berl. klin. Wochenschr. **20**, 801. 1883.

Herringham, W. P.: Chorea in the adult and in the old. Brain **11**, 1888.

Hess: Vorst. im ärztl. Ver. Marburg. Münch. med. Wochenschr. 1906, S. 1497.
Higier, Heinrich: Zur Pathologie d. angeborenen, familiären, hereditären Krankheiten. Arch. f. Psych. **48**, 41. 1911.
Hoffmann, I.: Über Chorea chron. progr. Virchows Arch. **111**, 513. 1888.
— Über Chorea chron. progr. Virchows Arch. **111**, 530. 1888.
— Zur Lehre von der Syringomyelie. Dtsch. Zeitschr. f. Nervenheilk. **3**, 1. 1893.
Hoffmann, A.: Krk.-Vorst. im ärztl. Ver. Düsseldorf. Dtsch. med. Wochenschr. 1895, S. 21; Vereinsbeil. 48.
Hoffmann: Chorea chron. progr. Münch. med. Wochenschr. 1902, S. 901.
— Chorea Huntington. Münch. med. Wochenschr. 1909, S. 1049.
Hoisholt: The Lancet 1906, 2.
Huber, Armin: Chorea hereditaria der Erwachsenen. Virchows Archiv **108**, 267. 1887.
Huét: De la chorée chronique. Paris 1889.
Jacobsohn: Chorea chron. progr. Handb. d. pathol. Anat. d. Nervensystems von Flatau, Jacobsohn, Minor. **2**, 1326.
Jaeger, Christian: Ein Beitrag zur Lehre d. Chorea chron, progr. Inaug.-Diss. Kiel 1908.
Infeld: Dem. eines chron. progr. Falles von Muskelkrämpfen. Wien. klin. Wochenschr. 1898, S. 17.
Johnson: On so called congenita chorea. Amer. Journ. of med. Soc. **110**, 4, 377. 1895.
Jolly: Über Chorea hereditaria. Neurol. Centralbl. 1891, Nr. 11.
— Chorea chron. progr. Ebstein und Schwalbes Handb. d. prakt. Med. **4**, 858. 1900.
Jollye, F. W.: Case of hereditary or Hunt. Chorea. Brit. med. Journ. 1902, S. 1641.
Jones: Hunt. Chorea and dementia. Lancet 1905, S. 1531.
Kahler u. Pick: Beitrag z. Path. u. pathol. Anatomie d. Zentralnervensystems; über d. Lokalisation d. posthemiplegischen Bewegungsstörungen. Prag. Vierteljahrcsschr. **1**, 31. 1879.
Kalkhof, I. u. Ranke, O.: Eine neue Chorea-Huntington-Familie. Zeitschr. f. d. ges. Neurol. u. Psych. **17**, 257.
Kampsmeyer, Alb.: Zur Lehre d. Chorea chron. progr. Inaug.-Diss. Kiel 1902.
Kast: Ein Fall v. Chorea chron. progr. Dtsch. med. Wochenschr. 1895, S. 187.
Kattwinkel: Über psych. Störungen bei der Chorea. Dtsch. Arch. f. klin. Med. **66**, 517. 1899.
— Ein Beitr. zur Lehre von der path.-anatomischen Grundlage der Hunt. Chorea. Dtsch. Archiv f. klin. Med. **68**, 23. 1900.
Keraval et Raviart: Observation de chorée chronique héréditaire d'Huntington. Arch. de Neurol. **9**, 465.
Kiesselbach, Gusta: Anat. Befund eines Falles von Huntingtonscher Chorea. Monatsschr. f. Psychiatr. u. Neurol. **35**, 525.
King, Clarence: Hereditary Chorea. New York med. journ. 1885, S. 468.
Klebs: Die Lehre von der Entzündung. Korrespondenzbl. f. Schweiz. Ärzte. 1888.
Kleist: Anatomischer Befund bei der Hunt. Chorea. Zeitschr. f. d. ges. Neurol. u. Psychiatr. Ref. **6**, 423.
Klippel et Ducellier: Un cas de chorée héréd. d'adulte. Encephale 1888, S. 716.
Knauer: 3 kas. Beiträge zur Lehre von den Psychosen mit Chorea. Monatsschr. f. Psych. u. Neurol. **1**, 339.
Knecht, A.: Beitrag zur Lehre von der Chorea. Schmidts Jahrb. **187**, 26 u. 126. 1880.
Kölpin: Zur patholog. Anatomie d. Hunt. Chorea. Journ. f. Psych. u. Neurol. **12**, 57.
Köppen, M.: Über Chorea und andere Bewegungserscheinungen bei Geisteskrankheiten. Arch. f. Psych. **19**, 707.
Köster, Georg: Über die ätiol. Bezieh. der Chorea minor zu den Infektionskrankheiten ... Münch. med. Wochenschr. 1902, S. 1838.
Korniloff: Chorée chron. héréd., Messager de Psych. et Neurop. **6**.
Kornilow: Chorea chronica hereditaria, Wjestnik psychiatrii i neuropatologii 1889. Ref. Neurol. Centralbl. 1889, S. 483.
Kowalewsky: Die funktionellen Nervenkrankheiten und die Syphilis. Arch. f. Psych. **26**, 552. 1894.
— Geistesstörungen bei Syphilis. Allg. Zeitschr. f. Psych. **50**. 1895.

Kraepelin, E.: Psychiatrie **2**, 48. 1910.
— Zur Epilepsiefrage 1919.
Krafft-Ebing, v.: Ein Beitrag zur Athetosis idiop. bilat. Wien. klin. Wochenschr. 1889, S. 311.
— Über Psychosen bei Chorea. Wien. klin. Rundschau 1900, S. 589.
Krause: Ein Fall von Hunt. Chorea. Korrespbl. d. allg. ärztl. Ver. v. Thür. 28. Jg. **28**, H. 8. 1899.
Krauss, W. C.: Ref. Neurol. Centralbl. 1895, S. 466.
Kronthal u. Kalischer: Ein Fall von progr. Chorea mit patholog. Befund. Neurol. Centralbl. 1892, S. 593.
— Beitrag zur Lehre von der pathologisch-anatomischen Grundlage ... Virchows Archiv **139**, 319.
Kruse: Georg: Über Chorea chron. progr. Inaug.-Diss. Rostock 1907.
Kuckro: Einige seltene Fälle von chron. Chorea. Med. Klin. 1910, S. 25.
Kurella: Athetosis bilateralis. Centralbl. f. Nervenheilk. 1887, S. 385.
Ladame: Des troubles psychig. dans la chorée dégén. Arch. de Neurol. **9**, 1900.
Landoucy: Société de Biologie. 1873.
Lange, F.: Über chron. progr. Chorea (Huntington) in jugendl. Alter. Berl. klin. Wochensch. **43**, 153. 1906.
Lange, E.: Über chron. progr. Chorea (Huntington) in jugendl. Alter. Berl. klin. Wochenschr. **43**, 153. 1906.
Lannois: Nosographie des Chorées. Thèse d'aggregation. Paris 1886.
— Chorée héréditaire. Revue de méd. 1888, S. 645. Ref. Centralbl. f. Nervenheilk. 1888, S. 736.
— Classification des Chorées arhythmiques. Rev. neurol. Jg. **3**. Zit. bei Grimm, S. 11.
— et Paviot: Deux cas de chorée héréditaire avec autopsie. Arch. de. neurol. **2**, 4, 333. 1897.
— et — La nature de la lésion histologique de la chorée de Huntington. Neurographes Huntington Number **1**, Nr. 2. 1908.
Lannois, Paviot et Mouisset: Contribution á l'anatomie pathologique de la chorée héréditaire. Rev. neurol. 1901, S. 453.
Lehmann, Frz.: Casuist. Beiträge zur Kenntnis der im Vorlaufe von Chorea auftretenden Psychosen. Inaug.-Diss. Berlin 1887.
Lenaz: Sulla fisiologia path. di movimenti coreici. Riv. sperim. di Freniatria **35**, H. 2—4.
Lenoir, G.: Etude sur la chorée héréditaire. Thèse Lyon 1888.
Lewandowsky: Allg. Neurologie **1**, 2, 721.
Liebers, M.: Beitrag zur Symptomatologie der Chorea chron. progr. Centralbl. f. Nervenheilk. u. Psych. **28**.
Löwenfeld, L.: Zur Lehre von der hereditären (Huntingtonschen) Chorea. Centralbl. f. Nervenheilk. u. Psych. **20**, 321.
Lorenz, W. F.: 2 cases of Hunt. Chorea with spinal fluid findings. Journ. of the Americ. med. assoc. **56**, 941.
Lundborg, Hermann: Die progressive Myoklonus-Epilepsie. Upsala 1903.
Macloed: Cases of choreic convulsions in persons of advanced age. Journ. of ment. science Juli 1881.
McLearn, I.: A case of chorea. Journal of ment. science 1874, S. 97.
McKinniss, C. R.: The value of Eugenics in Hunt. Chorea. Med. Record **86**, 103.
Mackey: Medic. News **85**, Nr. 11.
Marcé: De l'etat mental dans la chorée.
Margulies: Beitrag zur Lehre von der Chorea chron. progr. Dtsch. Zeitschr. f. Nervenheilk. **50**, 470.
— M.: Zur pathol. Anatomie der chron. progr. Chorea. Korsakoffsches Journ. **10**, 1191. Zeitschr. f. d. ges. Neurol. u. Psychiatr. Ref. **3**, 679.
Marie, Pierre et Lhermitte, I.: Les lésions de la chorée chronique progressive Annales de méd. 1914; Ref. Neurol. Centralbl. **34**, 124. 1915.
Massalonge, R.: Ballismo chronico. Ein Beitrag zu Pathol. d. Chorea. Il. Policlinico, sez. med. **2**, 9, Roma 1895. Ref. Centralbl. f. Neurol. u. Psych. 1896.

Matthies, Paul: Über Hunt. Chorea. Inaug.-Diss. Leipzig 1897.
Mayer, Joseph: Über Chorea chronica hereditaria. Inaug.-Diss. Freiburg 1897.
Mayerhofer: Wien. klin. Wochenschr. 1911, Nr. 27.
Meltzer, Otto: Zur Kasuistik der chron. progr. Chorea. Inaug.-Diss. Leipzig 1903.
Mendel: Neurol. Centralbl. 1891, S. 352.
— Diskussionsbemerk. Arch. f. Psych. **30**.
Menzies: Cases of hereditary Chorea. Journ. of ment. science, Okt. 1892, Jan. 1893.
Mesnil, du: Ein Fall von Hunt. Chorea. Dtsch. med. Wochenschr. **22**. 1896. Vereinsber. 4.
Meyer, L.: Arch. f. Psych. **2**.
— Ernst Artur: Cas. Beitr. z. Lehre von der Chorea chron. progr. Inaug.-Diss. Heidelberg 1899.
Mill: Zit. bei Nathan, S. 58.
Minkowski: Demonstration eines Falles. Münch. med. Wochenschr. 1901, S. 607.
Modena: Sur un caso di corea di Huntington ... Ann. des manic. prov. di Ancona 1905.
Möbius, P. I. u. **Dolega**: Bericht der med. Gesellschaft zu Leipzig. Schmidts Jahrb. **232**, 107, 159. 1891.
— Über Seelenstörungen bei Chorea. Münch. med. Wochenschr. 1892, Nr. 51.
Mouisset: Contribution á l'anatomie pathologique de la chorée héréditaire. Rev. neurol. 1901, S. 453.
Moussous, André: Die Chorea der Degenerierten. Revue mensuelle d. maladies d'enfance 1901; Nov., Ref. Münch. med. Wochenschr. 1902, S. 292.
Müller, Leo: Über 3 Fälle von Chorea chron. progr. Dtsch. Zeitschr. f. Nervenheilk. **23**, 315. 1903.
Muratow: Chronische Chorea und chronische Verwirrtheit. Journ. f. Psychol. u. Neurol. 1908.
Nathan, W.: Psychische Störungen bei der Huntingt. Chorea. Inaug.-Diss. Bonn 1913 (enthält ein ausführliches Verzeichnis der ausländischen Literatur).
Niessl v. **Mayendorf**: Über die Ursache der choreat. Zuckung. Fortschr. d. Med. 1913.
Olgskij: Zit. bei Raab.
Oppenheim u. **Hoppe**: Zur pathol. Anatomie der Chorea chron. progr. Arch. f. Psych. **25**, 617.
— Lehrbuch der Nervenkrankheiten. 5. Aufl. **2**, 1492.
Osler: Remarks on the varieties of Chorea chron. and report upon 2 Families .... Journ. of nerv. a. ment. dis. 1893.
Peachell: A case of dementia due to Hunt. chorea. Lancet **2**, 1252. 1905.
Pelnar: Chorea chronica progressiva. Časopis českych lék. v. Praze **49**, 17.
Peretti: Über hereditäre choreatische Bewegungsstörungen. Berl. klin. Wochenschr. 1885, S. 824 u. 858.
Peters, Amos W.: Feeble Mindedness as a constitutional anomaly. The Training School 1913, S. 1.
Pfeiffer, I. A. F.: A case of chronic progr. chorea with anatominal study. Journ., Americ. of insanity 1915. Ref. Neurol. Centralbl. **35**, 930. 1916.
— A contribution to the Pathology of chronic progressive Chorea. Brain **35**, 276.
Phelps,: A new consideration of hered. Chorea. Journ. of nerv. a. ment. dis. 1892, Okt.
Pilcz: Über Chorea. Monatsschr. f. Psych. u. Neurol. **4**, 247 u. 327. 1898.
Placzek: Hunt. Chorea, Selbstmordversuch, Tod durch Lungenembolie, Unfallfolge. Med. Klinik **9**, 1180. 1913.
Prati: Un caso di corea di Huntington non accompagnato de disturbi mentali. Ann. di fran. e scienza aff. **18**. 1908.
Raab, Alfred: Über Huntingtonsche Chorea. Inaug.-Diss. Würzburg 1908.
Raecke: Beitrag zur pathol. Anat. der Hunt. Chorea ... Arch. f. Psych. **46**, 726. 1910.
Rau, Julius: Ein Fall von kongenitaler Chorea. Inaug.-Diss. Berlin 1887.
Remak: Diskussionsbemerkung. Berl. klin. Wochenschr. 1883, S. 797.
— Typische Chorea hereditaria nach Epilepsie. Neurol. Centralbl. 1891.
Riesmann: Chorea in the aged with report of a case of the disease in man aged 75 Years Journ., Americ., of the med. sciences **114**, H. 2.
Riggs, C. Eugene: 3 cases of hereditary chorea. Journ. of nerv. a. ment. dis. 1901.

Rindfleisch, W.: Über Chorea mollis sive paralytica mit Muskelveränderungen. Dtsch. Zeitschr. f. Nervenheilk. **23**, 143. 1903.

Rossolino: Ges. der Neuropath. und Irrenärzte zu Moskau, Nov. 1890.

Rüdin, Ernst: Studien über Vererbung und Entstehung geistiger Störungen. I. Zur Vererbung und Neuentstehung der Dementia praecox. Berlin 1916.

Rufz: Arch. gen. di neurol. e psichiatr. 1843.

Runge, W.: Chorea minor mit Psychose. Arch. f. Psych. **46**, 667. 1910.

Ruppel: Zur Differenzialdiagnose der choreat. Geistesstörung. Münch. med. Wochenschr. 1905, S. 454.

Rusk, Glainville Y.: A case of Hunt. Chorea with autopsy. Journ., Americ., of insanity 1902, Juli.

Salinger: Salvarsan und Chorea minor. Münch. med. Wochenschr. 1912, S. 1376.

Sander: Chorea minor. Arch. f. Psych. **2**, 226.

Sainton: Les chorées chroniques. Rapport au congrès de Nantes. Rev. neurol. 1909, Nr. 16.

Saundby: On Chorea in the aged. Lancet 1884, Nov.

Schajkewitsch: Über die Chorea und deren Therapie. Obozrenji psichiatr. Nr. 11 u. 12., Ref. Jahresber. u. Leistg. u. Fortschr. auf dem Geb. d. Neurol. u. Psych. Jg. **3**.

Schilling: Behandlg. chron. Chorea durch hypnot. Beeinflussung. Münch. med. Wochenschr. 1902, Nr. 48.

Schinke, Alois: Kas. Beiträge zur Chorea chron. progr. Inaug.-Diss. Kiel 1903.

Schlesinger, Herm.: Über einige seltenere Formen der Chorea. Zeitschr. f. klin. Med. **20**, 127 u. 506. 1892.

— Syringomyelie. Wien 1902.

Schmidt, Adolf: 2 Fälle von Chorea chron. progr. Dtsch. med. Wochenschr. 1892, S. 585.

Schreiber, S. H.: Chorea chron. progr. Pester med.-chir. Presse 1901, S. 62.

Schuchardt: Chorea und Psychose. Allg. Zeitschr. f. Psych. **43**, 337.

Schultze, Fr.: Über Poly-, Para- und Monoklonie und ihre Beziehungen zur Chorea. Dtsch. Zeitschr. f. Nervenheilk. **13**, 409. 1898.

— Ernst: Chronische progr. Chorea. Volkmann, Sammlg. klin. Vortr., Inn. Med. 1910 Nr. 184/185, S. 381.

Schulz: Beitr. zur pathol. Anat. der Chorea chron. progr. Charitée-Ann., Berlin 1908, S. 189.

Schuppius: Zur Kenntnis der Intelligenzstörung bei den chron. progr. Chorea. Zeitschr. f. d. ges. Neurol. u. Psych. **8**, 386.

Seidelmann: Eigentümlicher Fall von Chorea hereditaria. Dtsch. med. Wochensch. 1904, S. 1908.

Sée: De la chorée. Mém. de l'Acad. royale de Méd. 1850, S. 373.

Sepilli: Corea ereditaria. Riv. spez. di freniatria e di med. leg. 1888.

Sikora: Sur la chorée chronique. Gaz. des hôp. civ. et milit. 1899, Jan.

Sinkler, Wharton: Journ. of nerv. a. ment. dis. 1889, Febr.

— On hered. chorea ... New York med. Rec. 1892. Ref. Centralbl. f. Neurol. 1892, S. 611.

Sölder, v.: Krankenvorst. im Verein f. Psych. Wien. Ref. Neurol. Centralbl. 1895, S. 1149.

Skoczynski: Chron. progr. Chorea. Dtsch. med. Wochenschr. 1901, S. 204.

— Krankenvorst. Berl. klin. Wochenschr. 1902, S. 271.

Snell, Otto: 2 Kranke mit hochgradiger Chorea chron. progr. Münch. med Wochenschr. **43**, 236 u. 355. 1896.

Solmersitz, Felix: Zur pathol. Anat. der Hunt. Chorea. Inaug.-Diss. Königsberg 1903.

Stadler: Fall von Hunt. Chorea. Münch. med. Wochenschr. 1909, S. 682.

Stahl, Peter: Beitrag zur Chorea chron. progr. Inaug.-Diss. Kiel 1914.

Starke, Ernst: Zur kongenitalen Chorea. Inaug.-Diss Jena 1900.

Steinen, v. d.: Über den Anteil der Psyche am Krankheitsbild der Chorea. Inaug.-Diss. Straßburg 1875.

Steyerthal, Armin: Über Huntingtonsche Chorea. Arch. f. Psych. **44**, 655.

Stier, Ewald: Zur pathol. Anatomie der Hunt. Chorea. Arch. f. Psych. **37**, 62. 1903.

Strohmeyer: Die Bedeutung des Mendelismus für die klinische Vererbungslehre. Fortschr. d. Dtsch. Klinik **3**. 1913.

Strümpell: Zur Kasuistik der chronischen progressiven Chorea. Neurographs **1**, 2. 1908.

Struve, Heinrich: Zur Kasuistik der Chorea chron. progr. Inaug.-Diss. Kiel 1908.
Suckling: Hered. Chorea. Brit. med. Journ. **11**. 1889. Ref. Neurol. Centralbl. 1891, S. 2, 49.
Swift: (Zit. bei Greve) Chorea a symptom not a disease. Journ., Americ., of the med. sciences 1910, S. 396.
Thoré: Chorea in ihrem Verhältnis zur Geistesstörung. Schmidts Jahrb. 1865, S. 128, 326.
Trowbridge, G. R.: Beziehungen zwischen Chorea und Epilepsie. Alien. and Neurol. 1892, Jan. Ref. Allg. Zeitschr. f. Psych. Lit.-Ber. 1892, S. 184.
Tumpowsky: Ein Fall von Chorea chron. progr. Hunt. Medycyna 1903, Nr. 6.
Ulmer, Kurt: Zur Symptomatologie der Chorea chronica hereditaria. Inaug.-Diss. Würzburg 1908.
Unverieht, H.: Über familiäre Myoclonie. Dtsch. Zeitschr. f. Nervenheilk. **7**, 32.
— Die Myoclonie. Leipzig-Wien 1891.
Vashide et Vurpas: Essay sur la physiologie pathologique du mouvement. Rev. de méd. 1904, S. 704.
Vassitch: Etudes sur les chorées des adultes. Thèse de Paris 1883.
Viedenz, F.: Über Geistesstörungen bei Chorea. Arch. f. Psych. **46**, 171.
Wagner v. Jauregg: Einiges über erbliche Belastung. Wien. klin. Wochenschr. **19**, 1. 1906.
Wallenberg, Adolf: Chorea chronica. Dtsch. med. Wochenschr. **33**, 2198. 1907.
Weidenhammer: Zur pathol. Anat. der Hunt. Chorea. Ref. Neurol. Centralbl. 1901, S. 1161.
Weinberg: Auslesewirkungen bei biologisch-statistischen Problemen. Arch. f. Rassen- u. Gesellschaftsbiologie **10**, 574.
Weir Mitchell and Burr: Unusual cases of chorea, possibly involving the spinal cord. Journ. of nerv. a. ment. dis. 1890.
Wergilessow, S.: Über chron. progr. Chorea. Rev. f. Psych. (russ.) **17**, 157.
Westphal, A.: Chorea chronica progressiva. Dtsch. med. Wochenschr. 28.
— Die Diagnose der Hunt. Chorea in ihren Frühstadien. Ref. Centralbl. f. Nervenheilk. **28**, 374. 1905.
— Krankenvorst. Münch. med. Wochenschr. 1902, S. 160.
Weyrauch, Wilh.: Über Chorea chron. progr. Münch. med. Wochenschr. 1905, S. 259.
Wicke: Versuch einer Monographie des Veitstanz. 1844.
Wille, H.: Ein Fall von maladie des tics impulsifs. Monatsschr. f. Psych. u. Neurol. **4**, 210. 1898.
Wilson, I. C.: Note of a case of chronic progr. Chorea. Journ. of nerv. a. ment. dis. 1896, S. 108. Ref. Centralbl. f. Psych. u. Neurol. 1898.
Wollenberg: Zur Lehre von der Chorea. Arch. f. Psych. **30**, 676. 1898.
— R.: Chorea, Paralysis agitans, Paramyoklonus multiplex. Wien 1899.
— Demonstrat. von mikroskop. Präp. Choreatischer. Berl. klin. Wochenschr. **27**, 877. 1890.
Zacher: Über einen Fall von hered. Chorea der Erwachsenen. Neurol. Centralbl. 1888, S. 34.
Zambaco: Des affections nerveuses syphilitiques 1862, S. 440.
Ziehen: Chorea hereditaria. Encyclopäd. Jahrb. **6**.
Zinn, C.: Beziehungen der Chorea zur Geistesstörung. Arch. f. Psych. **28**, 411.